Organización y Montaje Mecánico e Hidráulico en Instalaciones Solares Térmicas

Ricardo Quintanilla Piña

ic editorial

Editado por:
INNOVACIÓN Y CUALIFICACIÓN, S.L.
Avda. El Romeral, 2. Polígono Industrial de Antequera
29200 ANTEQUERA, Málaga
Teléfono: 952 70 60 04
Fax: 952 84 55 03
Correo electrónico: innova@antakira.com
Internet: www.innovacionycualificacion.com

Organización y Montaje Mecánico e Hidráulico en Instalaciones Solares Térmicas

Autor: Ricardo Quintanilla Piña

1ª Edición

ISBN: 978-84-8364-453-9
Depósito Legal: MA-730-2011

Impresión: Antakira Grafic
Impreso en Andalucía - España

Presentación del manual

El **Certificado de Profesionalidad** es el instrumento de acreditación, en el ámbito de la Administración laboral, de las cualificaciones profesionales del Catálogo Nacional de Cualificaciones Profesionales adquiridas a través de procesos formativos o del proceso de reconocimiento de la experiencia laboral y de vías no formales de formación.

El elemento mínimo acreditable es la **Unidad de Competencia**. La suma de las acreditaciones de las unidades de competencia conforma la acreditación de la competencia general.

Una **Unidad de Competencia** se define como una agrupación de tareas productivas específica que realiza el profesional. Las diferentes unidades de competencia de un certificado de profesionalidad conforman la **Competencia General**, definiendo el conjunto de conocimientos y capacidades que permiten el ejercicio de una actividad profesional determinada.

Cada **Unidad de Competencia** lleva asociado un **Módulo Formativo**, donde se describe la formación necesaria para adquirir esa **Unidad de Competencia**, pudiendo dividirse en **Unidades Formativas**.

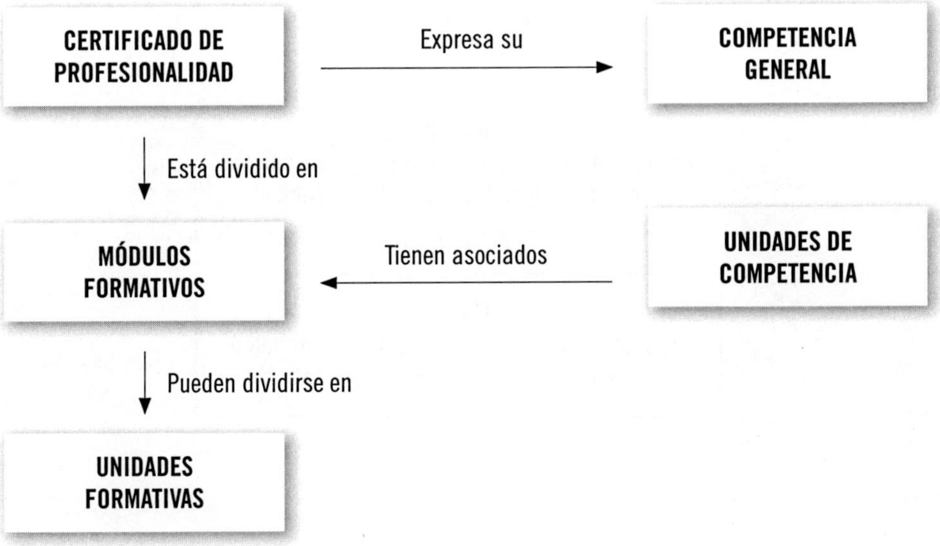

El presente manual desarrolla la Unidad Formativa **UF0190: Organización y montaje mecánico e hidráulico de instalaciones solares térmicas,**

perteneciente al Módulo Formativo **MF00602_2: Montaje mecánico e hidráulico de instalaciones solares térmicas,**

asociado a la unidad de competencia **UC0602_2: Montar captadores, equipos y circuitos hidráulicos de instalaciones solares térmicas,**

del Certificado de Profesionalidad **Montaje y mantenimiento de instalaciones solares térmicas**

MF00602_2
MONTAJE MECÁNICO E HIDRÁULICO DE INSTALACIONES SOLARES TÉRMICAS

Tiene asociado el

UNIDAD DE COMPETENCIA UC0602_2
Montar captadores, equipos y circuitos hidráulicos de instalaciones solares térmicas

Compuesto de las siguientes **UNIDADES FORMATIVAS**

UF0189
Prevención y seguridad en el montaje mecánico e hidráulico de instalaciones solares térmicas

UF0190
Organización y montaje mecánico e hidráulico de instalaciones solares térmicas

UNIDAD FORMATIVA DESARROLLADA EN ESTE MANUAL

FICHA DE CERTIFICADO DE PROFESIONALIDAD

(ENAE0208) MONTAJE Y MANTENIMIENTO DE INSTALACIONES SOLARES TÉRMICAS (13/11/2008)

COMPETENCIA GENERAL: Realizar el montaje, puesta en servicio, operación y mantenimiento de instalaciones solares térmicas, con la calidad y seguridad requeridas y cumpliendo la normativa vigente. Estas actividades se realizarán bajo la supervisión de un técnico que posea el carné profesional en instalaciones térmicas de edificios (RITE).

Cualificación profesional de referencia	Unidades de competencia		Ocupaciones o puestos de trabajo relacionados:
ENA190_2 MONTAJE Y MANTENIMIENTO DE INSTALACIONES SOLARES TÉRMICAS (RD 1228/2007 de 7 de octubre de 2006)	UC0601_2:	Replantear instalaciones solares térmicas	• 7299.001.6 Montador de instalaciones solares térmicas • Mantenedor de instalaciones solares térmicas • 7220.009.2 Instalador de energía solar por tuberías • 7299.001.6 Montador de placas de energía solar • 7621.027.1 Instalador de sistemas de energía solar térmica
	UC0602_2:	Montar captadores, equipos y circuitos hidráulicos de instalaciones solares térmicas	
	UC0603_2:	Montar circuitos y equipos eléctricos de instalaciones solares térmicas	
	UC0604_2:	Poner en servicio y operar instalaciones solares térmicas	
	UC0605_2:	Mantener instalaciones solares térmicas	

Correspondencia con el Catálogo Modular de Formación Profesional

Módulos certificado	Unidades formativas	Horas U.F.
MF0601_2: Replanteo de instalaciones solares térmicas		90
MF0602_2: Montaje mecánico e hidráulico de instalaciones solares térmicas	UF0189: Prevención y seguridad en el montaje mecánico e hidráulico de instalaciones solares térmicas	30
	UF0190: Organización y montaje mecánico e hidráulico de instalaciones solares térmicas	90
MF0603_2: Montaje eléctrico de instalaciones solares térmicas		90
MF0604_2: Puesta en servicio y operación de instalaciones solares térmicas		60
MF0605_2: mantenimiento de instalaciones solares térmicas		60
MP0043: Módulo de prácticas profesionales no laborales		160

Índice

Capítulo 1

Organización del montaje de instalaciones térmicas

Contenido

1. Introducción

La lectura y estudio de este manual permitirá al profesional aprender las técnicas para realizar el montaje, la explotación y el mantenimiento de instalaciones solares térmicas para la producción de agua caliente sanitaria o para el apoyo a sistemas de calefacción y otros usos.

En este capítulo en concreto se atenderá a la forma de organizar el trabajo para el montaje mecánico e hidráulico de instalaciones solares térmicas con arreglo a los correspondientes proyectos y a los procedimientos de trabajo establecidos.

2. Especificaciones del montaje

Antes de pasar a la organización de la instalación en sí, es necesario conocer ciertas especificaciones previas y recomendaciones de importancia para el buen resultado del montaje, como que la instalación se construirá en su totalidad utilizando materiales y procedimientos de ejecución que garanticen las exigencias del servicio, durabilidad, salubridad y mantenimiento.

A efectos de las especificaciones de montaje de la instalación, éstas se complementarán con la aplicación de las reglamentaciones vigentes que tengan competencia en el caso y con las recomendaciones de montaje de los fabricantes de los componentes.

Es responsabilidad del suministrador comprobar que el edificio reúne las condiciones necesarias para soportar la instalación, indicándolo expresamente en la memoria de diseño o proyecto.

Además, es responsabilidad del suministrador comprobar la calidad de los materiales y del agua utilizada, cuidando que se ajusten a lo especificado en las normas y evitando el uso de materiales incompatibles entre sí.

El suministrador será responsable también de la vigilancia de sus materiales durante el almacenaje y el montaje, hasta la recepción provisional.

Las aperturas de conexión de todos los aparatos y máquinas deberán estar convenientemente protegidas durante el transporte, el almacenamiento y el montaje, hasta tanto no se proceda a su unión, por medio de elementos de taponamiento de forma y resistencia adecuada para evitar la entrada de cuerpos extraños y suciedades dentro del aparato.

Especial cuidado se tendrá con materiales frágiles y delicados, como luminarias, mecanismos, equipos de medida, etc., que deberán quedar debidamente protegidos.

Durante el transcurso del montaje, el suministrador deberá evacuar de la obra todos los materiales sobrantes de trabajos efectuados con anterioridad, en particular, de retales de conducciones y cables.

Asimismo, al final de la obra, deberá limpiar perfectamente todos los equipos (colectores, acumuladores, etc.), cuadros eléctricos, instrumentos de medida, etc. de cualquier tipo de suciedad, dejándolos en perfecto estado.

Antes de su colocación, todas las canalizaciones deberán reconocerse y limpiarse de cualquier cuerpo extraño como rebabas, óxidos, suciedades, etc.

La alineación de las canalizaciones en uniones y cambios de dirección se realizará con los correspondientes accesorios y/o cajas, centrando los ejes de las canalizaciones con los de las piezas especiales, sin tener que recurrir a forzar la canalización.

Recuerde

La instalación se construirá en su totalidad utilizando materiales y procedimientos de ejecución que garanticen las exigencias del servicio, durabilidad, salubridad y mantenimiento.

En las partes dañadas por roces en los equipos, producidos durante el traslado o el montaje, el suministrador aplicará pintura rica en zinc u otro material equivalente.

En el montaje de la instalación, y a efectos de su influencia en los componentes, se tendrá en cuenta la máxima presión de red en el lugar.

La instalación de los equipos, válvulas y purgadores permitirá su posterior acceso a las mismas a efectos de su mantenimiento, reparación o desmontaje.

Una vez instalados, se procurará que las placas de características de los equipos sean visibles.

Todos los elementos metálicos que no estén debidamente protegidos contra la oxidación por el fabricante serán recubiertos con dos manos de pintura antioxidante.

Los circuitos de distribución de agua caliente sanitaria se protegerán contra la corrosión.

Todos los equipos y circuitos de tubería deberán poder vaciarse total o parcialmente.

Se dispondrá de vaciado parcial en todas las zonas del circuito que puedan independizarse.

El vaciado total se hará desde el punto más bajo con el diámetro mínimo, en función del tamaño de la instalación siguiente.

Las conexiones de las válvulas de vaciado a las redes de desagüe se pueden realizar de acero galvanizado, cobre o materiales plásticos aptos para esta aplicación.

Las conexiones entre los puntos de vaciado y desagües se realizarán de forma que el paso del agua quede perfectamente visible.

Los botellines de purga serán siempre accesibles y siempre que sea posible, deben conducirse a un lugar visible.

2.1. Montaje de estructura soporte y colectores

La estructura soporte se fijará al edificio de forma que resista las cargas a que estará sometida.

La sujeción de los colectores a la estructura resistirá las cargas del viento y nieve, pero el sistema de fijación permitirá, si fuera necesario, el movimiento del colector de forma que no se transmitan esfuerzos de dilatación.

La instalación permitirá el acceso a los colectores de forma que su desmontaje sea posible en caso de rotura, pudiendo desmontar cada colector con el mínimo de actuaciones sobre los demás.

La conexión entre colectores podrá realizarse con accesorios metálicos, manguitos flexibles o tubería flexible. Se prestará especial atención en asegurar la durabilidad y estanqueidad de las conexiones.

Las tuberías flexibles se conectarán a los colectores utilizando, preferentemente, accesorios para mangueras flexibles.

El montaje de las tuberías flexibles evitará que la tubería quede retorcida y que se produzcan radios de cobertura superior a los especificados por el fabricante.

Los conductos de drenaje de la batería de colectores se diseñarán en lo posible de forma que no puedan congelarse.

La tubería de conexión entre los colectores y las válvulas de seguridad tendrá la menor longitud posible y no se instalarán llaves o válvulas que puedan obstruirse por suciedad y otras restricciones entre ambos.

El suministrador evitará que los colectores queden expuestos al sol por períodos prolongados durante el montaje. En este período, las conexiones del colector deben estar abiertas a la atmósfera, pero impidiendo la entrada de suciedad.

Terminado el montaje, durante el tiempo previo al arranque de la instalación, si se prevé que éste pueda prolongarse, el suministrador procederá a tapar los colectores.

2.2. Montaje de acumulador

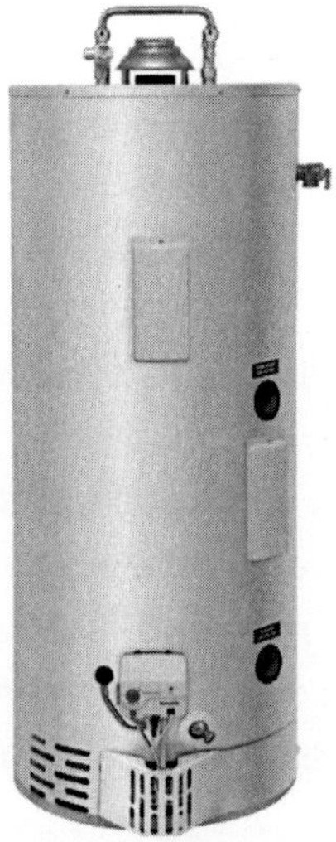

La estructura soporte para depósitos y su fijación se realizará según la normativa vigente.

La estructura soporte y su fijación para depósitos de más de 1.000 l situados en cubiertas o pisos deberá ser diseñada por un profesional competente. La ubicación de los acumuladores y sus estructuras de sujeción cuando se sitúen en cubiertas de piso tendrá en cuenta las características de la edificación y requerirá para depósitos de más de 300 l el diseño de un profesional competente.

2.3. Montaje de intercambiador

Se considerarán las especificaciones de montaje del fabricante.

Se tendrá en cuenta la accesibilidad del intercambiador, para operaciones de sustitución o reparación.

2.4. Montaje de bomba

Las bombas en línea se instalarán con el eje de rotación horizontal y con espacio suficiente para que puedan ser desmontadas con facilidad, sin necesidad de desarmar las tuberías adyacentes.

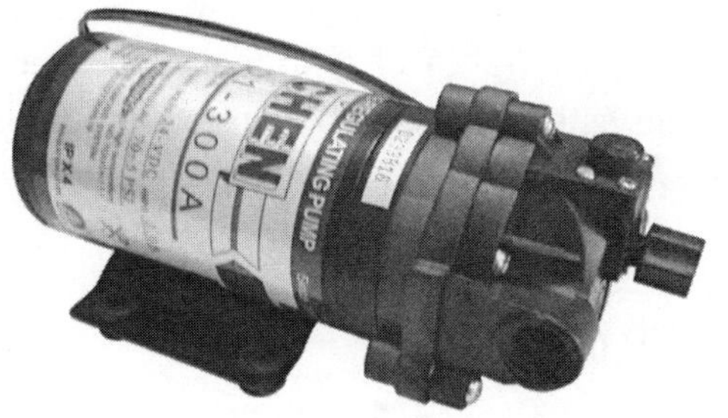

El diámetro de las tuberías de acoplamiento no podrá ser nunca inferior al diámetro de la boca de aspiración de la bomba.

Las tuberías conectadas a las bombas en línea se soportarán en las inmediaciones de las bombas de forma que no provoquen esfuerzos recíprocos. La conexión de las tuberías a las bombas no podrá provocar esfuerzos recíprocos (se utilizarán manguitos antivibratorios cuando la potencia de accionamiento sea superior a 700 W).

Todas las bombas estarán dotadas de tomas para la medición de presiones en aspiración e impulsión.

Todas las bombas deberán protegerse, aguas arriba, por medio de la instalación de un filtro de malla o tela metálica.

Cuando se monten bombas con prensa-estopas, se instalarán sistemas de llenado automáticos.

Recuerde

Las bombas en línea se instalarán con el eje de rotación horizontal y con espacio suficiente para que puedan ser desmontadas con facilidad, sin necesidad de desarmar las tuberías adyacentes.

2.5. Montaje de tuberías y accesorios

Antes del montaje, deberá comprobarse que las tuberías no estén rotas, fisuradas, dobladas, aplastadas, oxidadas o de cualquier manera dañadas. Se almacenarán en lugares donde estén protegidas contra los agentes atmosféricos. En su manipulación se evitarán roces, rodaduras y arrastres, que podrían dañar la resistencia mecánica, las superficies calibradas de las extremidades o las protecciones anticorrosión.

Las piezas especiales, manguitos, gomas de estanqueidad, etc., se guardarán en locales cerrados.

Las tuberías serán instaladas de forma ordenada, utilizando fundamentalmente tres ejes perpendiculares entre sí y paralelos a elementos estructurales del edificio, salvo las pendientes que deban darse.

Las tuberías se instalarán lo más próximo posible a paramentos, dejando el espacio suficiente para manipular el aislamiento y los accesorios. En cualquier caso, la distancia mínima de las tuberías o sus accesorios a elementos estructurales será de 5 cm.

Las tuberías discurrirán siempre por debajo de canalizaciones eléctricas que crucen o corran paralelamente.

La distancia en línea recta entre la superficie exterior de la tubería, con su eventual aislamiento, y la del cable o tubo protector no debe ser inferior a la siguiente:

- 5 cm. para cables bajo tubo con tensión inferior a 1.000 V.
- 30 cm. para cables sin protección con tensión inferior a 1.000 V.
- 50 cm. para cables con tensión superior a 1.000 V.

Las tuberías no se instalarán nunca encima de equipos eléctricos como cuadros o motores.

No se permitirá la instalación de tuberías en hueco y salas de máquinas de ascensores, centros de transformación, chimeneas y conductos de climatización o ventilación.

Las conexiones de las tuberías a los componentes se realizarán de forma que no se transmitan esfuerzos mecánicos.

Las conexiones de componentes al circuito deben ser fácilmente desmontables por bridas o racores, con el fin de facilitar su sustitución o reparación.

Los cambios de sección en tuberías horizontales se realizarán de forma que evite la formación de bolsas de aire, mediante manguitos de reducción excéntricos o enrasado de generatrices superiores para uniones soldadas.

Para evitar la formación de bolsas de aire, los tramos horizontales de tubería se montarán siempre con una pendiente ascendente en el sentido de circulación.

Se facilitarán las dilataciones de tuberías utilizando los cambios de dirección o dilatadores axiales.

Las uniones de tuberías de acero podrán ser por soldadura o roscadas. Las uniones con valvulería y equipos podrán ser roscadas hasta 2". Para diámetros superiores, se realizarán las uniones por bridas.

En ningún caso se permitirán las soldaduras en tuberías galvanizadas.

Las uniones de tuberías de cobre se realizarán mediante manguitos soldados por capilaridad. Las uniones entre tubos de acero galvanizado y cobre se harán por medio de juntas dieléctricas. En circuitos abiertos, el sentido de flujo del agua deberá ser siempre del acero al cobre.

El dimensionado, distancia y disposición de los soportes de tubería se realizará de acuerdo con las prescripciones de UNE 100.152.

Durante el montaje de las tuberías se evitarán, en los cortes para la unión de tuberías, las rebabas y escorias.

En las ramificaciones soldadas, el final del tubo ramificado no debe proyectarse en el interior del tubo principal.

Los sistemas de seguridad y expansión se conectarán de forma que se evite cualquier acumulación de suciedad o impurezas.

Las tuberías de descarga se colocarán de forma que no se puedan helar, y que no se produzca acumulación de agua.

Las dilataciones que sufren las tuberías, al variar la temperatura del fluido, deben compensarse a fin de evitar roturas en los puntos más débiles, que suelen ser las uniones entre tuberías y aparatos, donde suelen concentrarse los esfuerzos de dilatación y contracción.

En las salas de máquinas se aprovecharán los frecuentes cambios de dirección, para que la red de tuberías tenga la suficiente flexibilidad y pueda soportar las variaciones de longitud.

En los trazados de tuberías de gran longitud, horizontales o verticales, se compensarán los movimientos de tuberías mediante dilatadores axiales.

Recuerde

Antes del montaje deberá comprobarse que las tuberías no estén rotas, fisuradas, dobladas, aplastadas, oxidadas o de cualquier manera dañadas.

2.6. Montaje de aislamiento

El aislamiento no podrá quedar interrumpido al atravesar elementos estructurales del edificio. El manguito pasamuros deberá tener las dimensiones suficientes para que pase la conducción con su aislamiento, con una holgura máxima de 3 cm. Tampoco se permitirá la interrupción del aislamiento térmico en los soportes de las conducciones, que podrán estar o no completamente envueltos por el material aislante.

El puente térmico constituido por el mismo soporte deberá quedar interrumpido por la interposición de un material elástico (goma, fieltro, etc.) entre el mismo y la conducción.

Después de la instalación del aislamiento térmico, los instrumentos de medida y de control, así como válvulas de desagües, volante, etc. deberán quedar visibles y accesibles.

Las franjas y flechas que distinguen el tipo de fluido transportado en el interior de las conducciones se pintarán o se pegarán sobre la superficie exterior del aislamiento o de su protección.

Recuerde

El aislamiento no podrá quedar interrumpido al atravesar elementos estructurales del edificio.

2.7. Montaje de contadores

Para la instalación de los contadores se seguirán las instrucciones que suministre el fabricante. Se instalarán siempre entre dos válvulas de corte para facilitar su desmontaje. El suministrador deberá prever algún sistema (by-pass o carrete de tubería) que permita el funcionamiento de la instalación aunque el contador sea desmontado para calibración o mantenimiento. En cualquier caso, no habrá ningún obstáculo hidráulico a una distancia igual, al menos, a diez veces el diámetro de la tubería antes y cinco veces después del contador.

Cuando el agua pueda arrastrar partículas sólidas en suspensión, se instalará un filtro de malla fina antes del contador, del tamiz indicado por el fabricante.

Las vainas destinadas a alojar las sondas de temperatura, deben introducirse en las tuberías siempre en contracorriente y en un lugar donde se creen turbulencias.

Recuerde

Cuando el agua pueda arrastrar partículas sólidas en suspensión, se instalará un filtro de malla fina antes del contador, del tamiz indicado por el fabricante.

2.8. Montaje de instalaciones por termosifón

El montaje de los sistemas por termosifón cumplirá todas las especificaciones que le sean de aplicación dentro de este punto.

No se instalarán codos a 90° en las partes del circuito donde se impida el efecto termosifón. Los cambios de dirección se realizarán con curvas con un radio mínimo de tres veces el diámetro del tubo.

Se cuidará de mantener rigurosamente la sección interior de paso de las tuberías, evitando aplastamientos durante el montaje.

Se permitirá reducir el aislamiento de la tubería de retorno, para facilitar el efecto termosifón.

Recuerde

No se instalarán codos a 90° en las partes del circuito donde se impida el efecto termosifón.

Aplicación práctica

¿Verdadero o Falso?

- **La distancia en línea recta entre la superficie exterior de la tubería, con su eventual aislamiento, y la del cable o tubo protector no debe ser inferior a la siguiente:**
  - **5 cm. para cables bajo tubo con tensión inferior a 1.000 V.**
  - **30 cm. para cables sin protección con tensión inferior a 1.000 V.**
  - **50 cm. para cables con tensión superior a 1.000 V.**

SOLUCIÓN
Verdadero.

3. Preparación del montaje mecánico e hidráulico de las instalaciones

3.1. Fases

El proceso de proyectar una instalación solar y un sistema convencional se rige por distintas reglas. El sistema solar sirve como fuente adicional, que depende de la radiación solar y no funciona todo el tiempo. Con objeto de utilizar el sistema solar al máximo, se emplean depósitos del agua sanitaria.

Estos depósitos tienen una capacidad mayor a la del consumo real para facilitar el uso del agua caliente también durante los días nublados.

El proyecto de instalación solar debe incluir las siguientes etapas:

1. Seleccionar régimen de trabajo.
2. Calcular capacidad del calentador solar.
3. Calcular consumo de la energía necesitada para preparar el agua sanitaria caliente.
4. Determinar condiciones atmosféricas locales ricas.
5. Determinar posición e inclinación del colector.
6. Determinar cobertura del consumo por la instalación solar.
7. Seleccionar cantidad de colectores.
8. Seleccionar grupo de bombas.
9. Seleccionar depósito de diafragma (de compensación).
10. Seleccionar regulador.
11. Seleccionar elementos adicionales (tubos, juntas, válvulas, etc.).
12. Seleccionar el equipo de montaje y unión.

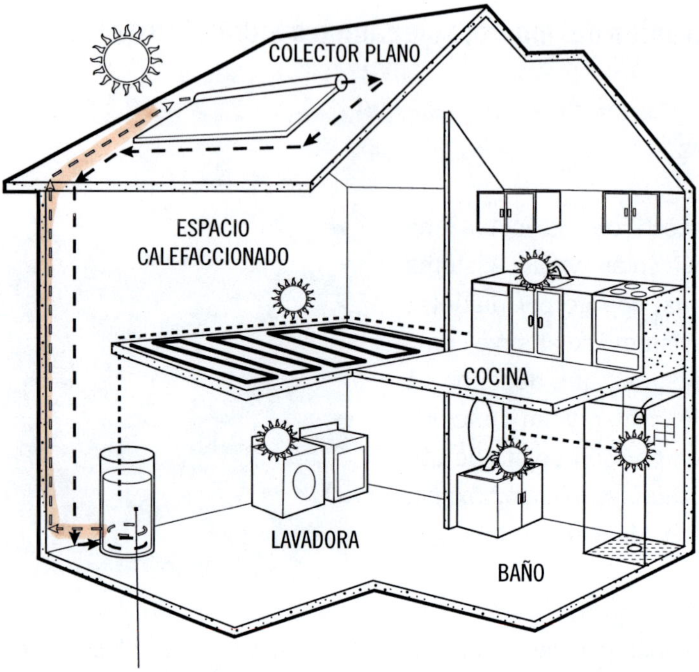

Después de diseñar y realizar los cálculos de la instalación, debemos valorar los lugares donde queremos colocar los componentes de la misma. Esto depende en gran medida del diseño de la vivienda, ya que, por ejemplo, en el caso de que los colectores estén colocados en el tejado, deberemos estudiar la forma en la que irán, debido a la gran diversidad de formas de los tejados. Otro factor a tener en cuenta es si necesitamos o no bombas de circulación, estas serán necesarias en la mayoría de los casos en los que los colectores estén en el tejado y el acumulador dentro de la casa.

Por todas estas variables las fases a seguir en el montaje son diversas y dependen del tipo de instalación y del uso que le queramos dar al agua caliente.

El orden que preestablecemos para instalar y colocar en sus posiciones los componentes de una instalación solar térmica, será:

1. Los intercambiadores.
2. Los acumuladores.

3. Los sistemas de apoyo.
4. El circuito hidráulico con todos los elementos que lo compongan.
5. Instalar los captadores solares.

Cuando se han de instalar captadores solares en las cubiertas hay que tener en cuenta las siguientes consideraciones previas:

- Evitar daños por congelación, por lo que se deberá garantizar la dilatación adecuada del agua y su evacuación en caso necesario.
- Garantizar la resistencia mecánica a rotura de todos los materiales.
- Considerar la posibilidad de aparición de paredes galvánicos entre metales diferentes.
- Evitar la corrosión de los metales.
- Analizar la existencia de elementos especiales en la cubierta que impidan la ubicación correcta de los captadores (tejas de caballete, de borde, chimeneas, etc.)
- Analizar la durabilidad de todos los componentes que se instalan a la intemperie.

Recuerde

Las fases a seguir en el montaje son diversas y dependen del tipo de instalación y del uso que le queramos dar al agua caliente.

4. Organización del montaje de instalaciones térmicas

4.1. Plan de trabajo

El plan de trabajo consta de las partes siguientes:

- Resumen o sumario ejecutivo.
- Introducción y antecedentes (problemas).

- Metas y objetivos (resultados).
- Recursos e impedimentos (aportaciones).
- Estrategia y acciones (de las aportaciones a los resultados).
- Apéndices (presupuesto, calendario y otros).

Resumen o sumario ejecutivo

Se debe redactar en último lugar, y siempre tendrá que ser un sumario, no una introducción. El tamaño máximo es de dos párrafos que ocupen media página.

La introducción debe presentar el plan de trabajo, ya que no podemos poner introducciones largas, históricas y analíticas que desaniman o aburren a las personas encargadas de la instalación antes de que lleguen a la parte de planificación real del plan de trabajo. La introducción se debe limitar sólo al material relevante, al periodo que abarca el plan de trabajo.

Introducción y antecedentes de la instalación

En un plan de trabajo breve, la introducción y los antecedentes se pueden combinar en un sólo capítulo corto. En un plan de trabajo más extenso, será mejor, y es más probable que se lean, si se separan en dos capítulos.

Los antecedentes comienzan por una exposición lógica que lleva a la selección de los objetivos de la instalación solar que se pretenden conseguir durante el periodo correspondiente al plan. Esta sección incluye los problemas y cuestiones relevantes que se deben considerar durante dicho periodo.

Los antecedentes deben contar con:

- Información recogida durante los seis meses previos, datos como incidencia solar, sombras, etc.
- Cualquier cambio relevante en las condiciones del entorno que haya afectado al proyecto, o pueda hacerlo.
- Cualquier efecto o resultado importante de las actividades del proyecto que exija cambios en el diseño de este proyecto. Cualquier otra referencia que justifique su elección de objetivos y resultados para el periodo planificado.

El documento del proyecto o cualquier otro documento que se utilice para justificar los objetivos definidos en su plan de trabajo pueden ser largos y abarcar muchos objetivos y resultados distintos. No es necesario referirse a todos ellos durante el periodo cubierto por el plan de trabajo. La sección de antecedentes del plan de trabajo tiene que incluir explicaciones lógicas de por qué ha elegido algunos de ellos y de por qué no ha incluido los otros.

En el plan de trabajo de la instalación no se debe copiar o repetir la información sobre los antecedentes que aparece en el documento central (documento del proyecto o del programa, propuesta o acta política) ya que esta información era útil para justificar el proyecto o programa en general, pero no para el segmento específico de tiempo de su plan de trabajo. En la sección de antecedentes, sólo debe incluir la información o referencias específicamente vinculadas a los resultados y objetivos que desea lograr en el periodo que abarca el plan de trabajo.

Metas y objetivos

Una meta es amplia y general, la resolución del problema que se ha identificado. Una meta nunca puede conseguirse, o verificar que se ha conseguido, porque no es específica, finita, concreta o verificable. Por contra, una meta puede señalar un objetivo, porque éste es más específico, es finito, tiene una fecha de conclusión y se puede verificar. Los objetivos se derivan de las metas y se generan a partir de ellas.

El plan de trabajo tiene que seguir una progresión lógica desde la introducción y los antecedentes hasta las metas y los objetivos. Mientras que los antecedentes explican la elección de los problemas a resolver, las metas definen las soluciones a estos problemas, y los objetivos son productos de las metas, más precisos, finitos y verificables.

Las metas del plan de trabajo, siendo soluciones a los problemas mencionados en la sección de antecedentes, deben especificarse en esta sección, y luego utilizarse para generar los objetivos específicos.

Los objetivos tienen que seleccionarse entre los objetivos del documento del proyecto, o deben derivarse de los nuevos problemas que hayan surgido y se hayan identificado en el anterior informe de progreso, descritos en la sección de antecedentes del plan de trabajo. Los objetivos se derivan de cada meta. Se deben escribir aquí, especificando la fecha prevista para su consecución dentro del periodo que abarca el plan de trabajo de la instalación.

No es necesario que incluya todos los objetivos expuestos en el documento del proyecto. Elija sólo los objetivos que son relevantes para el periodo de tiempo que ocupa el plan de trabajo, tal y como se justifica en la sección de antecedentes (identificación de problemas).

Los objetivos elegidos para el plan de trabajo (o resultados, si son más específicos que los objetivos de los que derivan) son los elementos centrales de este plan. Proporcionan la justificación de las acciones a emprender y los costes de las mismas. Son el eje del plan de trabajo. Indican a dónde quiere llegar al final del periodo abarcado por este plan de trabajo.

Recuerde

El plan de trabajo tiene que seguir una progresión lógica desde la introducción y los antecedentes hasta las metas y los objetivos.

Recursos y obstáculos

Al igual que en la introducción y los antecedentes, los recursos y obstáculos pueden constituir un capítulo o dos, dependiendo de la longitud total del plan de trabajo.

La sección de obstáculos debe prever cualquier restricción o impedimento que pueda dificultar la consecución de los objetivos. Se debe incluir también una corta descripción de cómo se planea superarlos.

La sección de recursos debe indicar qué aportaciones se han identificado para contribuir a la consecución de los objetivos determinados y seleccionados. No se debe insistir en los recursos financieros. En lugar de ello, se debe remitir al lector al apéndice que trata del presupuesto. Aquí puede incluir recursos que no sean necesariamente dinero en efectivo: refiriéndose al personal y otros trabajadores (por ejemplo, los voluntarios), socios (organizaciones y personas), asesores, tierra, capital, suministros, equipamientos, los objetos inventariados que se puedan utilizar, vender o negociar, y cualquier cosa susceptible de ser movilizada y utilizada en la consecución de los objetivos identificados.

Recuerde

La sección de obstáculos debe prever cualquier restricción o impedimento que pueda dificultar la consecución de los objetivos.

Estrategia y acciones

Igual que las otras secciones dobles anteriores, las secciones de estrategia y acciones pueden conformar un sólo capítulo o dos. Juntas explican cómo se pretenden convertir las aportaciones en resultados.

La sección de estrategia del plan de trabajo debe indicar cómo se quieren transformar sus recursos y superar los obstáculos, utilizando esas aportaciones concretas (recursos) para lograr los objetivos o conseguir los resultados.

En un plan de trabajo ideal, se señalan varias estrategias alternativas, se escoge una y se dan las razones para esta elección. El plan de trabajo puede ser corto, y dejar fuera las alternativas mencionadas. Es por esto que se debe decidir si conviene incluirlas o no.

De forma estricta, las acciones corresponden más a las aportaciones que a los resultados. Las acciones pertenecen en principio a la estrategia porque son las actividades que convierten aportaciones en resultados. Mientras que las metas y objetivos están entre los productos (los resultados) del proyecto, los recursos se encuentran entre las aportaciones (las inversiones) al proyecto.

Se debe mostrar claramente que la acción se deriva de la estrategia, lo que explica cómo las aportaciones se convierten en resultados. Cada acción indicada en esta sección debe estar relacionada con alguno de los resultados (objetivos, metas), y debe quedar claro cómo la acción descrita contribuirá a conseguir su objetivo correspondiente.

Apéndices, incluyendo presupuesto y calendario

El propósito de los apéndices, ahora, es complementar el texto, es decir, proporcionar los detalles que apoyan el argumento que se expone. Los presupuestos y calendarios están entre estos detalles.

El presupuesto del plan de trabajo debe colocarse en un apéndice, no en el texto principal de este plan. Aunque es importante, no es parte del argumento del plan de trabajo, sino una lista de detalles que apoya este argumento. Puede constituir un primer apéndice.

Cada uno de los puntos del presupuesto debe estar relacionado con uno o más objetivos (resultados). Algunos de los elementos del presupuesto se tienen que dividir arbitrariamente entre los diferentes resultados, puesto que son necesarios para todos ellos. No se puede incluir ningún elemento al presupuesto que no esté relacionado con alguna parte del texto del plan de trabajo.

El calendario del plan de trabajo es opcional. Algunos coordinadores creen que deben planificar cada día del periodo. Lo que se recomienda aquí es que se listen en orden las fechas de conclusión de cada uno de los objetivos (o resultados) deseados, y que se conceda a cada uno una cantidad de tiempo razonable. Por ejemplo, un objetivo puede concluirse dentro de una semana concreta. Esto es un periodo flexible y razonable. En consecuencia, las fechas para emprender las acciones son opcionales.

Donde sea necesario, dentro del texto, debe referirse al apéndice correspondiente. No hay que adjuntar apéndices que el texto no mencione. En resumen, los apéndices proporcionan los detalles necesarios, pero se ponen al final del plan de trabajo, donde no entorpecen la lectura ni la continuidad de la argumentación general, ni la conexión de cada capítulo de los arriba descritos con el siguiente.

Recuerde

El presupuesto del plan de trabajo debe colocarse en un apéndice, no en el texto principal de este plan.

4.2. El flujo del conjunto del plan de trabajo

El texto del plan de trabajo se compone de varios capítulos (introducción, antecedentes, metas, objetivos, resultados, recursos, obstáculos, estrategias, acciones). Todos juntos comprenden una sola exposición, y cada capítulo está relacionado con todos los demás.

- Los antecedentes identifican el (los) problema(s), luego...
- ... La meta define la(s) solución(es), luego...
- ... Los objetivos (resultados), específicos y verificables, concretan las metas, luego...
- ... Los recursos y los obstáculos precisan lo que se puede o no se puede utilizar para alcanzar los objetivos, y luego...
- ... La estrategia junto con una serie de acciones concretas y detalladas indican cómo se van a convertir las aportaciones en resultados.

La lógica que conecta estos capítulos constituye la exposición.

Dicha exposición debe ser fácil de seguir, tiene que estar redactada en un estilo gramatical simple y con vocabulario sencillo, y tiene que enlazar fácilmente un capítulo con el siguiente. Como hemos dicho, para hacer una exposición más fluida y transparente, los detalles, en especial los relacionados con la financiación (el presupuesto) y otras listas detalladas, se ponen como apéndices.

Se ha de recordar que el texto completo de un plan de trabajo es una sola exposición simple, con cada capítulo enlazando con el anterior y el siguiente. Los apéndices proporcionan detalles que apoyan la exposición, pero no se incluyen en el texto, evitando así que la obstruyan.

Recuerde

El texto del plan de trabajo se compone de varios capítulos (introducción, antecedentes, metas, objetivos, resultados, recursos, obstáculos, estrategias, acciones). Todos juntos comprenden una sola exposición, y cada capítulo está relacionado con todos los demás.

5. Resumen

En este capítulo se ha ofrecido una serie de especificaciones previas al montaje. Así, se han dado apuntes sobre el montaje de estructura soporte y colectores, de acumulador, de intercambiador, de bomba, de tuberías y accesorios, de aislamiento, de contadores y de instalaciones por termosifón.

El proceso de proyectar una instalación solar y un sistema convencional se rige por distintas reglas y fases.

Así, la organización del montaje de instalaciones térmicas requiere de un 'plan de trabajo, dentro del cual se debe incluir un resumen o sumario ejecutivo, introducción y antecedentes (problemas), metas y objetivos (resultados), recursos e impedimentos (aportaciones), estrategia y acciones (de las aportaciones a los resultados) y apéndices (presupuesto, calendario y otros).

Es por esto que el texto del plan de trabajo se compone de varios capítulos pero se ha de tener en cuenta que todos juntos comprenden una sola exposición, y cada capítulo está relacionado con todos los demás.

Ejercicios de repaso y autoevaluación

1. Rellene los huecos.

A efectos de las especificaciones de montaje de la instalación, éstas se complementarán con la aplicación de las __________ vigentes que tengan competencia en el caso y con las ____________ de montaje de los fabricantes de los _____________.

2. El suministrador no tiene la obligación de comprobar la calidad de los materiales y del agua utilizada. Este tema es propio de sanidad.

- ☐ Verdadero
- ☐ Falso

3. Las juntas dieléctricas las utilizaremos para unir...

a. ... los tubos de PVC de la instalación.
b. ... los tubos de acero galvanizado y los de PVC.
c. ... los tubos de acero galvanizado y cobre.
d. ... en cualquier unión.

4. El sumario ejecutivo es el primer documento del plan de trabajo que se debe redactar.

- ☐ Verdadero
- ☐ Falso

Capítulo 2

Estructuras de sujeción de instalaciones solares térmicas

Contenido

1. Introducción

Para asegurar el buen funcionamiento de una instalación solar térmica es fundamental tener en cuenta diversos aspectos de sus estructuras de sujeción, así como del izado y desplazamiento del equipo y material necesario.

El tipo de esfuerzo de deberá sufrir la instalación, los tipos y materiales de las estructuras, los soportes y anclajes, la resistencia de los elementos constructivos y la integración arquitectónica del conjunto son aspectos importantes que se desarrollan en este capítulo.

2. Obra civil: desplazamiento e izado de equipos y materiales

2.1. Grúas

Antes de utilizar una grúa en una obra, la administración debe considerar todos los factores que puedan afectar su uso, tales como:

- Peso, tamaño y tipo de carga que deberá izar.
- Alcance o radio máximo que se requiere de ella.
- Restricciones para el uso, tales como cables aéreos de transmisión eléctrica, condiciones de la obra y tipo de terreno.
- Necesidad de operadores y señaleros capacitados.

Montaje

Tanto el montaje como el desmantelamiento de las grúas debe ser realizado por obreros especializados bajo la dirección inmediata de un supervisor competente y experimentado, que debe seguir estrictamente las indicaciones del fabricante.

Señales

Los operadores y señaleros de grúas deben ser mayores de 18 años, estar capacitados y tener suficiente experiencia. Cuando el operador de la grúa no puede ver la carga durante todo el izado, tiene que haber siempre un señalero o un sistema de señales, como por ejemplo un teléfono. Las señales de mano deben ser claras y precisas, ajustándose a un sistema o código reconocido.

DIAGRAMA DE SEÑAS

Sobrecarga

La sobrecarga, que ejerce fuerzas sobre partes vitales de la grúa que van más allá de su capacidad calculada, puede producirse cuando ni el operador ni el supervisor saben calcular bien el peso del material que se va a izar. Esto sucede, por ejemplo, con los objetos de forma irregular.

Si el operador no estuviera correctamente capacitado podría, por ejemplo, bajar la carga a velocidad excesiva, con lo que, al aplicar abruptamente los frenos, el brazo de la grúa se podría partir. Así, todas las grúas deben tener marcado el peso máximo de trabajo, y éste no se debe exceder nunca. En las grúas con brazo de radio variable, tiene que estar indicada la carga máxima de cada posición de la pluma. Los guinches y poleas deben estar marcados de forma similar.

Indicadores de carga segura

Todas las grúas de pluma o brazo deben estar equipadas con un indicador automático de carga segura que avisa al operador, generalmente por medio de una luz, poco antes de llegar al máximo admisible, y hace sonar una alarma con campana o bocina para advertirle a él y a quienes estén cerca, si la carga segura ha sido excedida. Estos indicadores ayudan en la seguridad de las grúas, pero no la garantizan. Por ejemplo, no tienen en cuenta los efectos del viento o del terreno blando. Si se está izando una carga que se cree que está cerca del límite, no se debe levantar de una sola vez: se debe subir la carga un poco y comprobar la estabilidad de la grúa antes de continuar la operación. Recordemos que si se deja que la carga haga movimiento de péndulo o descienda muy rápido, el brazo puede flexionarse aumentando accidentalmente su radio de alcance. Algunos indicadores funcionan también como disyuntores en caso de carga excesiva. No se deben neutralizar nunca para izar una sobrecarga.

Recuerde

Tanto el montaje como el desmantelamiento de las grúas deben ser realizados por obreros especializados bajo la dirección inmediata de un supervisor competente y experimentado, que deben seguir estrictamente las indicaciones del fabricante.

Inspección y mantenimiento

Las grúas sufren efectos del uso y el desgaste que a veces no son fáciles de detectar: por ejemplo, los pernos y piezas similares pueden sufrir fatiga metálica. Las grúas deben ser revisadas y probadas por un profesional antes de ser usadas en una obra en construcción, y luego, sometidas a inspección regular según los requisitos oficiales. También es preciso cumplir con los programas de chequeos y mantenimiento por parte del operador que el fabricante recomiende, y deberá informarse al supervisor sobre cualquier daño o desperfecto. Nunca se debe utilizar una grúa si parece insegura.

Los cables metálicos, frenos y dispositivos de seguridad son particularmente susceptibles. El contacto constante de los cables metálicos con las roldanas de la pluma acelera su desgaste. Los frenos se usan continuamente y es preciso revisarlos, ajustarlos y renovarlos. Los indicadores de carga máxima y otros dispositivos de seguridad, como los disyuntores de sobrecarga, a menudo sufren desperfectos debido a las condiciones de la obra, cuando no son desconectados intencionadamente.

Recuerde

Los frenos se usan continuamente y es preciso revisarlos, ajustarlos y renovarlos.

Grúas móviles

Las grúas móviles son intrínsecamente inestables y pueden volcarse si se usan en terrenos no apisonados o en pendiente. Recuerde que la lluvia puede ablandar el suelo y los terrenos desnivelados les imponen esfuerzos a las grúas que pueden llevar accidentalmente a la sobrecarga.

Al estar capacitado en el manejo de grúas, se comprenden las ventajas y desventajas de los voladizos o alerones laterales, y los peligros de no utilizarlos.

Por otro lado, el izado de cargas en espacios abiertos puede resultar más difícil o peligroso a causa del viento. Se debe asegurar espacio suficiente entre la pluma y su contrapeso y los vehículos en circulación o las estructuras fijas, tales como edificios, y que ninguna parte de la grúa o de la carga esté a menos de 4 m de cables aéreos de transmisión eléctrica.

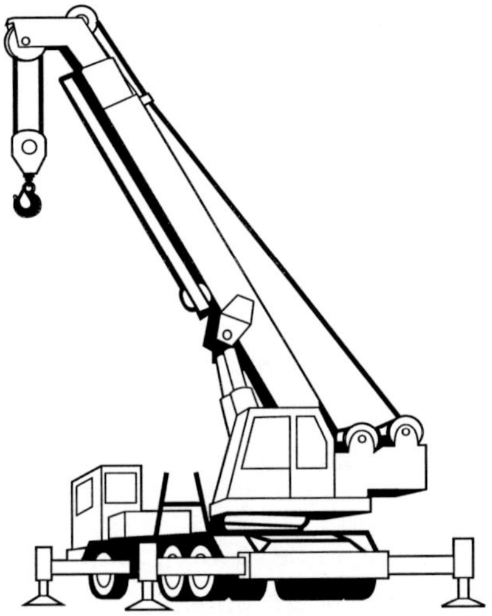

Todas las grúas deben tener gancho de seguridad para impedir que la carga se desprenda accidentalmente si se enreda con algo o se traba en una obstrucción durante el izado.

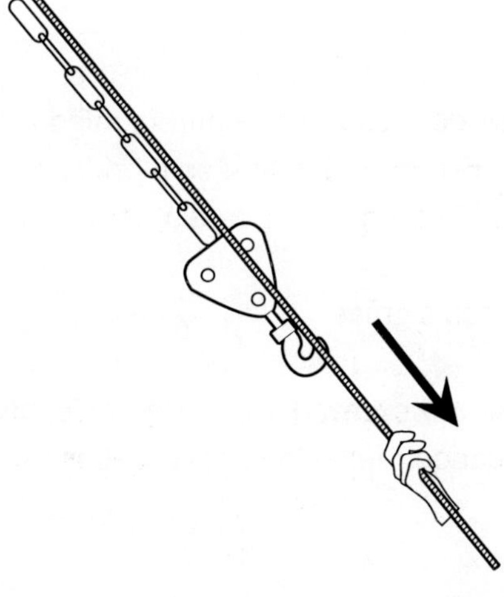

Recuerde

Las grúas móviles son intrínsecamente inestables y pueden volcarse si se usan en terrenos no apisonados o en pendiente.

Grúas de torre

Para no volcarse, las grúas de torre tienen que estar ancladas al suelo, o tener un lastre adecuado de contrapeso. Si están montadas sobre rieles, los carriles no pueden usarse para anclaje.

Dado que el material que sirve de lastre puede moverse, debe colocarse en la grúa un diagrama del lastre o contrapeso, y usarlo como guía al armarla, o para hacer correcciones después del mal tiempo.

Los accesorios usados con la grúa, tales como eslingas y cadenas, no deben obstruir las vías de acceso o escaleras y deben estar a buena distancia de cualquier maquinaria en la que puedan enredarse.

Las cargas deben izarse verticalmente, pues cualquier izado no-vertical puede causar el derrumbe de la grúa. No se deben levantar cargas de gran superficie expuesta si hay viento.

La grúa debe ubicarse de modo que la pluma pueda girar libremente, si es necesario por el viento, 360° en redondo. Los fabricantes especifican las velocidades máximas de viento con que se pueden usar las grúas de torre.

Equipos de carga usados como grúas

Las máquinas tales como excavadoras, palas mecánicas y cargadoras son utilizadas como grúas cuando manejan cargas suspendidas con eslingas.

En general, se aplican en este caso las mismas precauciones que con las grúas móviles, aunque no se instalan en estas máquinas indicadores de carga máxima ni de radio de alcance mientras la carga sea inferior a 1 tonelada. Pero indistintamente de la carga, se debe estar seguro de que la máquina esté en condiciones de levantarla con seguridad y colocarla exactamente donde se necesita.

Recuerde

Las cargas deben izarse verticalmente, pues cualquier izado no-vertical puede causar el derrumbe de la grúa. Nunca levante cargas de gran superficie expuesta si hay viento.

Eslingas y cuerdas

Se deben utilizar sólo eslingas y cuerdas que tengan marcada la carga de trabajo. Se han de recubrir los cantos y bordes cortantes de la carga para proteger la eslinga y verificar que los pernos de las argollas estén en posición correcta.

Recuerde

Se deben utilizar sólo eslingas y cuerdas que tengan marcada la carga de trabajo.

2.2. Montacargas

El montacargas o plataforma de carga que se utiliza para elevar materiales y equipos verticalmente a sucesivos niveles a medida que avanza la construcción es posiblemente el elemento de manejo mecánico más comúnmente usado. Consiste en una plataforma movida por un guinche con cable o una cremallera y piñón, con el motor y la caja de cambios montados en la plataforma. Los principales peligros son caerse por el pozo de izado desde un descanso, ser golpeado por la plataforma u otras partes móviles, o ser alcanzado por materiales que caen por el pozo.

Montaje

El montaje, extensión y desarmado de los montacargas es una tarea especializada que sólo se debe realizar bajo la dirección de un supervisor idóneo. Es preciso sujetar bien la torre o mástil estático del montacargas al edificio o andamio y mantenerla en posición vertical, para que no esté sometida a tensiones que puedan desalinearla e interferir en el funcionamiento de la plataforma elevadora. Los montacargas móviles deben usarse hasta un máximo de 18 m, a menos que el fabricante especifique que se puede superar esa altura.

Cerramiento

Hay que crear un cerramiento de construcción sólida alrededor del pozo de izado a nivel del suelo, con una altura de por lo menos dos metros. Debe tener puertas adecuadas de acceso a la plataforma. El resto del pozo de izado debe también tener algún tipo de cerramiento (por ejemplo, de malla de alambre) de resistencia suficiente para impedir que caigan materiales hacia afuera. Deben instalarse puertas en todos los niveles donde sea necesario acceder a la plataforma. Las puertas deben mantenerse cerradas a menos que se esté cargando o descargando a ese nivel.

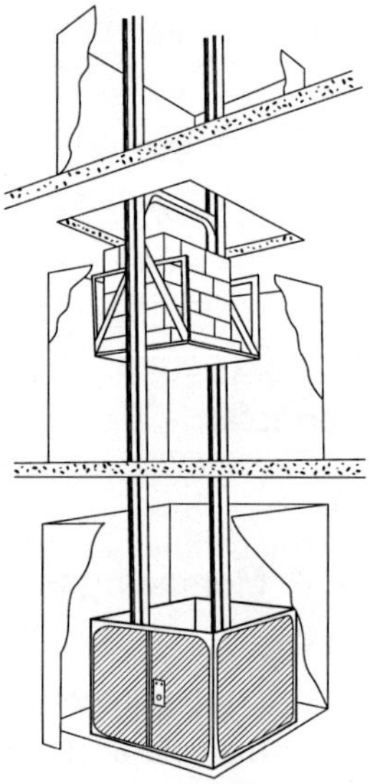

Dispositivos de seguridad

Debe instalarse un tope de contacto superior por encima de la posición más alta que se requiera de la plataforma, o cerca del final del mástil. Se necesita asimismo un dispositivo amortiguador al pie del mástil, capaz de sostener la plataforma con su carga máxima en caso de que falle la cuerda de izado o el motor. Cuando la plataforma esté en la posición más baja, deberán quedar aún tres vueltas de cuerda alrededor del tambor del guinche.

Funcionamiento

Para impedir que el operador, que debe tener más de 18 años y estar debidamente capacitado, ponga en movimiento la plataforma cuando alguien está tratando de cargar o descargar materiales, hay que ubicar los controles de manera que el montacargas sólo pueda ser activado desde determinada posición. Desde esa posición, el operador deberá ver claramente todos los niveles de acceso. Si eso no fuera posible, es preciso utilizar un sistema de señales durante la carga y la descarga. Cuando el operador está a nivel del suelo, como ocurre generalmente, debe tener protección desde arriba.

Recuerde

Debe instalarse un tope de contacto superior por encima de la posición más alta que se requiera de la plataforma, o cerca del final del mástil.

Cargas

La carga máxima de trabajo estará claramente marcada en la plataforma, y no deberá ser excedida. Las carretillas no deben llenarse demasiado y hay que frenarles las ruedas con tacos o amarrarlas para que no se desplacen en la plataforma cuando ésta se mueva. Nunca se deben transportar ladrillos sueltos o materiales similares en una plataforma abierta. Hay que prohibir que las personas suban o bajen en el montacargas, y exhibir un cartel a tal efecto.

Transporte de personas

Los ascensores para el transporte de personas tienen que estar construidos e instalados especialmente para tal fin, con características tales como dispositivos de cierre electromecánico en las puertas de la jaula y de los descansos.

Pruebas e inspección

Todos los montacargas deben ser probados y revisados después de su instalación, y el tope superior y el amortiguador de abajo deben ser chequeados.

Luego debe llevarse un registro de controles semanales, a cargo de una persona competente.

Recuerde

La carga máxima de trabajo estará claramente marcada en la plataforma, y no deberá ser excedida.

2.3. Poleas y roldanas

Causas de accidentes

Las poleas y roldanas son una forma común y económica de izar cargas pequeñas a distancias limitadas. Los accidentes más frecuentes ocurren cuando:

- El palo o travesaño en que está montada la roldana tiene un solo soporte: siempre se requieren dos.

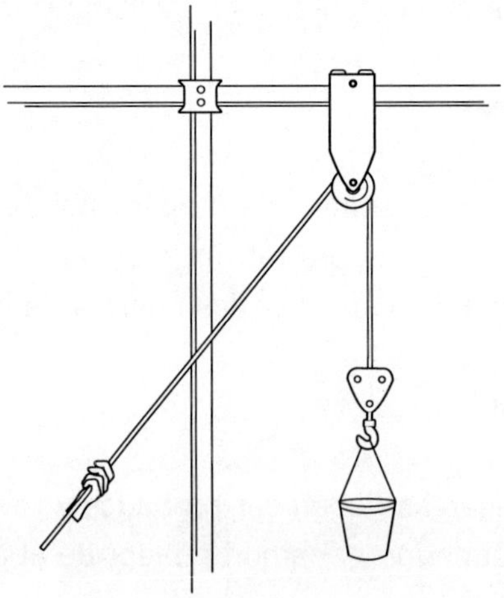

- La cuerda de izar no tiene un gancho adecuado con traba de seguridad: los ganchos hechos con alambres doblados son peligrosos.
- La cuerda de izar está gastada y no sirve más.
- El balde o carga golpea contra el andamio o edificio y vuelca su contenido.
- La carga es demasiado pesada o no está bien sujeta.
- El armazón de izado montado en un techo no está bien anclado y se vuelca: tiene que haber un factor de seguridad de por lo menos 3.

Medidas de seguridad

Es preciso tomar las siguientes precauciones:

- Si se transporta un líquido en un balde, debe tener siempre una tapa.
- Cuando se esté izando el balde, se han de usar siempre guantes para protegerse las manos.
- Si la polea está a más de 5 m. de altura, se debe considerar la posibilidad de usar un mecanismo de crique.
- Cuando la polea está montada cerca del borde de un techo, se requieren barandas protectoras y guardapiés.
- Si dos o más personas están realizando la operación, una de ellas debe dar las instrucciones para que puedan funcionar como equipo.

2.4. Manipuleo

El manipuleo de materias primas y elementos es parte intrínseca del proceso de construcción. El manejo de cargas y materiales con las manos es todavía muy común. Muchos obreros realizan trabajos pesados de levante y acarreo durante gran parte de la jornada. Después de las caídas, el manipuleo es la causa más común de accidentes en la construcción.

Un adecuado manejo mecánico de los materiales puede contribuir a que el trabajo transcurra con fluidez y evitar daños y demoras. También en el manejo manual de materiales se pueden aplicar técnicas e ideas que aumenten la eficiencia y no sean caras. Estas soluciones económicas surgen a menudo de las necesidades y experiencia locales.

Cuando se considera el manejo de materiales, hay tres interrogantes a tener en cuenta:

- ¿Puede usarse equipo mecánico en lugar del trabajo a mano?
- ¿Se puede aligerar la carga, o darle una forma adecuada para su manejo a mano?
- ¿Conoce el trabajador los métodos correctos de levantar y acarrear?

Levante y acarreo

Casi la cuarta parte de las lesiones laborales se producen en el curso de maniobras de levante y acarreo. Se trata en su mayoría de lesiones de las manos, piernas, pies y espalda debidas a un esfuerzo. Muchos trabajos de la construcción incluyen tareas manuales pesadas, y los obreros que no se encuentren en buen estado físico se fatigan fácilmente y son más proclives a lesionarse.

El trabajador debe conocer su propia capacidad física y hacer sólo tareas que estén dentro de su alcance. Es importante además haber aprendido las técnicas apropiadas del levante y acarreo. Se debe cuidar el bienestar personal mediante las siguientes precauciones:

- Poniendo la carga sobre ruedas si es posible, en lugar de llevarla a pulso.
- Utilizando equipo mecánico, si se está capacitado para hacerlo.
- Usando el equipo adecuado, como por ejemplo botas de seguridad.
- Verificando el peso de la carga antes de levantarla.
- No levantando cargas más arriba de lo necesario.
- Verificando que no haya líneas aéreas de transmisión eléctrica u obstáculos cuando acarrea objetos largos, como caños de andamio o varillas de hormigón armado.
- Quitando o sujetando los objetos sueltos que haya encima de la carga.
- Obteniendo ayuda si la carga es demasiado pesada o difícil de manejar por sí solo.
- Asegurándose de que haya vía libre hasta el punto de destino y un lugar seguro para depositar la carga.

Técnica de levante

El tamaño, forma y estructura de la carga determinan en gran medida si su manejo será fácil o difícil. La existencia de manijas bien diseñadas y colocadas ayuda enormemente. Cuando se levante una carga, se debe seguir este procedimiento:

- Colocarse cerca de la carga con los pies bien apoyados sobre el suelo, a una distancia de unos 30 cm. uno del otro.
- Flexionar las rodillas, manteniendo la espalda lo más derecha posible.
- Agarrar bien la carga.
- Aspirar profundamente y echar los hombros hacia atrás.
- Enderezar las piernas, siempre con la espalda lo más derecha posible.
- Asegurarse de que la carga no obstaculiza la vista.
- Mantener la carga cerca del cuerpo.
- Levantarla de manera lenta y sin interrupciones.
- Cuando se lleva carga, tratar de no torcer la columna vertebral al girar a derecha o izquierda. En lugar de hacerlo, se han de mover los pies.
- Si dos o tres personas están moviendo una carga, una de ellas debe dar instrucciones para que todas funcionen como equipo.

Recuerde

Casi la cuarta parte de las lesiones laborales se producen en el curso de maniobras de levante y acarreo, se trata en su mayoría de lesiones de las manos, piernas, pies y espaldas debidas a un esfuerzo.

La siguiente figura muestra la forma correcta e incorrecta de levantar un peso.

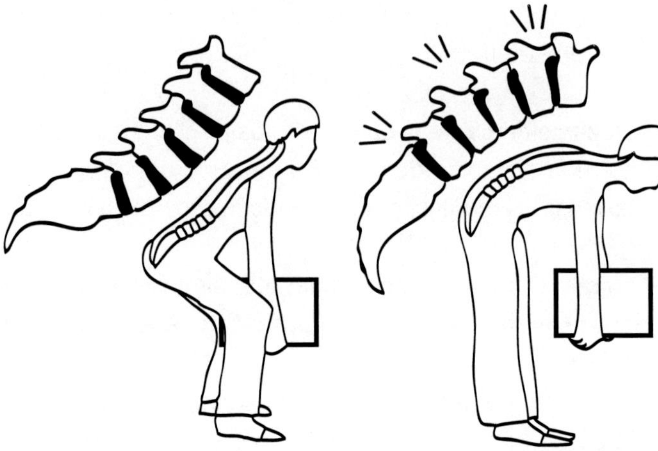

BIEN MAL

3. Tipos de esfuerzos

3.1. Cálculo elemental de esfuerzos

Tracción y compresión

Decimos que un elemento está sometido a un esfuerzo de **tracción** cuando sobre él actúan fuerzas que tienden a estirarlo. Los tensores son elementos resistentes que aguantan muy bien este tipo de esfuerzos.

Un cuerpo se encuentra sometido a **compresión** si las fuerzas aplicadas tienden a aplastarlo o comprimirlo. Los pilares y columnas son ejemplo de elementos diseñados para resistir esfuerzos de compresión.

Cuando se somete a compresión una pieza de gran longitud en relación a su sección, se arquea, recibiendo este fenómeno el nombre de **pandeo**.

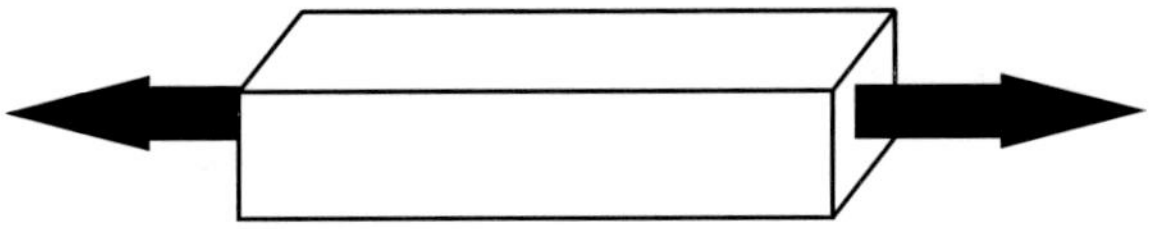

Tracción

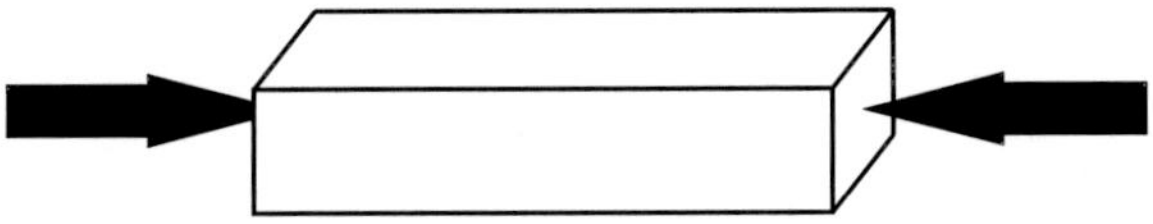

Compresión

Entre los átomos de los cuerpos sólidos existe un sistema de fuerzas internas en equilibrio, a diferencia de lo que ocurre en líquidos y gases.

Todos los cuerpos sólidos, debido a estas fuerzas, se resisten a ser deformados cuando son sometidos a fuerzas externas (cargas). Presentan, por tanto, una resistencia a la deformación.

Recuerde

Un cuerpo se encuentra sometido a compresión si las fuerzas aplicadas tienden a aplastarlo o comprimirlo.

En resistencia de materiales se entienden los esfuerzos como fuerzas imaginarias que aparecen en el interior de los elementos o piezas cuando están sometidos a cargas exteriores. Estos esfuerzos modelizan el comportamiento real de los elementos. Se denominan deformaciones a las variaciones de sus dimensiones iniciales por efecto de las fuerzas aplicadas.

Supongamos que tenemos una barra de acero y longitud inicial l_0 y aplicamos a sus extremos dos fuerzas iguales y opuestas, P, alineadas con el eje de simetría del material, las cuales tienden a estirar el material. Se dice entonces que la barra está sometida a tracción. Debido a estas fuerzas, la barra se deforma, es decir, sufre un alargamiento ∂. La longitud final será por tanto:

$$l = l_0 + \partial$$

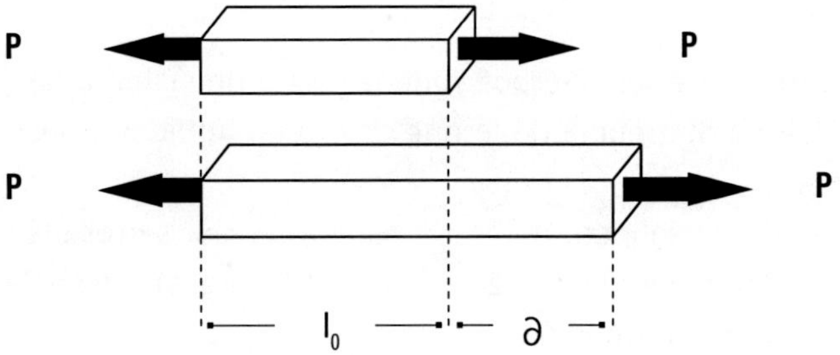

Se denomina deformación unitaria (ε) a la deformación de la barra por unidad de longitud. Su valor vendrá dado por el cociente entre el alargamiento ∂ y la longitud inicial l_0.

$$\varepsilon = \partial / l_0 \text{ (adimensional)}$$

Aplicación práctica

¿Cuál será la longitud final de una barra que sufre una deformación unitaria de 5 mm./metro y su longitud inicial es de 20 metros?

SOLUCIÓN

Aplicando $\varepsilon = \partial / l_0$, tenemos que ∂ = 5mm./ metro • 20 metros = 100 mm.

Y aplicando $l = l_0 + \partial$; l = 20 m + 0.01 m = 20.01 metros.

Dos caras contiguas de una sección recta cualquiera permanecen unidas en una pieza sometida a tracción porque aparece una fuerza interna, uniformemente distribuida sobre toda la sección.

Esta distribución uniforme de fuerzas es lo que se denomina esfuerzo o tensión. El valor de su intensidad, σ, viene establecido por el cociente entre la carga exterior aplicada, P, y el área de la sección recta inicial sobre la que actúa A_0.

$$\sigma = P / A_0$$

Las unidades serán N/mm^2. Aunque la más comúnmente utilizada es Kg/cm^2.

Resistencia a la tracción. Elasticidad-plasticidad

La elasticidad es una de las propiedades mecánicas de los materiales. Está relacionada con la deformación que estos sufren cuando se les somete a cargas exteriores.

Se puede definir como la cualidad que tienen los cuerpos de recuperar su forma primitiva cuando se les descarga de las fuerzas aplicadas. Si el elemento deformado recupera totalmente sus dimensiones iniciales cuando se eliminan las cargas exteriores aplicadas se dice que ha sufrido una deformación **elástica**.

Por el contrario, si al eliminar las cargas exteriores el elemento queda con deformación permanente se dice que ha experimentado una deformación **plástica**.

El método más usual para determinar ésta y otras propiedades mecánicas en los metales es el ensayo de tracción.

Este ensayo relaciona la deformación que va sufriendo la probeta de metal con la carga creciente que se le va aplicando. De él obtenemos el diagrama tracción-deformación, que representa el esfuerzo que sufre la barra, referido a su sección inicial, en función de la deformación unitaria, respecto a su longitud primitiva.

Del diagrama obtenemos una curva como la de la figura:

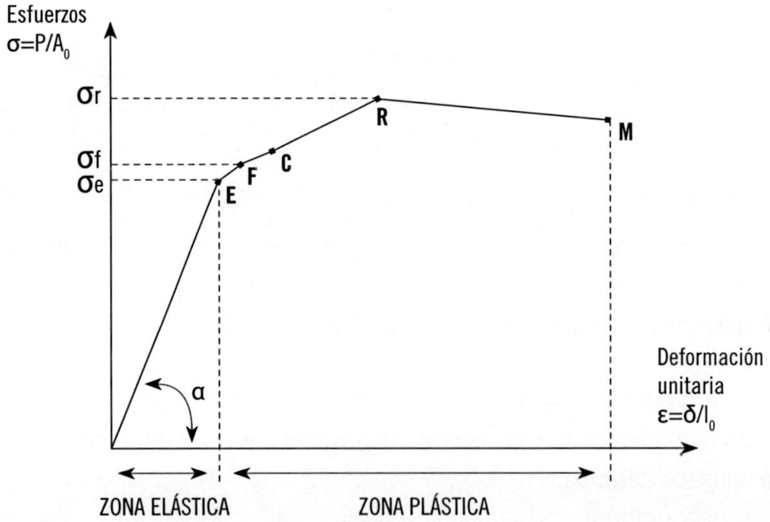

Hasta llegar al punto E, llamado **límite elástico**, la deformación es proporcional a la carga, es decir, entre los esfuerzos y las deformaciones unitarias se establece una relación lineal. En esta zona, el material trabaja de forma elástica y se dice que responde a la ley de Hooke: "Las deformaciones son proporcionales a las fuerzas deformadoras".

El esfuerzo correspondiente al punto E, σ_e, se puede definir como el mayor valor del esfuerzo que origina deformaciones elásticas. Con esfuerzos mayores que éste, el material sufre ya deformaciones plásticas, es decir, queda con deformación permanente.

La constante de proporcionalidad entre esfuerzos y deformaciones unitaria en esta zona lineal se denomina **módulo de elasticidad** o **modulo de Young**.

$$\sigma = E\,\varepsilon$$

$$\text{Tan}\,\sigma = \frac{\sigma}{\varepsilon} = \frac{\dfrac{P}{A_\sigma}}{\dfrac{\partial}{l_\sigma}} = \frac{Pl_\sigma}{A_{\sigma\partial}} = E$$

El módulo de elasticidad es una característica de cada material y depende sólo de su estructura interna, que normalmente puede considerarse constante.

Con cargas superiores al límite elástico, punto E, la relación entre cargas y deformaciones ya no es lineal. El diagrama se curva hasta llegar al punto F, llamado punto de fluencia, siendo σ_f el esfuerzo de fluencia correspondiente.

En esta situación, la barra se alarga sin apenas incremento de carga, tramo FC. Si en el punto C desapareciese la carga, el material recuperaría elásticamente parte de su longitud, quedando una deformación permanente.

A partir del punto C es necesario aumentar la carga para producir nuevas deformaciones.

A partir del punto de fluencia, si incrementamos más la fuerza aplicada, la deformación es muy rápida con poco incremento de la carga. El esfuerzo va aumentando hasta llegar el punto R, carga máxima, a partir del cual prosigue la deformación hasta la rotura, punto M, sin que la carga aumente. Aunque el material físicamente rompe en el punto M, se dice que la carga del punto R es la carga de rotura, siendo σ_r el esfuerzo de rotura correspondiente.

Recuerde

Decimos que un elemento está sometido a un esfuerzo de tracción cuando sobre él actúan fuerzas que tienden a estirarlo.

Los esfuerzos correspondientes al limite de elasticidad σ_e, al punto de fluencia σ_f y a la carga de rotura σ_r definen las características resistentes de los materiales.

Recuerde

Un cuerpo se encuentra sometido a compresión si las fuerzas aplicadas tienden a aplastarlo o comprimirlo.

Se han de dimensionar siempre los elementos de estructuras y máquinas para que trabajen siempre en condiciones elásticas, es decir, dentro de la recta OE.

Cortadura

Es el esfuerzo al que está sometida una pieza cuando las fuerzas aplicadas tienden a cortarla o desgarrarla. El ejemplo más claro de cortadura lo representa la acción de cortar con unas tijeras.

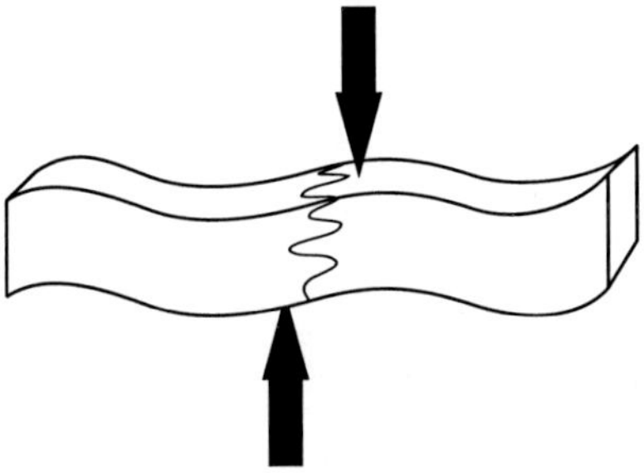

Una fuerza de tracción origina en una sección recta del material un esfuerzo que viene dado por la ecuación:

$$\sigma x = P / A$$

En una sección inclinada cualquiera, cuya normal forma un ángulo con el eje de la barra, la fuerza de tracción también generará un esfuerzo, que podemos considerar uniforme en toda la sección, que será menor que el producido en la sección recta, al ser menor el área.

$$\sigma mn = P / Amn$$

Teoría elemental de la cortadura

Una sección recta del prisma mecánico decimos que está sometida a cortadura pura cuando, en dicha sección, actúan únicamente tensiones tangenciales que se reducen a una resultante contenida en el plano de la misma fuerza cortante.

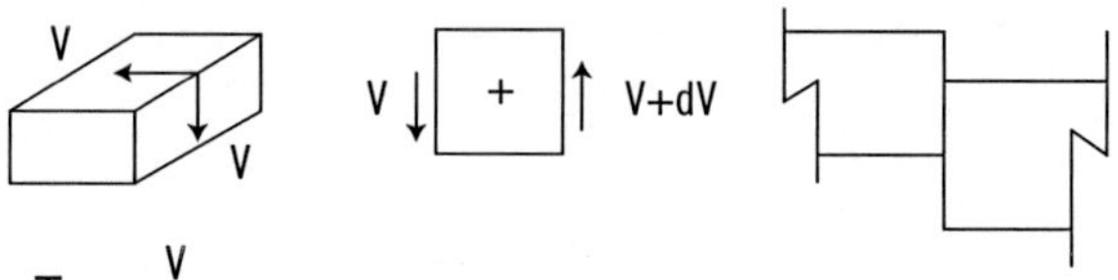

$$T_R = \frac{V}{A}$$

Indica una tendencia a la separación por desplazamiento

Cuando en una sección recta de un prisma mecánico la resultante de las fuerzas situadas a un lado de la misma está contenida en su plano y el momento resultante es nulo, diremos que esa sección del prisma trabaja a **cortadura pura**.

Pero si esto ocurre en una determinada sección, en las secciones próximas existe también un momento flector M producido por esta resultante, es decir, no es posible que en un finito de un prisma mecánico se dé en todo él un estado de cortadura pura.

En el cálculo de elementos de unión, como tornillos, remaches o cordones de soldadura, se suele admitir la presencia únicamente del esfuerzo cortante y la nulidad del momento flector en todas las secciones. Esto es aceptable porque, en estos elementos, los efectos (las tensiones y deformaciones) debidos al esfuerzo cortante son mucho mayores que los debidos al momento flector.

Las cargas verticales están contenidas en este plano y adoptaremos para el esfuerzo cortante τ el convenio de signos indicado en la figura anterior. La tendencia a la rotura de la barra para τ positivo se indica asimismo en la misma.

Recuerde

Una sección recta del prisma mecánico decimos que está sometida a cortadura pura cuando, en dicha sección, actúan únicamente tensiones tangenciales que se reducen a una resultante contenida en el plano de la misma fuerza cortante.

En la teoría elemental se admiten las siguientes hipótesis:

1. Hipótesis de Bernoulli, según la cual las secciones rectas permanecen planas después de la deformación.
2. La tensión tangencial τ que produce el esfuerzo cortante tiene la misma dirección que éste.

Un ejemplo típico del cálculo por desplazamiento lo constituye el cálculo de juntas remachadas, soldadas.

Cálculo de elementos a cortadura

Uniones roblonadas y atornilladas

Existen algunas estructuras o piezas de determinadas máquinas que están compuestas de elementos que hay que unir de forma adecuada para que cumplan la función para la que han sido diseñadas. Si se trata de materiales metálicos, los medios de unión comúnmente empleados son remaches, tornillos y soldadura. Las uniones con bulones tienen poca aplicación, y las uniones por medios adhesivos se encuentran aún en fase experimental.

La distribución de tensiones en estos medios de unión es bastante compleja, dependiendo en gran parte de las deformaciones propias de los elementos que la constituyen. Esto hace que el cálculo riguroso de las uniones sea siempre difícil y muchas veces imposible de realizar. Por esto, en el terreno práctico es necesario contrastar los resultados obtenidos aplicando los métodos simplificados de cálculo, con el comportamiento real de los materiales en las uniones.

Las uniones roblonadas se llevan a cabo mediante piezas denominadas **roblones** o **remaches**. Un roblón es un elemento de unión que está formado por una espiga cilíndrica llamada **caña**, en la que uno de sus extremos tiene una cabeza esférica, bombeada o plana, llamada **cabeza de asiento**. El roblón introduce, calentándolo previamente entre 1050 ºC (rojo naranja) y 950 ºC (rojo cereza claro), en un agujero efectuado en las piezas a unir y se golpea bien con un martillo neumático o máquina roblonadora de presión uniforme en el otro extremo, para formar una segunda cabeza (cabeza de cierre) que asegure la unión. Cuando se efectúa en frío, esta unión se llama **remachado**, aunque lo más normal es que se use ese nombre siempre.

El roblón, al enfriar, se contrae originando en él esfuerzos de tracción que son los que originan la presión entre las piezas a unir. Este rozamiento entre ellas es el que soporta la fuerza de cizallamiento o cortadura. Aunque suceda esto, el cálculo se realiza suponiendo que no hay tracción sobre el roblón y que éste es el que aguanta toda la cortadura.

Las uniones remachadas y atornilladas se dice que "trabajan a cortadura" cuando las fuerzas se transmiten por contacto entre las chapas a unir y la caña de los remaches o tornillos. Cuando la transmisión se realiza por contacto entre la chapa y la cabeza del elemento de unión éste "trabaja a tracción". El caso más normal es el de uniones trabajando a cortadura, y es éste el que vamos a estudiar a continuación.

Distinguiremos dos tipos de uniones remachadas o atornilladas según las cargas aplicadas estén centradas respecto al elemento de unión o se trate de cargas excéntricas respecto a estos.

Dentro de los del primer grupo distinguiremos a su vez si los remaches o tornillos trabajan a cortadura simple (por una sección) o a cortadura doble (por dos secciones).

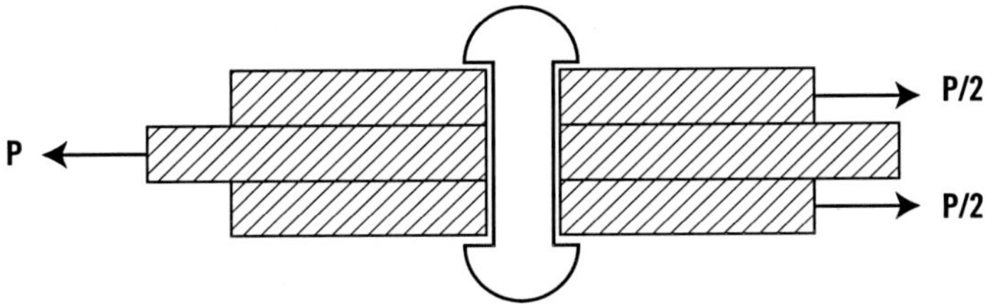

Las posibles causas de fallo de una unión remachada o atornillada trabajando a cortadura son las siguientes:

Recuerde

Las uniones remachadas y atornilladas se dice que "trabajan a cortadura" cuando las fuerzas se transmiten por contacto entre las chapas a unir y la caña de los remaches o tornillos.

a) Fallo por cortadura

Si la tensión de cortadura en los remaches o tornillos es superior a la tensión admisible σ_{adm} del material de los remaches, la unión se rompería por la sección del remache sometida a cortadura. Se puede aumentar la resistencia de la unión aumentando el diámetro de los remaches o poniendo mayor número de ellos.

En la sección entre planchas el roblón trabaja a cortadura, siendo el valor de τ (tensión tangencial):

$$\tau = \frac{p}{n \pi d^2/4}$$

Siendo d el diámetro del roblón.

En el caso de elementos que trabajan a doble cortadura, es decir, en aquellos casos en los que se presenten dos o más planos de corte, el valor de la tensión tangencial será:

$$\tau = \frac{p}{nn' \pi \frac{d^2}{4}}$$

Siendo n el número de roblones y n' el número de planos de corte.

b) Fallo por aplastamiento

La unión podría fallar si un remache aplastara el material de la placa en la zona de contacto común, o bien, si el propio remache fuera aplastado por la acción de la placa.

Como la distribución de tensiones en la zona de contacto es sumamente compleja, a efectos prácticos de cálculo se considera que el esfuerzo de aplastamiento se reparte uniformemente en el área proyectada de la espiga del remache sobre la placa.

Se puede aumentar la resistencia a compresión de la unión aumentando el área de compresión, o sea, aumentando el diámetro del remache o el espesor de la placa, o ambos.

Para determinar la tensión debida al aplastamiento producido por la acción compresiva del roblón sobre la plancha, se supone que la presión se realiza de manera uniforme sobre la zona de contacto entre chapa y roblón. Se toma como área de contacto.

$$A\ contacto = d \cdot e$$

Siendo d el diámetro del roblón y e el espesor mínimo de la plancha.

La tensión de aplastamiento valdrá:

$$\sigma c = P / {}^{n}de$$

c) Fallo por rotura de la placa o tracción

En una pieza sometida a tracción, de una unión mediante remaches, se puede producir el fallo por rotura de la sección debilitada por los agujeros para los remaches.

A efectos prácticos del cálculo, se admite la hipótesis de ser uniforme la distribución de tensiones en la sección neta de la placa, esto es, descontando al área de la sección recta de la placa la correspondiente a los agujeros de los remaches o tornillos. Se puede elevar la resistencia de la unión aumentando el espesor o el ancho de la placa, o ambos.

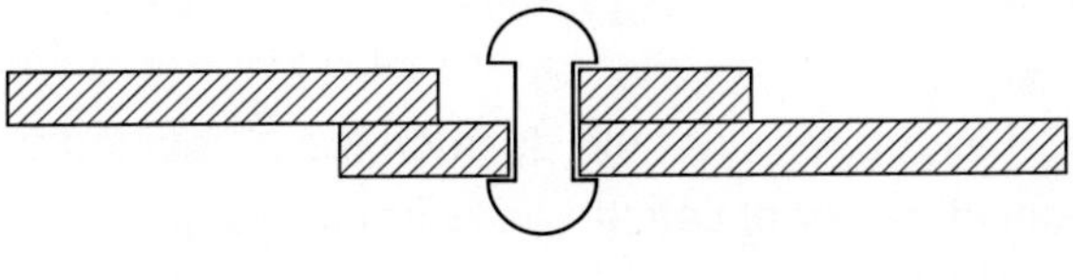

La sección mínima de trabajo se dará donde están situados los roblones, pues ahí la sección primitiva de la plancha se ve reducida, siendo el valor de la sección útil:

$$A_{útil} = (c - n''\ d) \cdot e$$

Siendo la tensión de tracción en la plancha:

$$\sigma_{\tau} = \frac{p}{A_{útil}} = \frac{p}{(c - n''\ d) \cdot e}$$

Puede evitarse la rotura de la plancha, debida a la colocación de roblones excesivamente próximos al borde, manteniendo una distancia aproximadamente de tres veces el diámetro del agujero. Este margen se conoce como solape.

d) Fallo por cortadura de la placa

Se produce este fallo por desgarro de la placa en la parte situada detrás del remache. Este fallo se evita aumentando la superficie de la placa sometida a cortadura, es decir, dando suficiente longitud a la placa detrás del remache, como puede ser de dos a tres veces el diámetro del remache.

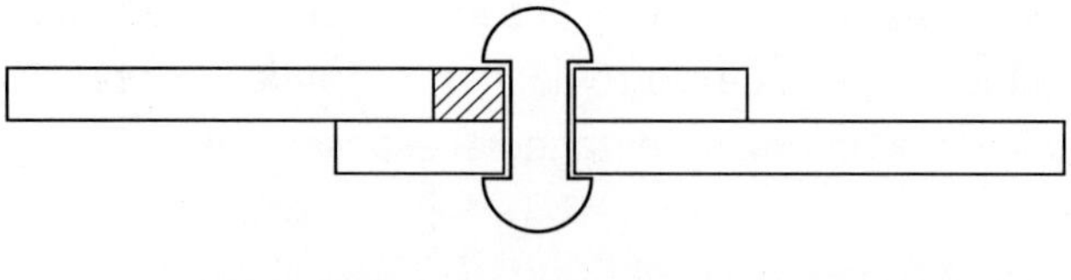

Las roturas por fallo de la chapa a tracción o cortante no se suelen considerar en el cálculo de la unión, ya que se evitan al tener en cuenta las recomendaciones de las normas en cuanto a distancias mínimas entre agujeros, y entre estos y los bordes de las chapas. No obstante, la comprobación de una determinada unión a estos dos posibles fallos no reviste ninguna dificultad. Se utilizará la tensión admisible a tracción en el primer caso y la tensión admisible a cortadura en el segundo, tensiones en ambos casos referentes al material de la pieza que puede presentar esos fallos.

Recuerde

La cortadura es el esfuerzo al que está sometida a una pieza cuando las fuerzas aplicadas tienden a cortarla o desgarrarla.

Flexión

Un elemento estará sometido a flexión cuando esté aplicada una fuerza exterior o carga sobre él de tal manera que produzca una deformación del eje en forma longitudinal.

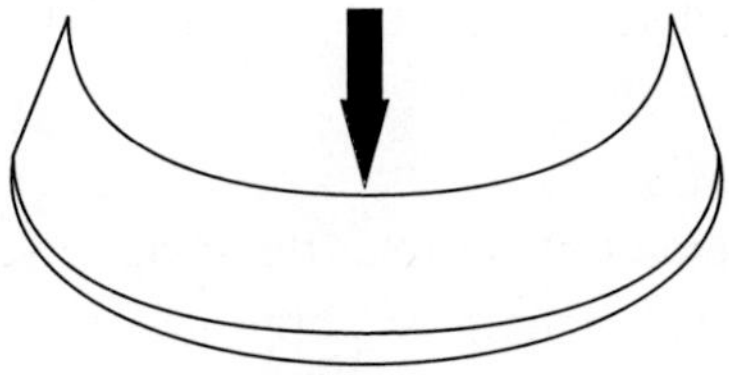

El cálculo de los esfuerzos se va a realizar sobre elementos genéricos utilizados en mecánica, las vigas.

Se considera que las vigas son prismáticas y con un plano longitudinal de simetría. Las cargas están aplicadas en ese plano.

Para el cálculo de los esfuerzos y deformaciones en las vigas, éstas han de estar en equilibrio estático, es decir, las fuerzas o los momentos directamente aplicados, junto con las fuerzas o momentos de reacción en los apoyos, han de conformar un sistema en equilibrio.

Para la determinación de las reacciones en los apoyos de las vigas usaremos las ecuaciones de la Estática que rigen el equilibrio en el plano, a saber:

$$\Sigma Fx = 0$$

$$\Sigma Fy = 0$$

$$\Sigma Mz = 0$$

Si, aplicando las ecuaciones anteriores, podemos determinar el valor de todas las reacciones en los apoyos, se dice que la viga es **estáticamente determinada**. En cambio si hay más reacciones que ecuaciones el sistema es **indeterminado** o **hiperestático**, necesitando más ecuaciones para resolverlo.

Determinación de momentos flectores

El dimensionado de la viga exige el conocimiento de los valores que adopta el momento flector en cada sección de la misma.

Como norma general, a la hora de estudiar una viga se seguirán los siguientes pasos:

1. Determinación del carácter de la viga: isostática o hiperestática.
2. Cálculo de las reacciones sobre los apoyos:

   - Aplicando las ecuaciones de la estática ($\Sigma F = 0$, $\Sigma M = 0$), en caso isostático.
   - Aplicando las ecuaciones de la estática y alguna condición de contorno, en el caso hiperestático.

3. Determinación de los diagramas de momentos flectores y esfuerzos cortantes.
4. Determinación de la sección más peligrosa y cálculo de la sección total de la viga con los datos obtenidos en la sección más peligrosa.

El cálculo de las reacciones en los apoyos y la determinación del diagrama de momentos flectores depende del tipo de apoyos y de la distribución de la carga sobre la viga.

Recuerde

Un elemento estará sometido a flexión cuando esté aplicada una fuerza exterior o carga sobre él de tal manera que produzca una deformación del eje en forma longitudinal.

Torsión

Un cuerpo sufre esfuerzos de torsión cuando existen fuerzas que tienden a retorcerlo. Es el caso del esfuerzo que sufre una llave al girarla dentro de la cerradura.

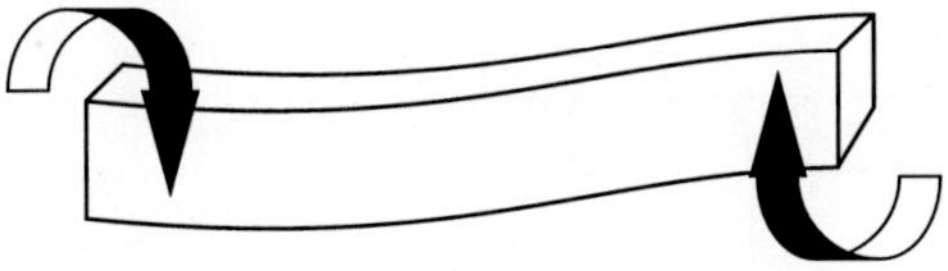

Elementos que se encuentran sometidos a torsión

Los elementos de máquinas, ejes y árboles que están efectuando transmisión de potencia de un motor o de una máquina motriz a la unidad impulsada están sometidos a torsión.

Definición

Ejes

Los ejes se utilizan como medio para sostener un determinado elemento de máquina, permitiéndole que gire alrededor suyo.

Árboles

Los árboles de transmisión están destinados a transmitir momentos de rotación a distancia.

Generalmente, estos momentos torsores son consecuencia de los momentos exteriores que se transmiten al árbol (en el caso de elementos de máquinas) normalmente en los lugares donde se colocan las poleas, ruedas dentadas, etc.

Para la representación de momentos torsores emplearemos indistintamente flechas curvas, que indican el sentido de giro o una línea perpendicular al eje de la barra con dos círculos en representaciones planas.

En uno de ellos se coloca un punto que indica la salida de la flecha curva hacia el lector, y en el otro un aspa que significa que la flecha entra en el plano alejándose del lector.

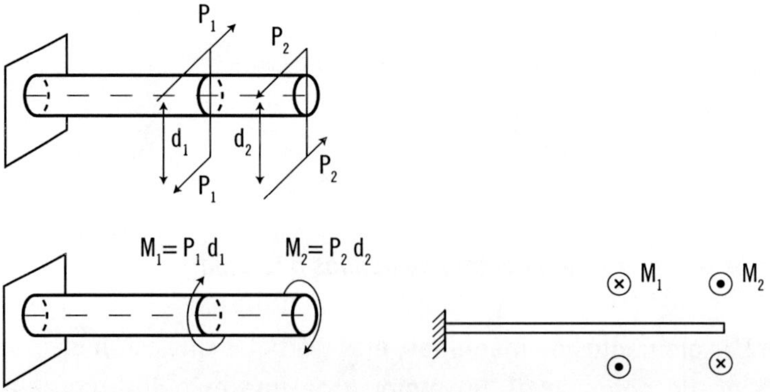

El convenio de signos que adoptaremos para el momento torsor es el indicado. Se ha representado una rebanada del prisma mecánico, es decir, la porción de barra comprendida entre dos secciones indefinidamente próximas.

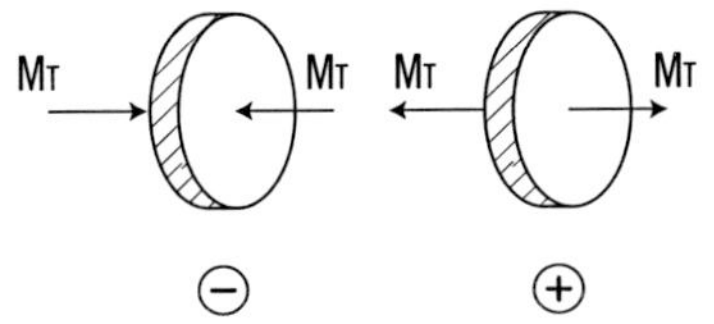

Cálculo de la tensión cortante máxima de torsión

En la teoría elemental de la torsión se admite que, en una pieza mecánica sometida a torsión pura, las secciones permanecen planas y la deformación se reduce a una rotación de las diferentes secciones alrededor de un eje perpendicular a dichas secciones. Se consiguen buenos resultados en el estudio de piezas cuya sección recta sea un círculo o una corona circular (árboles macizos o huecos).

Si consideramos el esquema de la figura, la deformación máxima se produce en la base derecha de la pieza considerada y viene definida por el ángulo de giro γ, denominado **ángulo de torsión**, que es el ángulo de giro total de los extremos de la barra cilíndrica.

Esa deformación consistiría en un desplazamiento relativo entre cada dos secciones próximas entre sí, sometidas a tensiones de cortadura, cuyas direcciones están contenidas en el plano determinado por las secciones rectas de la pieza.

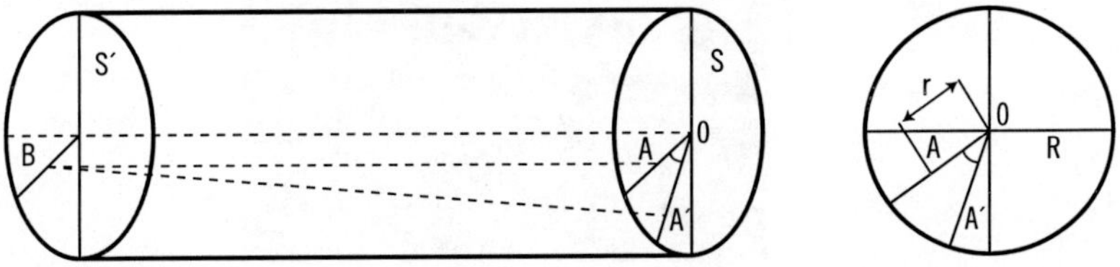

Después de realizar cálculos de cierta complejidad y partiendo del anterior gráfico, tenemos que la tensión máxima de cortadura:

$$\tau_{max} = \frac{2M}{\pi R^3}$$

Donde:

M es el momento torsor.

R es el radio de la sección.

Recuerde

Un cuerpo sufre esfuerzos de torsión cuando existen fuerzas que tienden a retorcerlo.

4. Estructuras

4.1. Tipos

En la siguiente figura se representa una estructura ya montada con inclinación determinada y en la cual se indican todas las barras existentes.

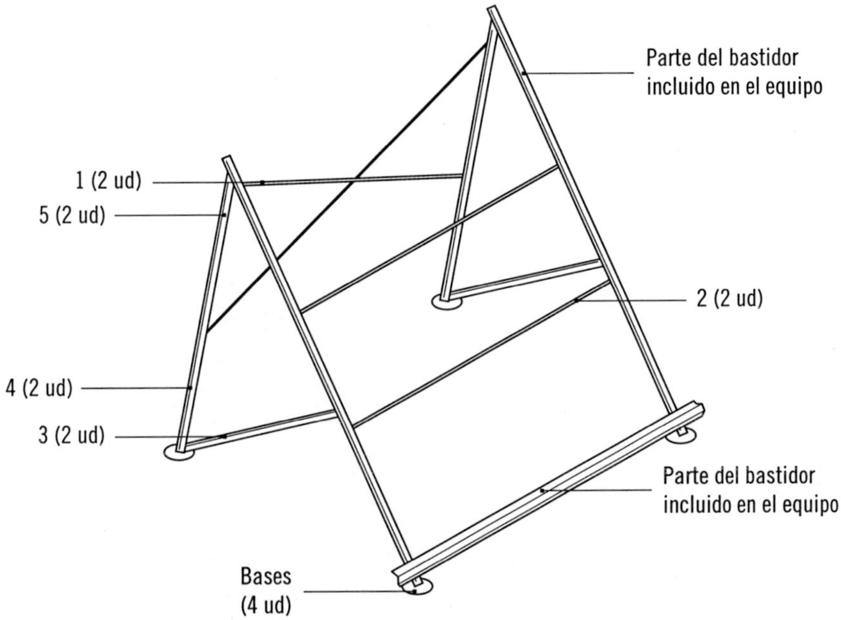

Barras con las que cuenta la estructura con la proporcionalidad que guardan sus respectivas medidas de longitud. Cada número pertenece al primer número de las barras de la estructura anterior.

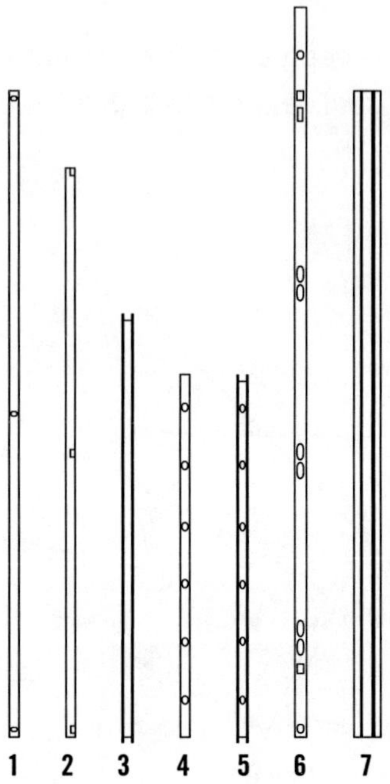

En cada posición la figura de la izquierda nos indica la medida total de la estructura a lo largo y el ángulo que forma con respecto al suelo. El ángulo variará dependiendo de la altura que le demos a las barras posteriores y de la distancia a la que coloquemos el soporte.

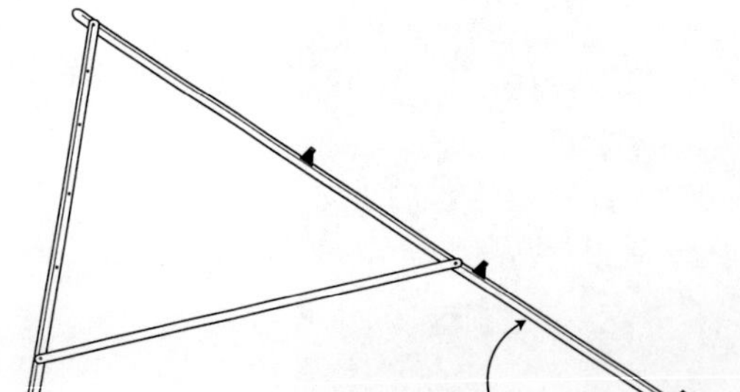

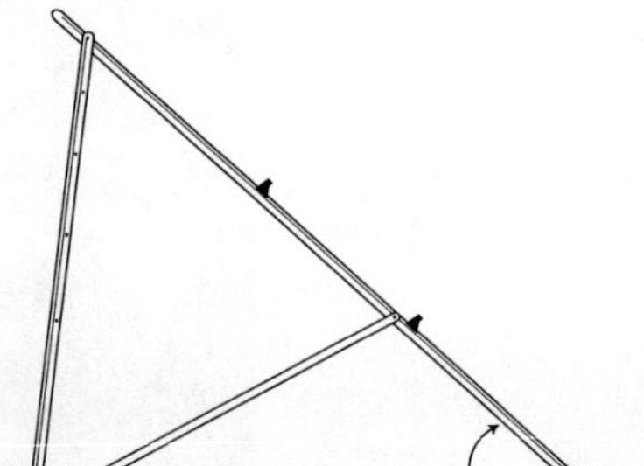

A continuación, observamos otro tipo de estructura sobre tejados inclinados de tejas:

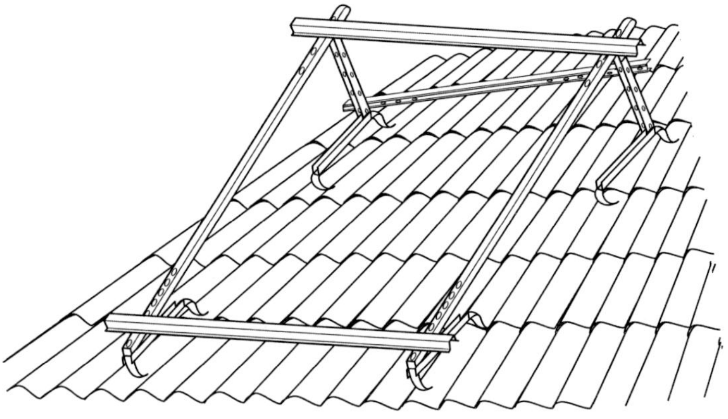

A continuación, observamos otro tipo de estructura sobre tejados inclinados y metálicos:

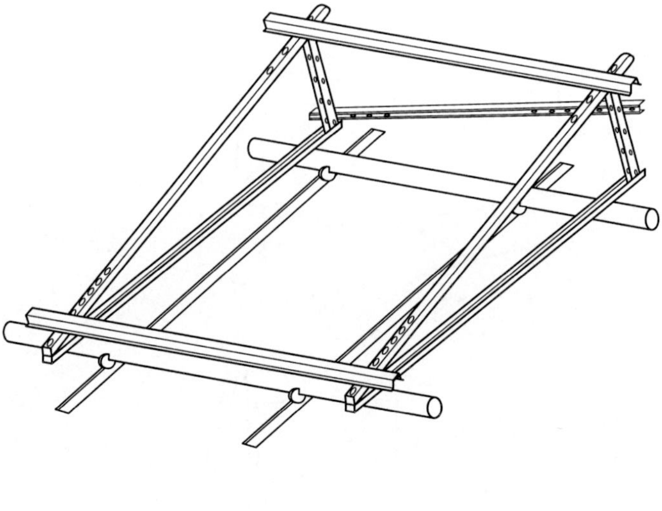

A continuación observamos otro tipo de estructura sobre superficies horizontales:

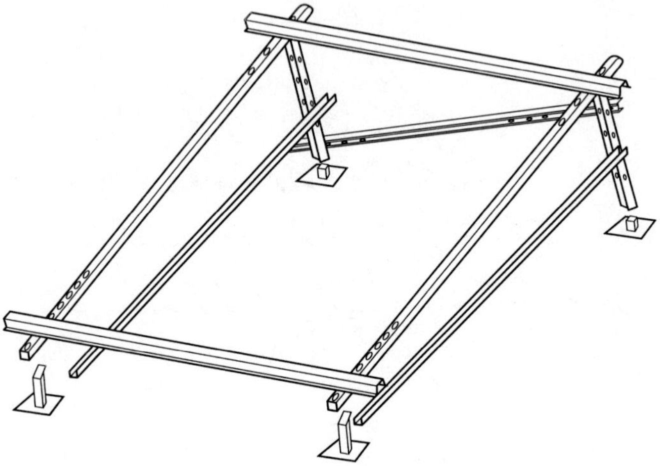

Estructura soporte de un colector en superficies planas, con diferentes vistas:

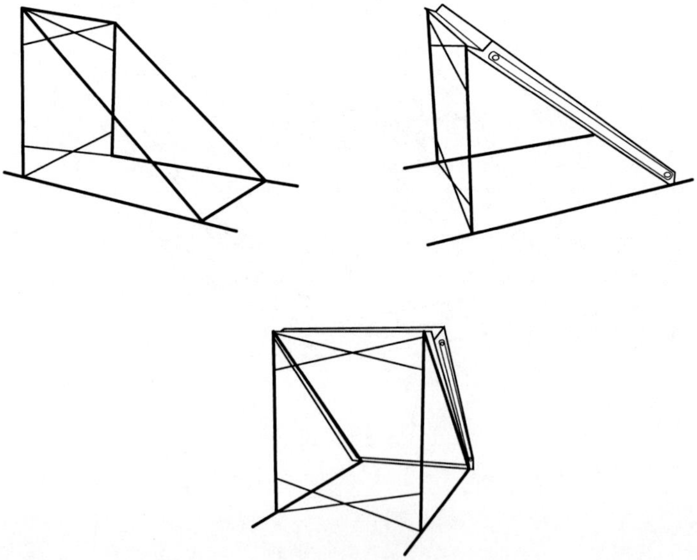

Estructura soporte de dos colectores en superficies horizontales, con diferentes vistas:

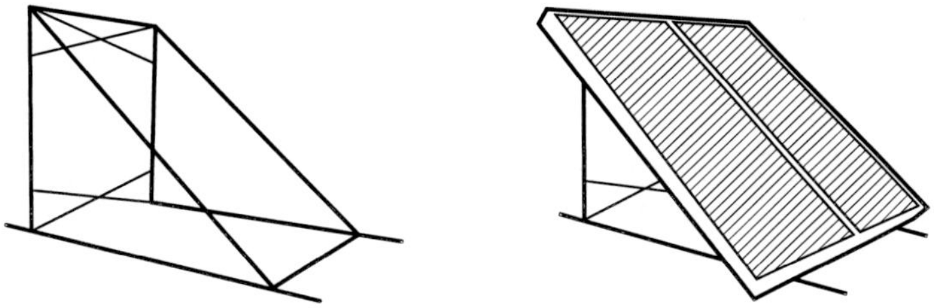

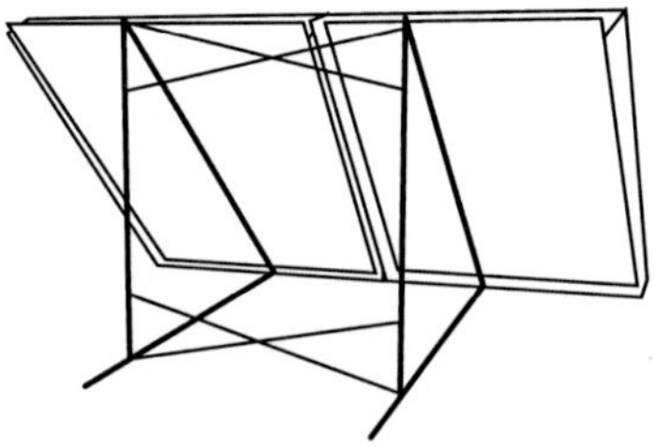

Estructura soporte de tres colectores en superficies horizontales, con diferentes vistas:

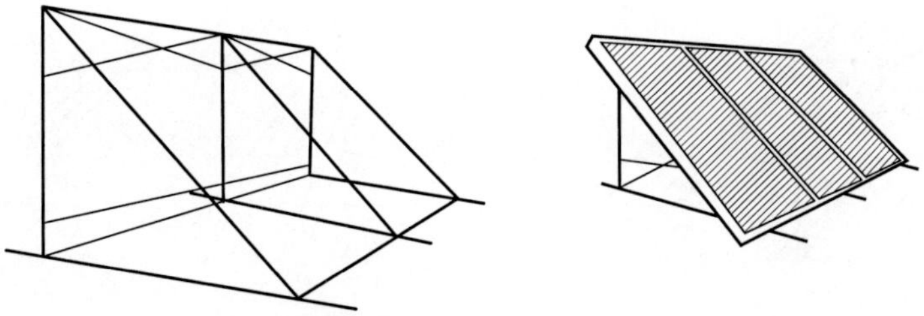

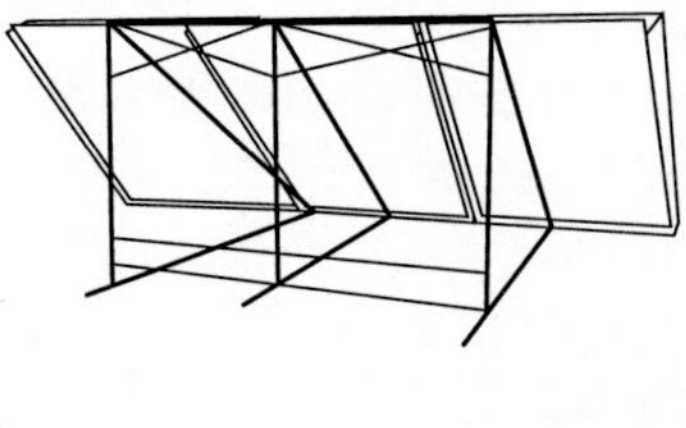

Estructura soporte de un colector en superficies verticales:

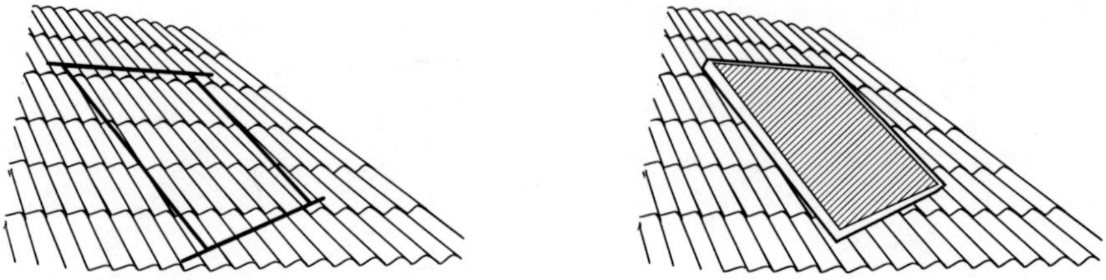

Estructura soporte de dos colectores en superficies verticales:

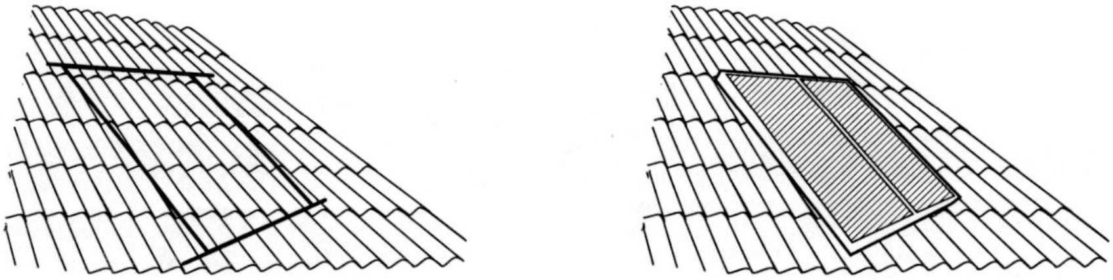

Estructura soporte de tres colectores en superficies verticales:

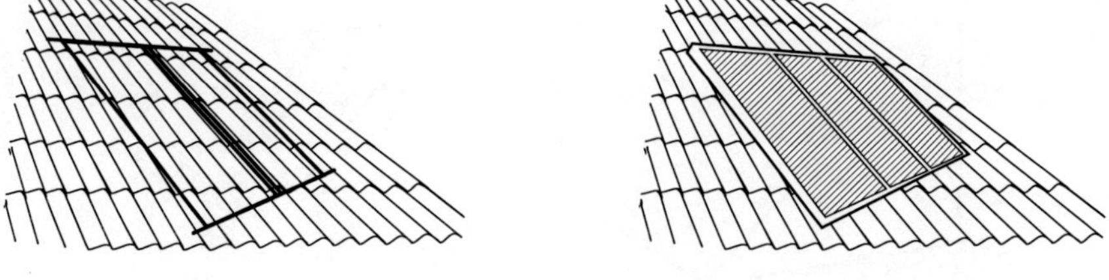

Estructura soporte sobre tejado para 1 colector:

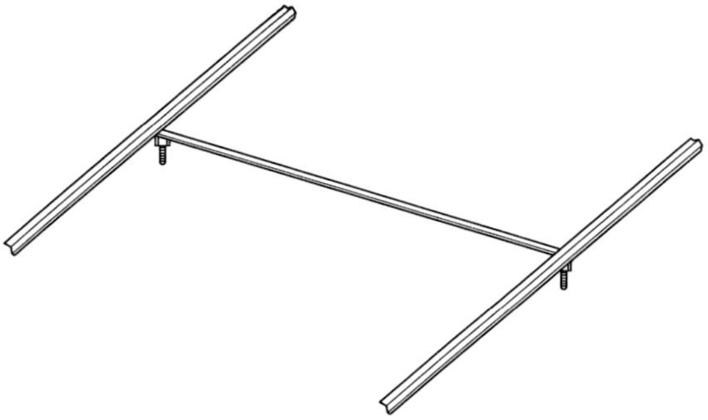

Estructura soporte sobre cubierta plana para 2 colectores:

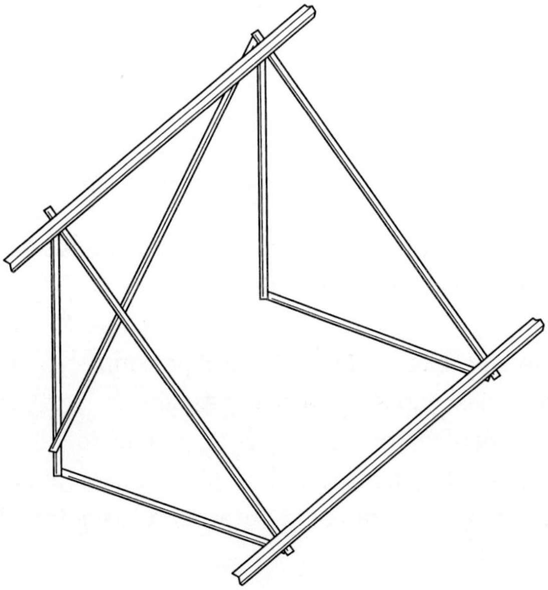

Estructura soporte sobre cubierta plana para 1 colector:

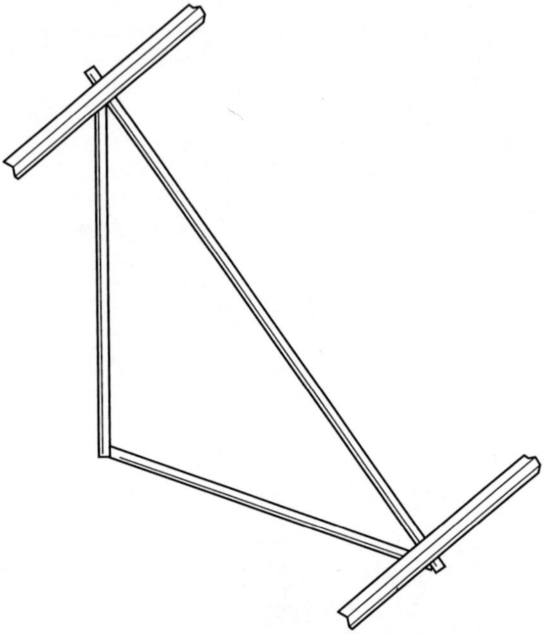

4.2. Materiales

El principal material con el que se fabrican estos tipos de estructuras para la sujeción de colectores es el acero galvanizado.

Los recubrimientos que se obtienen por galvanización en caliente están constituidos por varias capas de aleaciones zinc-hierro, fundamentalmente tres, que se denominan gamma, delta y zeta, y una capa externa de zinc prácticamente puro (fase eta), que se forma al solidificar el zinc arrastrado del baño y que confiere al recubrimiento su aspecto característico gris metálico brillante.

Al ser recubrimientos obtenidos por inmersión en zinc fundido, cubren la totalidad de la superficie de las piezas, tanto las exteriores como las interiores de las partes huecas, así como otras muchas áreas superficiales de las piezas que no son accesibles para otros métodos de protección.

Son resistentes a:

- **A la abrasión**: los recubrimientos galvanizados poseen la característica casi única de estar unidos metalúrgicamente al acero base, por lo que poseen una excelente adherencia. Por otra parte, al estar constituidos por varias capas de aleaciones zinc-hierro, más duras incluso que el acero, y por una capa externa de zinc que es más blanda, forman un sistema muy resistente a los golpes y a la abrasión.
- **A la corrosión**: los recubrimientos galvanizados proporcionan al acero una protección triple:

  - Protección por efecto barrera, aislándole del medio ambiente agresivo.
  - Protección catódica o de sacrificio, el zinc constituirá la parte anódica de las pilas de corrosión que puedan formarse y se irá consumiendo lentamente para proporcionar protección al acero. Mientras exista recubrimiento de zinc sobre la superficie del acero, éste no sufrirá ataque corrosivo alguno.
  - Restauración de zonas desnudas. Los productos de corrosión del zinc, que son insolubles, compactos y adherentes, taponan las pequeñas discontinuidades que puedan producirse en el recubrimiento por causa de la corrosión o por daños mecánicos (golpes, arañazos, etc.).

Corrosión atmosférica

La duración de la protección que proporcionan los recubrimientos galvanizados frente a la corrosión atmosférica es extremadamente alta y depende de las condiciones climatológicas del lugar y de la presencia en la atmósfera de contaminantes agresivos, como son los óxidos de azufre (originados por actividades urbanas o industriales) y los cloruros (normalmente presentes en las zonas costeras).

Corrosión en agua dulce

El acero galvanizado resiste generalmente bien la acción corrosiva de las aguas naturales, ya que el anhídrido carbónico y las sales cálcicas y magnésicas que normalmente llevan en disolución estas aguas ayudan a la formación de las capas de pasivación del zinc, que son inertes e insolubles y aíslan al recubrimiento de zinc del subsiguiente contacto con el agua.

La dilatada experiencia existente en el empleo de acero galvanizado en utilizaciones relacionadas con el transporte y almacenamiento de aguas dulces son la mejor prueba de que el acero galvanizado tiene una excelente resistencia a la corrosión en este tipo de aguas.

Corrosión en agua de mar

Los **recubrimientos galvanizados** resisten bastante bien el ataque corrosivo del agua de mar. Ello se debe a que los iones Mg y Ca presentes en este agua inhiben la acción corrosiva de los iones cloruro y favorecen la formación de capas protectoras.

Las principales ventajas de los recubrimientos galvanizados en caliente pueden resumirse en los siguientes puntos:

- Duración excepcional.
- Resistencia mecánica elevada.
- Protección integral de las piezas (interior y exteriormente).
- Triple protección: barrera física, protección electroquímica y autocurado.
- Ausencia de mantenimiento.
- Fácil de pintar.

Recuerde

Los recubrimientos galvanizados resisten bastante bien el ataque corrosivo del agua de mar.

También se pueden encontrar estructuras metálicas muy ligeras y de montaje rápido, en **aluminio galvanizado con cinc** empleando soluciones de ácido fluobórico, que vienen premontadas desde el suelo hasta la pata de sujeción.

Otro material que se emplea en la fabricación de perfiles para formar el soporte de los colectores es el **aluminio anodizado**. El anodizado del aluminio es un proceso electroquímico, de oxidación forzada (anodizado). Por medio de este proceso, el aluminio forma una capa protectora de óxido de aluminio sobre la superficie del aluminio base. El proceso consiste en someter al aluminio a una inmersión de ácido (generalmente sulfúrico). Al pasar corriente, se libera el oxígeno que se dirige al ánodo que al reaccionar con el aluminio genera una capa de óxido cuyo espesor varía con el tiempo de paso de la corriente. Para cerrar los poros que presenta la superficie del aluminio anodizado se le sumerge en agua caliente. De esta manera, queda finalizado el procedimiento. La vida útil de este acabado es proporcional al espesor de la capa anódica obtenida.

El óxido de aluminio puede alcanzar una gran dureza que varía entre los 7 y 8 de la escala Mho. Es muy estable y resistente a los agentes corrosivos ambientales. La capa generada por medio del proceso electroquímico se integra al metal, por lo que no puede ser raspada o pelada.

El aluminio anodizado presenta varias ventajas:

- No necesita mantenimiento.
- Aumenta la protección contra la lluvia, el sol, la humedad.
- Aumenta la dureza superficial.
- Acabado decorativo, se pueden obtener diferentes tonalidades.
- Resistencia a la abrasión y al desgaste.
- Resistencia a la corrosión.

Recuerde

El principal material con el que se fabrican estos tipos de estructuras para la sujeción de colectores es el acero galvanizado.

Al utilizarlo en construcción se debe tener cuidado de no mancharlo con la mezcla, además de protegerlo de ataques de ácidos y alcalinos.

Usos del aluminio anodizado:

- Perfilería para diferentes usos en la construcción, como puertas, marcos, ventanas, estructuras de techos.
- Pasamanos, láminas para diferentes usos etc.
- Herrajes para diferentes usos en la industria de la construcción o en la peletería, como mangos de puertas, cajones, etc., o hebillas y decoraciones para cinturones y bolsos.

5. Soportes y anclajes

5.1. Resistencia de los elementos constructivos

Los tornillos, arandelas y elementos de anclaje de la estructura normalmente están hechos de acero inoxidable.

El acero inoxidable es una aleación de hierro y carbono que contiene por definición un mínimo de 10,5% de cromo. Algunos tipos de acero inoxidable contienen además otros elementos aleantes. Los principales son el níquel y el molibdeno, que es un tipo de acero resistente a la corrosión. El cromo que contiene posee gran afinidad por el oxígeno y reacciona con él formando una capa pasivadora que evita la corrosión del hierro contenido en la aleación. Sin embargo, esta película puede ser afectada por algunos ácidos, dando lugar a un ataque y oxidación del hierro por mecanismos intergranulares o picaduras generalizadas.

Existen muchos tipos de acero inoxidable y no todos son adecuados para aplicaciones estructurales, particularmente cuando se llevan a cabo operaciones de soldadura. Hay cinco grupos básicos de acero inoxidable clasificados de acuerdo con su estructura metalúrgica: austeníticos, ferríticos, martensíticos, dúplex y de precipitación-endurecimiento (endurecimiento por precipitación).

Los aceros inoxidables que contienen solamente cromo se llaman **ferríticos**, ya que tienen una estructura metalográfica formada básicamente por ferrita. Son magnéticos, y se distinguen porque son atraídos por un imán. Estos aceros, con elevados porcentajes de carbono, son templables y, por tanto, pueden endurecerse por tratamiento térmico pasando a llamarse aceros inoxidables **martensíticos**, por tener martensita en su estructura metalográfica.

Los aceros inoxidables que contienen más de un 7% de níquel se llaman **austeníticos**, ya que tienen una estructura metalográfica en estado recocido, formada básicamente por austenita. No son magnéticos en estado recocido, y por tanto no son atraídos por un imán. Estos aceros austeníticos se pueden endurecer por deformación, pasando su estructura metalográfica a contener martensita. En esta situación se convierten en parcialmente magnéticos.

Los aceros inoxidables austeníticos y dúplex son, en general, los grupos más empleados en aplicaciones estructurales.

Los aceros inoxidables austeníticos proporcionan una buena combinación de resistencia a la corrosión y de las propiedades de fabricación. Los aceros inoxidables **dúplex** tienen una resistencia elevada y también una alta resistencia al desgaste, con una muy buena resistencia a la corrosión bajo tensión.

Comportamiento tensodeformacional básico

El comportamiento tensión-deformación del acero inoxidable difiere del comportamiento del acero al carbono en varios aspectos. La diferencia más importante reside en la forma de la curva tensión-deformación. Mientras el acero al carbono exhibe un comportamiento elástico lineal hasta su límite elástico y una zona plana antes del endurecimiento por deformación, el acero inoxidable presenta una curva tensión-deformación con forma más redondeada sin límite elástico definido.

Por ello, el **límite elástico** del acero inoxidable se expresa, en general, en términos de una resistencia de prueba definida para un determinado valor de deformación remanente (convencionalmente la deformación del 0,2%).

En la siguiente figura, se presentan otras curvas tensión-deformación experimentales típicas, representativas de los materiales acero al carbono y acero inoxidable. Dichas curvas no deben utilizarse en el dimensionamiento.

En cualquier caso, debe señalarse que el acero inoxidable puede absorber impactos considerables sin que sobrevenga la fractura, gracias a su excelente ductilidad (especialmente los grados austeníticos) y a sus características de endurecimiento por deformación.

- Aceros inoxidables dúplex.. 14462
- Aceros inoxidables austeníticos básicos de cromo y níquel.............14301
- Aceros inoxidables austeníticos bajos en carbono, altos en nitrógeno..14318

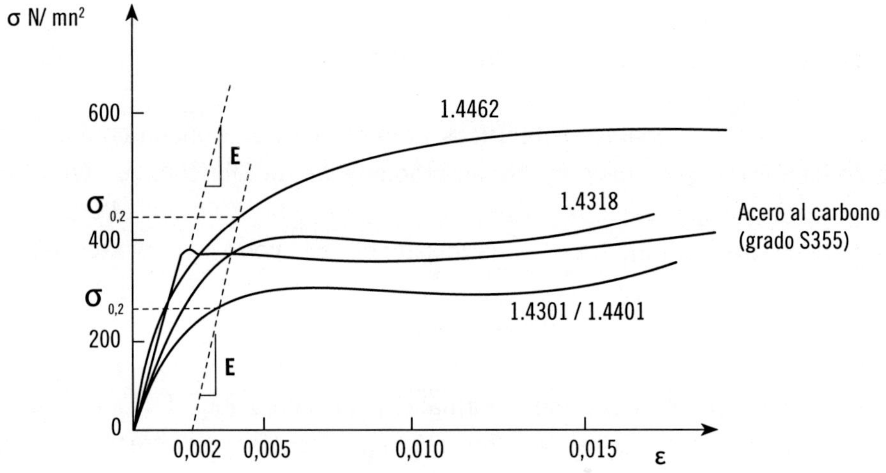

$\sigma_{0,2}$ *es la resistencia de prueba del 0,2%*

Los niveles de resistencia de los aceros inoxidables austeníticos y dúplex aumentan con el trabajado en frío (tal como ocurre durante las operaciones de conformado en frío incluyendo el nivelado/aplanado mediante rodillo y también durante la fabricación). Asociada a esta mejora de los niveles de resistencia se produce una reducción de la ductilidad, aunque generalmente tiene poca consecuencia gracias a los altos valores iniciales de ductilidad, especialmente para los aceros inoxidables austeníticos.

Resistencia a la corrosión de los aceros inoxidables

Todos los aceros inoxidables contienen el cromo suficiente para darles características de inoxidables. Muchas aleaciones inoxidables contienen además níquel para reforzar aún más su resistencia a la corrosión. Estas aleaciones son añadidas al acero en estado de fusión para hacerlo "inoxidable en toda su masa". Por este motivo, los aceros inoxidables no necesitan ser ni chapeados, ni pintados, ni de ningún otro tratamiento superficial para mejorar su resistencia a la corrosión. En el acero inoxidable no hay nada que se pueda pelar, ni desgastar, ni saltar y desprenderse.

El acero ordinario, cuando queda expuesto a los elementos, se oxida y se forma óxido de hierro pulverulento en su superficie. Si no se combate, la oxidación sigue adelante hasta que el acero esté completamente corroído.

También los aceros inoxidables se oxidan pero, en vez de óxido común, lo que se forma en la superficie es una tenue película de óxido de cromo muy densa que constituye una coraza contra los ataques de la corrosión. Si se elimina esta película de óxido de cromo que recubre los aceros inoxidables, se vuelve a formar inmediatamente al combinarse el cromo con el oxígeno de la atmósfera ambiente.

Corrosión: causas y remedios

Son cinco los riesgos que amenazan el éxito del uso de los aceros inoxidables. Estos son: la corrosión intergranular, la corrosión bimetálica o galvánica, la corrosión por contacto, la corrosión por picaduras y la corrosión bajo tensión. Muchos problemas pueden ser evitados teniendo en cuenta los riesgos involucrados y adoptando las medidas apropiadas para eliminarlos.

Corrosión intergranular

Un tratamiento térmico inadecuado del acero inoxidable puede producir una retícula de carburos en los aceros con más del 0,03 por ciento de carbono, o sin adición de titanio o de columbio. El metal que contenga tal retícula es susceptible de corrosión intergranular, que puede resultar problemática en condiciones muy corrosivas y reducir la duración útil en muchos servicios relativamente ligeros. Los procedimientos normales de soldadura introducen en el metal la susceptibilidad a la precipitación de los carburos.

Que el acero sea susceptible de corrosión intergranular no significa necesariamente que vaya a ser atacado por ella. El resultado en servicio puede ser satisfactorio. Pero la posibilidad de corrosión intergranular deberá tenerse en cuenta siempre que no quede excluida según la experiencia previa. La precipitación de carburos puede ser eliminada por uno de los tres procedimientos indicados a continuación:

- **Por recocido**: una vez terminadas las operaciones de elaboración y de soldadura, el acero deberá ser calentado hasta una temperatura lo suficientemente alta para disolver los carburos, lo que es generalmente entre 1036° C y 1150° C, para enfriarlo luego con la rapidez suficiente para evitar que se vuelva a precipitar el carburo y utilizando para ello un chorro de aire o agua. Un tratamiento térmico localizado en la zona inmediatamente adyacente a la soldadura no da resultados satisfactorios. Para un recocido efectivo, toda la pieza deberá ser calentada y apropiadamente enfriada con rapidez.
- **Utilizando acero que contenga menos de 0,03 % de carbono**.
- **Utilizando un acero estabilizado**: el titanio o el columbio se combinan con el carbono y evitan las precipitaciones perjudiciales. Los aceros estabilizados son necesarios para todo servicio que implique prolongadas exposiciones a las temperaturas entre 426° C y 871° C. El peligro inherente a la precipitación de carburo de cromo ha llegado a ser tan bien conocido y tan fácilmente evitado, que ocurren pocos fallos debidos a esta causa.

Recuerde

Un tratamiento térmico inadecuado del acero inoxidable puede producir una retícula de carburos en los aceros con más del 0,03 por ciento de carbono, o sin adición de titanio o de columbio.

Corrosión galvánica

Cuando dos metales diferentes están en contacto eléctrico y a su vez conectados por medio de un electrolito (por ejemplo, un líquido conductor como el agua de mar o agua dulce impura), fluye una corriente desde el metal anódico al catódico o metal más noble a través del electrolito. Como resultado, el metal menos noble se corroe.

Este tipo de corrosión es especialmente relevante cuando se plantean uniones de acero inoxidable con acero al carbono o aceros de baja aleación. Es importante seleccionar los materiales de soldadura de modo que sean al menos tan nobles como el material base. En ambientes corrosivos en los que pudiera estar presente el agua, tales como ambientes industriales pesados, atmósferas marinas, y donde pudiera existir inmersión en agua salobre o marina, deben evitarse las uniones de aceros inoxidables austeníticos mediante tornillos martensíticos y ferríticos.

La corrosión galvánica no debiera ser un problema en aceros inoxidables, aunque a veces su prevención pueda requerir precauciones que, a primera vista, resultan sorprendentes. Para evitar la corrosión galvánica, en principio, debe impedirse el flujo de corriente:

- Aislando los metales diferentes. Por ejemplo, rompiendo la conexión metálica.
- Evitando la formación de puentes electrolíticos. Por ejemplo, rompiendo la conexión electrolítica con pinturas u otros recubrimientos. Cuando se persigue conseguir la protección de esta manera, y no es posible recubrir ambos metales, es preferible recubrir el más noble (por ejemplo, el acero inoxidable en el caso de unión acero inoxidable/acero al carbono).

El riesgo de un ataque profundo de corrosión es mayor si el área del metal más noble (por ejemplo, el acero inoxidable) es mayor que el área del metal menos noble (como el acero al carbono). Debe prestarse una especial atención al empleo de pinturas u otros recubrimientos sobre acero al carbono. Si existen pequeños poros o agujeros en el recubrimiento, la pequeña área de acero al carbono desnuda proporcionará relaciones de área cátodo/ánodo muy grandes, dando lugar a un severo ataque por picaduras del acero al carbono. Por supuesto, el ataque será probablemente mucho más intenso en condiciones de inmersión. Por esta razón, es preferible pintar el acero inoxidable.

Relaciones desfavorables de área tienen lugar probablemente con tornillos y en uniones. El empleo de tornillos de acero al carbono en elementos de acero inoxidable debe evitarse ya que la relación de área del acero inoxidable en relación con el acero al carbono es grande y los tornillos estarán sujetos a un ataque agresivo. Por el contrario, la velocidad de ataque de un elemento de acero al carbono por un tornillo de acero inoxidable es mucho más lenta. Es generalmente útil apoyarse en experiencias previas en emplazamientos similares ya que metales diferentes pueden a menudo trabajar unidos sin peligro bajo condiciones de condensación o humedad ocasional sin efectos adversos, especialmente cuando la conductividad del electrolito es baja.

La predicción de estos efectos es difícil, ya que la velocidad de corrosión se determina a partir de una serie de variables de cierta complejidad. El empleo de tablas de potencial eléctrico ignora la presencia de películas superficiales de óxido y los efectos de relaciones de área y de diferentes soluciones (electrolitos) químicas. Por esta razón, un empleo desinformado de estas tablas puede conducir a resultados erróneos. Dichas tablas deberían utilizarse de manera cuidadosa y solamente para valoraciones iniciales.

Los aceros inoxidables generalmente forman el cátodo en un enlace bimetálico y por ello no sufren corrosión. El contacto entre aceros inoxidables austeníticos y zinc o aluminio puede dar lugar a una corrosión adicional de los últimos dos metales. Es poco probable que el efecto de dicha corrosión sea significativo desde un punto de vista estructural. No obstante, el polvo blanco/gris resultante es absolutamente antiestético.

El acoplamiento con cobre debe ser en general evitado excepto bajo condiciones adecuadas no severas.

La corrosión se atribuye frecuentemente a la acción galvánica, cuando su verdadera causa es efectivamente unas condiciones anormales de operación. Así, por ejemplo, el uso de ácido clorhídrico para sustituir un material de limpieza normal puede destruir la película pasiva del acero inoxidable. En tal caso, se puede formar una celda galvánica. El volver a proyectar y a construir una pieza que sea completamente de acero inoxidable puede resultar muy costoso y la nueva pieza proyectada puede ser difícil de fabricar. Así pues, cuando aparentemente la acción galvánica sea la única causa de un desperfecto en una unidad que, demostradamente, es de un buen diseño, convendrá realizar una verificación meticulosa para cerciorarse de que todas las condiciones de operación son normales.

Recuerde

Los aceros inoxidables generalmente forman el cátodo en un enlace bimetálico y, por ello, no sufren corrosión.

Corrosión por picaduras

Como su nombre indica, la corrosión por picaduras toma la forma de pequeños hoyos localizados. Esto ocurre como resultado de la rotura local de la capa pasivante, normalmente por iones cloruro, aunque otros haluros y otros aniones pueden tener un efecto similar. Durante el desarrollo de una picadura, los productos corrosivos pueden crear una solución muy corrosiva, que a menudo conduce a procesos de corrosión de alta velocidad. Sin embargo, en la mayoría de aplicaciones estructurales, las picaduras suelen ser sólo superficiales y la reducción de sección es despreciable. Por otra parte, los productos corrosivos pueden ensuciar los principales rasgos arquitectónicos de una obra. En estructuras de canalización, tuberías y contenedores debe adoptarse una tolerancia menor en cuanto a la corrosión por picaduras.

Dado que el ión cloruro es, con diferencia, el causante más común del ataque por picaduras, los ambientes costeros y marinos son bastante agresivos. La probabilidad de que un cierto entorno provoque ataque por picaduras depende, además del contenido de cloruros, de factores tales como la temperatura, la acidez o la alcalinidad y el contenido de gases oxidantes. La resistencia al ataque por picaduras de un acero inoxidable depende de su composición química. El cromo, el molibdeno y el nitrógeno mejoran la resistencia al ataque por picaduras.

Una medida aproximada de la resistencia al ataque por picaduras viene dada por el Índice de Picaduras o Equivalente a la resistencia al ataque por picaduras (Pitting Resistance Equivalent, PRE) definido como:

$$PRE = \%\ \text{peso Cr} + 3{,}3(\%\ \text{peso Mo}) + 30(\%\ \text{peso N}) \text{ para grados austeníticos}$$

$$PRE = \%\ \text{peso Cr} + 3{,}3(\%\ \text{peso Mo}) + 16(\%\ \text{peso N}) \text{ para grados dúplex}$$

La determinación del PRE de un acero inoxidable permite llevar a cabo un análisis comparativo entre los diferentes aceros inoxidables.

El acero de grado 1.4301 tiene el PRE más bajo que muchos aceros y no es, por tanto, el grado más adecuado para aplicaciones arquitectónicas en ambientes marinos excepto, quizás, para elementos estructurales internos protegidos de forma efectiva de espuma marina y niebla. El acero de grado 1.4301 también puede presentar niveles inaceptables de picaduras en atmósferas industriales severas y, por consiguiente, será preferible seleccionar el acero de grado 1.4401 o acero dúplex.

Corrosión bajo tensión

El desarrollo de la corrosión bajo tensión (Stress Corrosion Cracking, SCC) requiere de la existencia simultánea de tensiones de tracción y de factores ambientales específicos que difícilmente se encuentran en condiciones ambientales normales de edificación. Las tensiones no necesitan ser altas en relación con la tensión de prueba del material y pueden estar generadas por cargas y durante los procesos de fabricación tales como soldadura o el doblado.

Los aceros inoxidables dúplex muestran generalmente una mayor resistencia a la corrosión bajo tensión que los aceros austeníticos más habituales. Se han desarrollado aceros inoxidables austeníticos con aleaciones superiores, como por ejemplo los grados 1.4539, 1.4529, 1.4547 y 1.4565, para aplicaciones en las que existe riesgo de corrosión bajo tensión.

Proyecto y fabricación. Cómo reducir al mínimo la corrosión

La medida más importante a tomar para prevenir los problemas que puede ocasionar la corrosión es seleccionar adecuadamente el grado de acero inoxidable con los procedimientos de fabricación idóneos para el ambiente que se prevea. En cualquier caso, tras la selección adecuada de un determinado acero, se conseguirá hacer uso de todo el potencial de resistencia a corrosión que puede ofrecer dicho acero, si tal selección viene acompañada por buenos detalles constructivos. Las medidas anticorrosivas a adoptar deberían estar presentes en la fase de planteamiento del proyecto y obra y en el desarrollo y diseño de todos los detalles constructivos.

Los problemas debidos a la corrosión pueden ser eliminados frecuentemente modificando de forma apropiada el diseño sin necesidad de cambiar el tipo de acero.

Algunos de los parámetros de diseño a tener en cuenta son: la forma de las juntas, la continuidad de la superficie y la concentración de las tensiones. Las soldaduras a tope son preferibles a las soldaduras en solape, y es imprescindible utilizar buenos métodos de soldadura. Se reducirá al mínimo el uso de piezas complementarias, tales como planchas o placas de refuerzo rodeadas de costuras o cordones de soldadura para evitar tensiones biaxiales que resultan difíciles de eliminar por tratamiento térmico.

Todo el equipo deberá limpiarse meticulosamente para eliminar toda contaminación producida por óxidos, polvo de hierro, partículas procedentes de las herramientas, fundente de soldadura, suciedades y substancias orgánicas.

Estas substancias extrañas pueden ser eliminadas limpiándolas a chorro o por decapado.

Una buena solución para el decapado consiste en el 10 % de ácido nítrico y el 1 % de ácido fluorhídrico.

Los resultados de los ensayos de laboratorio solamente podrán servir de guía debido a la dificultad de reproducir las condiciones que se presentan verdaderamente en la práctica.

Los datos publicados sobre la corrosión como resultado de distintos ensayos, pueden estar basados en unas condiciones químicas, temperaturas, velocidades y aireación que difieran de las reales. Por este motivo, y siempre que sea posible, se deberá utilizar, para los ensayos prácticos, procedimientos similares o comparables a los que se darán en la realidad. Convendrá realizar ensayos de fatiga a probetas con corrosión, sometiéndolas a varios niveles de esfuerzo o tensión con el fin de poder apreciar la susceptibilidad del acero al agrietamiento una vez terminadas de fabricar.

? Sabía que...

Los tornillos, arandelas y elementos de anclaje de la estructura normalmente están hechos de acero inoxidable.

6. Integración arquitectónica

6.1. Estética y técnica

La **integración arquitectónica** es el futuro de las energías renovables, creando los sistemas de producción de energía cerca de los puntos de consumo. Hasta la fecha, están muy extendidos diferentes tipos de módulos fotovoltaicos y colectores solares que poco tienen en cuenta los aspectos estéticos a la hora de incorporarlos a los edificios. Sin embargo, en los últimos años se ha producido un importante avance en este ámbito, aunque es precisamente esta tecnología innovadora la que tiene menos difusión en nuestro país.

No obstante, cada vez son más los profesionales del diseño y la arquitectura que reclaman sistemas de energías renovables para utilizarlos en la construcción sin que rompan la estética de sus diseños.

La integración arquitectónica consiste en combinar la clásica función de los sistemas solares (fotovoltaica y solar térmica) como productores de energía (electricidad y calor) con la función de elemento constructivo integrado. Por ello, para minimizar su impacto visual y para que realmente se conviertan en un material constructivo, la tecnología ha cambiado y está permitiendo aportar un valor añadido a nuestros edificios, aunando la producción energética y la sostenibilidad de los edificios con una estética moderna, ecológica y vanguardista.

Actualmente, el uso de colectores planos ya no se considera como una instalación agregada al proyecto o a un edificio existente, sino que es concebida como parte del diseño, una variable más a tener en cuenta durante el proyecto y que será parte de una totalidad técnico-formal que le dará carácter particular a la obra. La integración de los sistemas solares en la arquitectura tiene un importante valor agregado relacionado con el cuidado de la imagen global del edificio, aspecto delicado para muchos interesados en aprovechar la energía gratis que nos da el sol en cada edificio, en cada rincón del planeta. Veinte años atrás, para acceder a estos beneficios era natural aceptar colocar equipos solares agregados al edificio en forma desordenada, con bajo rendimiento y con un promedio de fuera de servicio de una o dos veces al año.

El montaje en fachadas es una alternativa ideal para la generación de energía solar. La generación energética se integra, de esta forma, con perfección técnica y arquitectónica en el edificio.

En edificios altos la superficie de la fachada expuesta al sol es, con frecuencia, mucho mayor que la superficie del tejado y, por lo tanto, más apropiada para la generación de energía solar. Hasta hoy se desarrollaban, principalmente, soluciones para fachadas frías ventiladas por el lado trasero en las que las distintas capas funcionales se realizaban por separado. Un nivel interior, normalmente la pared portante con un aislamiento térmico convencional, cumplía la función de cerrar y proteger los locales. Delante de esta capa se instalaban, en un segundo nivel, los dispositivos de generación de energía solar.

Para ahorrar energía y generarla, se han desarrollado unas fachadas solares térmicas en las que se integran, en un mismo nivel, el aprovechamiento de la energía solar y todas las funciones de protección que debe cumplir una fachada sin necesidad de ventilación en el lado trasero. Se realizan estructuras sobre las que pueden montarse, en combinación casi arbitraria, superficies acristaladas, paneles opacos o también elementos solares.

Los colectores térmicos cumplen todos los requisitos exigidos para fachadas en relación con la terminación de locales y el aislamiento térmico y acústico, así como la protección contra humedad. No se trata de componentes superpuestos adicionalmente, sino de elementos completamente integrados en la fachada y en el edificio, tanto técnica como arquitectónicamente. De este modo, la libertad de diseño se mantiene completamente intacta y permite la realización de los proyectos más variados. La fachada térmica deja de ser un elemento intrusivo, integrándose de forma armoniosa en la fachada.

El colector térmicamente aislado es fundamental para la generación activa de energía solar térmica en fachadas no ventiladas por el lado trasero.

En el desarrollo de los colectores térmicos para fachadas térmicas, se suelen emplear materiales y tipos de construcción conocidos y probados. De esta manera, se cumplen todas las funciones de fachadas convencionales.

Imagen posterior de colectores colocados en la fachada de un edificio

Recuerde

La integración arquitectónica es el futuro de las energías renovables, creando los sistemas de producción de energía cerca de los puntos de consumo.

El mismo edificio, visto desde la parte delantera. Podemos observar cómo está integrado arquitectónicamente

7. Resumen

Para el desplazamiento e izado de equipos y materiales de la futura instalación solar térmica se pueden utilizar, según las características de ésta, grúas, grúas móviles, grúas de torre, equipos de carga usados como grúas, o montacargas.

Decimos que un elemento está sometido a un esfuerzo de tracción cuando sobre él actúan fuerzas que tienden a estirarlo. Un cuerpo se encuentra sometido a compresión si las fuerzas aplicadas tienden a aplastarlo o comprimirlo.

Cortadura es el esfuerzo al que está sometida una pieza cuando las fuerzas aplicadas tienden a cortarla o desgarrarla. Un elemento estará sometido a flexión cuando esté aplicada una fuerza exterior o carga sobre él de tal manera que produzca una deformación del eje en forma longitudinal. Un cuerpo sufre esfuerzos de torsión cuando existen fuerzas que tienden a retorcerlo.

Según las características de la instalación, ésta requerirá un tipo de estructura u otra. El principal material con el que se fabrican estos tipos de estructuras para la sujeción de colectores es el acero galvanizado. Los tornillos, arandelas y elementos de anclaje de la estructura normalmente están hechos de acero inoxidable.

La integración arquitectónica es el futuro de las energías renovables, creando los sistemas de producción de energía cerca de los puntos de consumo.

Ejercicios de repaso y autoevaluación

1. ¿Cuál de los siguientes factores debemos tener en cuenta a la hora de usar una grúa?

a. Peso, tamaño y tipo de carga que deberá izar.
b. Alcance o radio máximo que se requiere de ella.
c. Necesidad de operadores y señaleros capacitados.
d. Todas las respuestas anteriores son correctas.

2. La forma de izar o bajar los materiales no influye en la estabilidad de la grúa ya que ésta solo se verá afectada si se supera el peso máximo que puede levantar.

☐ Verdadero
☐ Falso

3. Indique qué característica posee la grúa móvil:

a. Es estable
b. Puede volcarse en pendiente.
c. Ambas respuestas son correctas.

4. ¿A qué distancia de la grúa o de la carga deben estar los cables aéreos de transmisión eléctrica?

a. mínimo a 3 m.
b. mínimo a 4 m.
c. mínimo a 5 m.
d. mínimo a 6 m.

5. Indique cuáles de las siguientes opciones forman parte de un montacargas:

a. Guinche con cable.
b. El motor.
c. Caja de cambios montados.
d. Todas las respuestas anteriores son correctas.

6. Las poleas y roldanas son una forma común pero poco económica de izar cargas pequeñas a distancias limitadas.

- ☐ Verdadero
- ☐ Falso

7. Rellene los huecos:

Casi la ____________ parte de las lesiones laborales se producen en el curso de maniobras de __________ y __________. Se trata en su mayoría de lesiones de las manos, piernas, pies y espaldas debidas a un esfuerzo. Muchos trabajos de la construcción incluyen tareas ___________ pesadas, y los obreros que no se encuentren en buen estado físico se fatigan fácilmente y son _____________ a lesionarse.

8. Cuando, en una sección actúan únicamente tensiones tangenciales que se reducen a una resultante contenida en el plano de la misma, estamos hablando de:

a. La cortadura.
b. La torsión.
c. La flexión.
d. La compresión.

9. Las uniones roblonadas se llevan a cabo mediante piezas denominadas roblones o remaches.

- ☐ Verdadero
- ☐ Falso

10. Cuando esté aplicada una fuerza exterior o carga de tal manera que produzca una deformación del eje en forma longitudinal, se estará produciendo un esfuerzo de:

a. Cortadura.
b. Torsión.
c. Flexión.
d. Compresión.

11. ¿Cuál de las siguientes opciones es una ventaja del aluminio anodizado?

a. No necesita mantenimiento.
b. Aumenta la protección contra la lluvia, el sol, la humedad.
c. Aumenta la dureza superficial.
d. Todas las respuestas son correctas.

12. El acero inoxidable es una aleación de hierro y carbono. ¿Qué porcentaje mínimo tiene de cromo, por definición?

a. 7,5 %.
b. 8,5 %.
c. 9,5 %.
d. 10,5 %.

13. Rellene los huecos:

Los colectores térmicos cumplen todos los requisitos exigidos para fachadas en relación con la terminación de locales y el aislamiento ____________ y ____________, así como la protección contra ____________.

Capítulo 3

Montaje de captadores de instalaciones solares térmicas

Contenido

1. Introducción

El montaje de los captadores de las instalaciones solares térmicas dependerá del diseño del captador que queramos instalar. Cada uno, tanto el captador solar plano, como el captador sin cubierta, el captador de vacío o los diseños especiales, poseen una especificaciones a las que habrá que atender a la hora de montarlo.

Por otro lado, el montaje también dependerá de los sistemas de agrupamiento y conexión, de la orientación e inclinación que deseemos darle a la instalación y de las sombras que se puedan proyectar sobre ésta. De todo ello hablamos en este capítulo.

2. Tipos de captadores

2.1. Especificaciones

Captador solar plano

La inmensa mayoría de los captadores solares planos a la venta tiene una cubierta transparente, de material aislante térmico en la parte posterior y en los laterales, un absorbedor metálico y una carcasa exterior rectangular donde se ubican los elementos anteriores. Posee dos o cuatro conexiones hidráulicas, que se sitúan en el exterior. Éstas son por las que entra y sale el fluido.

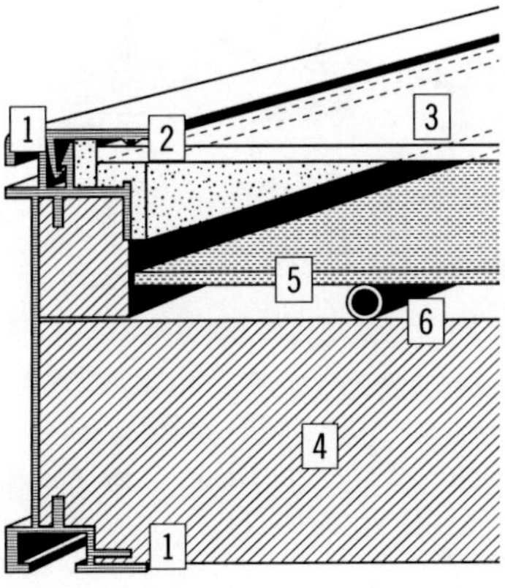

1. CAJA
2. JUNTA DE ESTANQUEIDAD
3. CUBIERTA TRANSPARENTE
4. AISLAMIENTO TÉRMICO
5. PLACA ABSORBEDORA
6. TUBOS

Un captador plano al que le quitamos la cubierta de cristal puede variar su peso entre 8 y 12 Kg/m^2. Sin embargo, si no le quitamos la cubierta de cristal, el peso varía de 15 a 20 Kg/m^2.

Otro elemento fundamental del captador solar plano es el absorbedor. Éste consta de una lámina o de varias aletas metálicas, las cuales poseen muy buena conductividad térmica. También posee unas tuberías metálicas por las que circula el fluido caloportador. Para mejorar el traspaso de calor, dichas tuberías metálicas deben presentar un buen contacto con la lámina metálica. Las láminas o aletas tienen revestimientos exteriores, cuyo objetivo es el de aumentar la relación entre el flujo de radiación absorbida y reducir la emisividad del absorbedor. De toda la radiación incidente, una pequeña parte es reflejada y el resto es absorbida y transformada en calor, el cual es transportado por el fluido caloportador que circula por las tuberías. Este calor transportado es transmitido al agua contenida en los acumuladores, muchas veces de forma directa y otras de forma indirecta a través de un intercambiador. El absorbedor siempre debe tener mucha capacidad para absorber la radiación solar y muy poca para emitir, así se puede obtener un mayor rendimiento en la energía térmica aportada por éste. Para poder conseguir este mayor rendimiento, la parte frontal del absorbedor es tratada con un revestimiento selectivo que hace mínima la radiación térmica infrarroja y optimiza la transformación de radiación solar en energía térmica.

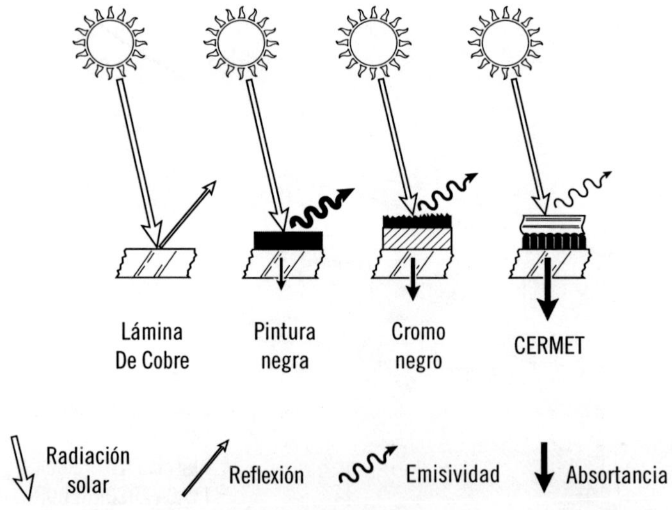

Absortancia y emisividad de distintas superficies

Recuerde

Otro elemento fundamental del captador solar plano es el absorbedor.

Las electrodeposiciones de níquel negro o de cromo son los tipos de revestimientos usados normalmente. Pero hoy en día podemos encontrar nuevos revestimientos, los cuales nos dan valores de absortancia similares y unos valores de emisividad más bajos. Estos revestimientos se basan en materiales cerámicos y metálicos, están en estado casi gaseoso y poseen espesores muy finos. Al utilizar estos revestimientos se pueden usar láminas absorbedoras más anchas y que requieren menos consumo energético. Una ventaja importante es que estos absorbentes consiguen niveles de temperatura superiores en condiciones de estancamiento. También se puede observar que con este tipo de revestimiento el rendimiento energético es superior cuando se trabaja con temperaturas elevadas o cuando tenemos menor irradiancia solar sobre los mismos. Cuando hablamos de una radiación solar de longitud de onda corta, podemos distinguir las distintas partes en las que se descompone dicha radiación cuando ésta incide sobre la superficie de un colector:

- **Reflectancia (μ)**: es la proporción de radiación solar reflejada hacia el exterior del colector. Es igual a la radiación reflejada dividido por la radiación incidente.
- **Absortancia (α)**: es la proporción que absorbe la superficie. Equivale a la radiación absorbida dividida por la radiación incidente.
- **Emisividad (β)**: equivale a la radiación emitida dividida entre la radiación de un cuerpo negro a la misma temperatura.
- **Transmitancia (∂)**: es la proporción de radiación solar que atraviesa la superficie. Es igual a la radiación transmitida entre la radiación incidente.

Cualquier material refleja, absorbe o transmite siempre la radiación incidente sobre él, el valor de los mismos será en cada caso distinto dependiendo del tipo de material que tengamos. Pero entre estos factores siempre se cumple la siguiente relación que verifica una vez más el principio de conservación de la energía:

$$\mu + \alpha + \partial = 1$$

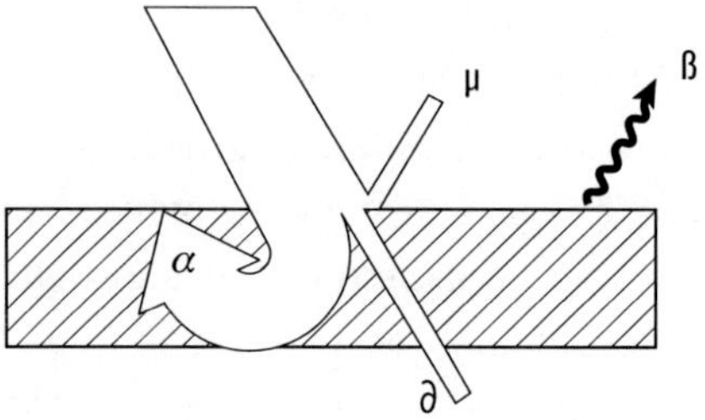

$$\alpha + \mu + \partial = 1$$

Aplicación práctica

Tenemos un captador solar plano, con una absortancia de 0.15 y una reflectancia de 0.21. ¿Cuál es la transmitancia de dicho captador?

SOLUCIÓN

Aplicando la ecuación $\mu + \alpha + \partial = 1$, tenemos que $\partial = 1 - \mu - \alpha$, luego $\partial = 1 - 0.21 - 0.15 = 0.64$

Según el tipo de material la cantidad de radiación reflejada varía mucho su valor. Por ejemplo, las superficies de color oscuro reflejan menos la radiación que las que son de color claro. También la cantidad de radiación reflejada depende en el caso de las cubiertas de cristal del ángulo de incidencia que éstas tengan con dicha radiación.

Los absorbedores metálicos de hoy en día suelen ser de cobre. El absorbedor debe transferir el calor a las tuberías de forma adecuada. Esto debe ser de forma duradera y tener una alta eficiencia. Este es uno de los requisitos que debe cumplir el buen diseño de un absorbedor. El acero presenta mayores problemas de corrosión, por ello no se recomienda para hacer tuberías. Hoy por hoy, algunos fabricantes, con el fin de reducir el peso y el coste de la instalación, están realizando las tuberías con cobre y láminas de aluminio. Dependiendo de la configuración de las tuberías, se pueden distinguir diversos tipos de absorbedores, con parrilla de tubos y con serpentín. En ambas configuraciones se debe cumplir un buen equilibrado hidráulico, ya que el fluido debe circular a la misma velocidad por todas las partes. Si no, el rendimiento del captador disminuiría. También, ambas configuraciones deben tener una circulación turbulenta del fluido para favorecer la transferencia de calor.

Recuerde

Cualquier material refleja, absorbe o transmite siempre la radiación incidente sobre él, el valor de los mismos será en cada caso distinto dependiendo del tipo de material que tengamos.

Absorbedores con forma de parrilla de tubos

A este tipo de captadores corresponde la mayoría de los comercializados hoy en día. En este tipo de captadores los absorbedores están constituidos por una serie de tuberías paralelas que se unen a los conductos de distribución y así se forma la parrilla de tubos. Entre las tuberías, la distancia de separación resulta del compromiso entre la minimización de los costes de producción y la maximización del calor transferido al fluido de trabajo. Habitualmente, esta distancia tiene un rango de 10 a 12 cm. Este absorbedor tiene una pérdida de carga pequeña debido a todo el recorrido por el absorbedor que hace el fluido. Por ello, es conveniente utilizar este colector en instalaciones que requieran poca pérdida de carga, como por ejemplo las de termosifón. Pero un factor que tenemos que tener en cuenta son las pérdidas de equilibrio hidráulico, ya que por cada tubería paralela pueden circular caudales distintos, y crear desequilibrios hidráulicos no aceptables. Dependiendo de la relación entre las pérdidas de carga en las tuberías verticales y la correspondiente a los conductos de distribución, el caudal de circulación a través del absorbedor tendrá una distribución u otra.

Siempre se recomienda que la pérdida de carga en los conductos de distribución ascienda como máximo al 30 % de la pérdida de carga en una tubería vertical. Esto se realiza para que los caudales por cada una de las tuberías paralelas sean lo más parecido posible, por no decir iguales. Dentro de este tipo de absorbedores, también podemos distinguir distintas clases: pueden ser longitudinales o transversales. El transversal es más complejo por su fabricación, ya que tiene más puntos de soldadura, pero su uso mejora la integración arquitectónica de la instalación. Entre las parrillas de tubo que se encuentran conectadas directamente a una única lámina metálica o a diversas aletas metálicas, las que se conectan a una única lámina reducen las pérdidas por convención.

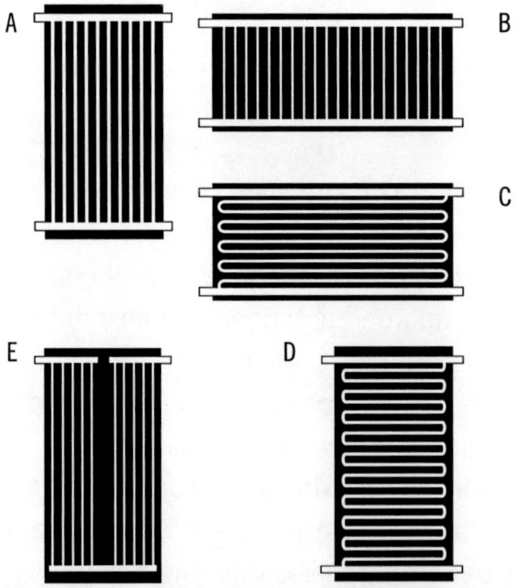

A. Parrilla de tubos
C. Tipo serpentin
E. Modelo integral

El absorbedor integral está compuesto por tres conductos de distribución transversal y dos conjuntos de tuberías longitudinales. Por estas últimas es por donde circula el fluido, por ello se aumenta el salto de las temperaturas en el captador y se reduce el desequilibrio hidráulico. Poseen entradas y salidas al captador a la misma altura, punto que facilita la integración arquitectónica.

Absorbedores de tipo serpentín

La tubería de este tipo de absorbedor es básicamente un único tubo con forma de serpentín. El fluido circula únicamente por esta tubería eliminándose así las pérdidas de equilibrio hidráulico dentro de un mismo captador. Si consideramos la misma cantidad de agua circulando por el conjunto del absorbedor, la pérdida de carga en el absorbedor tipo parrilla es menor que en el absorbedor tipo serpentín. Esto se debe a que el caudal que circula por la parrilla es menor que el que circula por el de tipo serpentín. Los cambios de dirección en este tipo de absorbedores también benefician las pérdidas de carga. Los absorbedores tipo serpentín no son recomendables para las instalaciones solares por termosifón.

Aislamiento térmico

Para evitar las pérdidas térmicas tanto en la parte posterior de la carcasa como por en los laterales, el captador debe ser aislado adecuadamente.

Siempre es recomendable instalar materiales aislantes que soporten altas temperaturas, debido a que el captador cuando está estancado, puede alcanzar temperaturas entre 130 y 240° C. También deben presentar las siguientes características:

Por la acción del calor no se deben desprender vapores, así se disminuyen las propiedades ópticas.

No puede aumentar su volumen por presencia de humedad, ni tampoco debe perder las propiedades aislantes.

Hoy en día se utilizan paneles laminados de poliuretano rígido expandido, que además de producir el aislamiento térmico también aportan un soporte rígido a la estructura del captador. Además del poliuretano, en la actualidad se emplean materiales aislantes como la lana mineral, la lana de roca y la fibra de vidrio. Una de las desventajas del poliuretano es que tienen problemas para resistir temperaturas superiores a los 130° C, por ello a la hora de realizar una instalación con este tipo de aislante, entre el absorbedor y el poliuretano se coloca una capa de lana mineral, eliminando el riesgo de que la instalación sufra daños por altas temperaturas. Los captadores también presentan pérdidas en la cara frontal por ello en determinadas ocasiones se utilizan aislantes térmicos llamados TIM, dichos aislantes son transparentes. Estos aislantes reducen las pérdidas por convección, pero disminuyen la trasmitancia global.

Recuerde

Para evitar las pérdidas térmicas tanto en la parte posterior de la carcasa como por en los laterales, el captador debe ser aislado adecuadamente.

Revestimiento anti-reflexivo

En la actualidad existen revestimientos anti-reflexivos cuyo porcentaje llega hasta el 96 %, dicho valor se obtiene a través de un tratamiento químico en la cubierta que incrementa su rugosidad y así disminuye el índice de reflexión. Estos son necesarios, ya que normalmente las cubiertas tienen índices de reflexión, en la parte superior y en la inferior, con un valor aproximado del 4 %. Con este tratamiento, el rendimiento del captador aumenta. Estos tipos de revestimientos han sido sometidos a ensayos donde se observa que poseen bajos niveles de emisiones a la atmósfera y que tienen buena durabilidad y estabilidad.

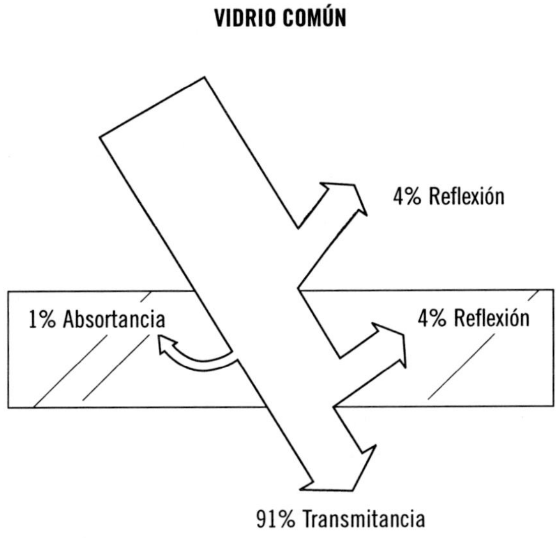
VIDRIO COMÚN
4% Reflexión
1% Absortancia
4% Reflexión
91% Transmitancia

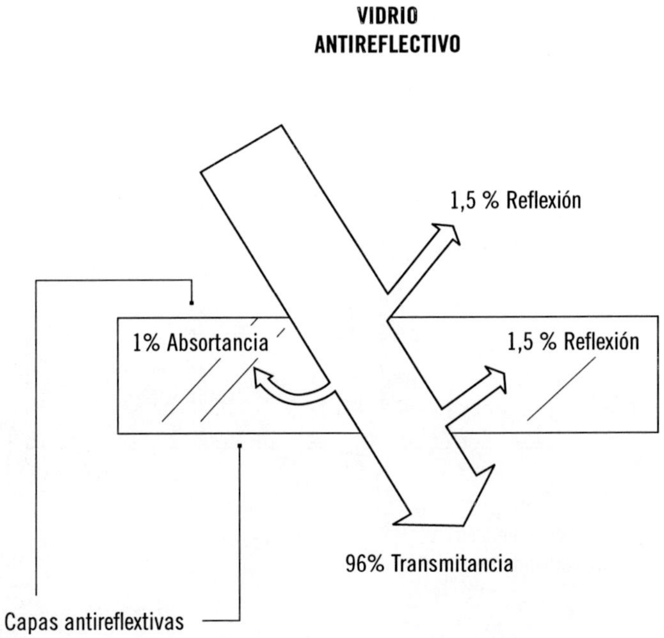
VIDRIO
ANTIREFLECTIVO
1,5 % Reflexión
1% Absortancia
1,5 % Reflexión
96% Transmitancia
Capas antireflextivas

Juntas

Evitan la entrada de partículas y de agua en la parte interior del captador. Los tipos de materiales que se usan para las juntas son silicona, EPDM o goma. En las partes de entrada y salida del captador con las tuberías, las juntas deben soportar una temperatura máxima aproximada a los 200° C. Por ello, se emplean juntas de silicona o de fluorocaucho.

Vainas

Cuando el tipo de instalación es forzada, se debe colocar un sensor de temperatura, para poder gobernar el sistema de control. Este sensor se introduce en el interior de una vaina, la cual se coloca en la parte superior del interior del captador. Otros captadores llevan incorporada una vaina de inmersión para que, como hemos dicho anteriormente, se coloque el sensor de temperatura. También podemos encontrarnos el sensor colocado directamente sobre el absorbedor.

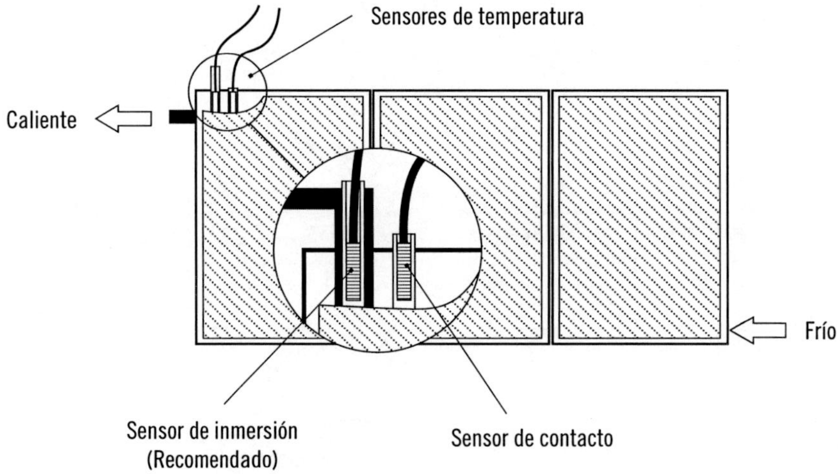

Principio de funcionamiento de un captador solar plano

El funcionamiento de un captador solar plano se basa en el efecto invernadero. La radiación solar incide con longitud de onda corta sobre la cubierta del captador, parte de toda la onda es reflejada, entre un 4 - 6 %, el resto es absorbida, ya que, al calentarse el absorbedor, éste emite radiación de onda larga y no puede salir al exterior debido a las propiedades ópticas de la cubierta, transformando así la radiación solar incidente en energía térmica. En las partes posterior y laterales se encuentra el aislamiento térmico, que produce una reducción de las pérdidas de temperatura por conducción. También, y de manera similar, la cubierta transparente situada en la parte frontal se encarga de reducir las pérdidas de temperatura por convección. A pesar de ello, esta zona es por donde se producen más pérdidas de temperatura.

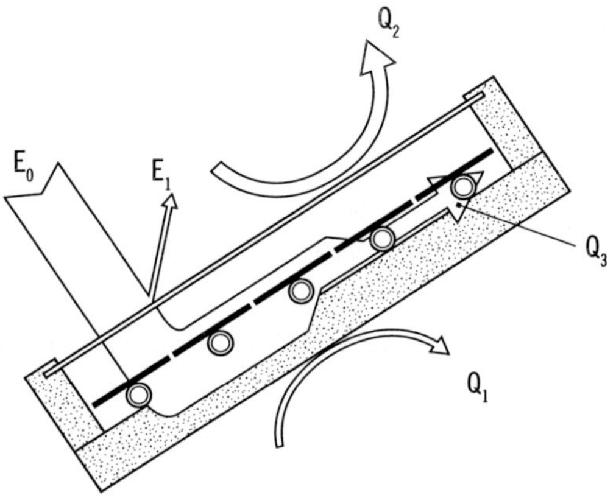

E_0 Irradancia solar

E_1 Pérdidas ópticas

Q_1 Q_2 Pérdidas térmicas por convección, conducción y radiación

Q_3 Aprovechamiento útil

Resumiendo, un captador solar debe cumplir una serie de requisitos básicos:

- Transmitancia elevada.
- Transmitancia baja en onda larga.
- Emisividad baja.

- Absortancia elevada.
- Adecuado aislamiento.

Características principales:

- Son fáciles de montar.
- El coste de estos tipos de captadores es inferior al de otros más complejos.
- Elevada durabilidad.
- Buena relación entre el precio y la calidad.
- Para el montaje sobre tejado plano necesita de estructura soporte.
- Tienen mal comportamiento cuando se trabaja a temperaturas elevadas.

Recuerde

El funcionamiento de un captador solar plano se basa en el efecto invernadero.

Captador sin cubierta

El único componente de este modelo es el absorbedor. Normalmente se utilizan para el calentamiento del vaso de piscina, siendo el absorbedor normalmente de material plástico. En otras ocasiones se usa un absorbedor selectivo de acero inoxidable para el precalentamiento de agua sanitaria. Estos captadores tienen un rendimiento menor al del captador plano debido a que no poseen cubierta transparente, aislamiento térmico ni carcasa exterior. Esto disminuye el coste pero aumenta las pérdidas térmicas del captador.

Las características principales de los captadores sin cubierta transparente son:

- Se puede utilizar en todo tipo de tejados.
- Al utilizar absorbedores metálicos se reduce el impacto visual de los captadores solares en comparación con los captadores planos.
- El absorbedor, al formar parte de la cubierta del tejado, pasa a ser un elemento constructivo.
- Necesitan mayor superficie que en el caso de los captadores planos, ya que tienen menor rendimiento energético y, debido a esto, no se alcanzan temperaturas tan altas como en el caso de los captadores planos.

Recuerde

El único componente del captador sin cubierta es el absorbedor.

Cubierta con absorbedor de acero inoxidable

Captador de vacío

Este tipo de captadores posee un conjunto de tubos de vidrio, los cuales tienen un elemento absorbedor en su interior. Estos tubos se encuentran herméticamente cerrados y tienen un vacío de aire creado entre la superficie de la cubierta transparente y el absorbedor.

Componentes

Este captador está compuesto por tubos, absorbedor y caja de distribución. Los tubos deben permitir la entrada de radiación solar en su interior y deben soportar las diferencias de presión a las que se encuentran sometidos, proporcionando para ello la resistencia estructural necesaria. Dicho absorbedor puede ser una lámina metálica plana o abovedada. Un captador de tubos de vacío tiene varios tubos conectados entre sí, por lo general en paralelo, y unidos a los conductos distribuidores de ida y retorno, siempre por la parte superior. Estos conductos distribuidores son protegidos frente a agentes externos introduciéndolos en una caja o carcasa. Los tubos por regla general están fijados por la parte inferior mediante soportes.

Funcionamiento

Las pérdidas por convección se reducen significativamente al trabajar en condiciones cercanas a las de vacío. Ésta llega a ser considerada nula cuando la presión en el interior de los tubos es inferior a 0,001 bar. Conforme menos presión exista, menores serán los niveles de pérdidas por conducción. Pero las pérdidas por radiación no disminuyen por este vacío, ya que el transferir calor por medio de radiación no depende del medio físico. Para evitar dichas pérdidas se emplean revestimientos sobre el absorbedor.

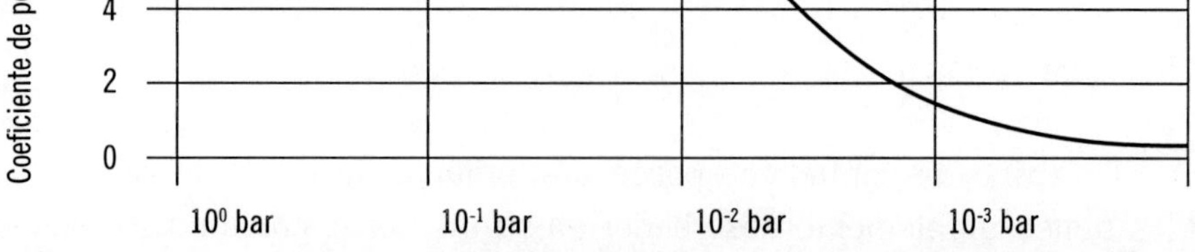

Dependiendo de cómo sea la transferencia de calor al fluido de la instalación, se pueden diferenciar los captadores de vacío de flujo directo y los captadores de vacío tipo heatpipe.

Captadores de vacío de flujo directo

En estos captadores, la transferencia de calor se hace directamente al circular el fluido por el absorbedor. Podemos distinguir distintas tipologías básicas atendiendo a la geometría interna de los tubos:

- De tubo en U: el fluido circula por un tubo en forma de U.
- De tubos coaxiales: el fluido de trabajo circula a través de un sistema de tubo en tubo hasta la base de la ampolla de vidrio desde donde retorna.

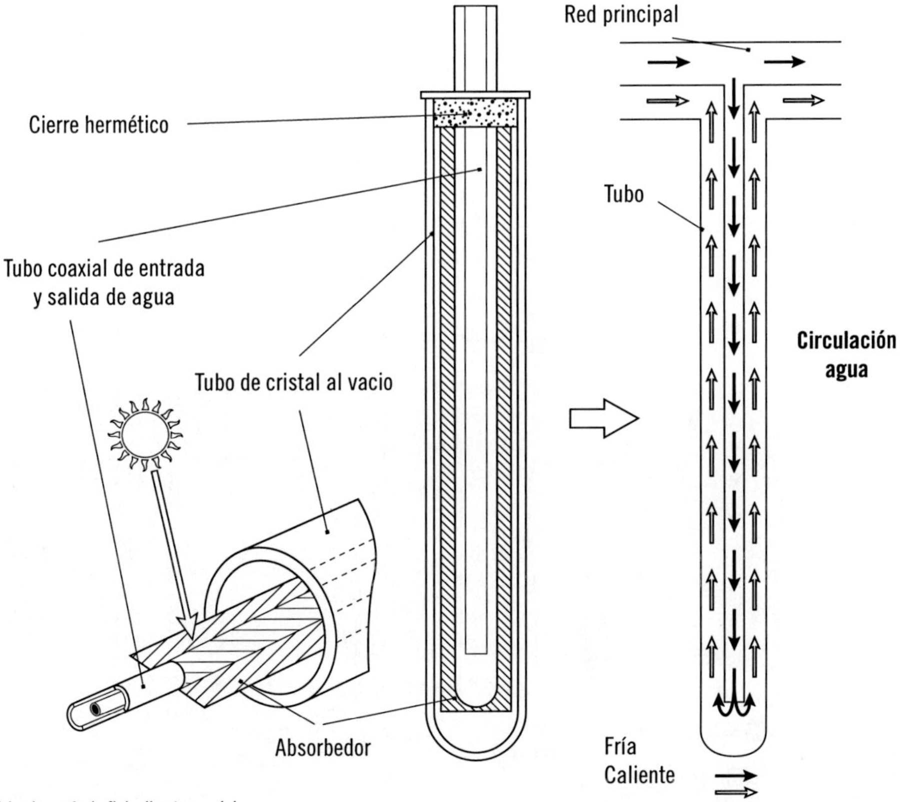

Tubo de vacío de flujo directo coaxial

Los captadores de vacío de flujo directo se pueden instalar horizontalmente o con un determinado grado de inclinación sobre el plano horizontal. Esta disposición tiene ventajas, ya que el coste de la instalación disminuye y se minimiza el impacto visual.

Dentro de este tipo de captadores podemos distinguir un caso especial: es el modelo Sydney. Dicho modelo consta de una doble ampolla de vidrio en cuyo interior se introduce una lámina metálica, la cual tiene una capa selectiva para aumentar el rendimiento del captador. Esta lámina está conectada a un tubo en forma de U, a través del cual circula el fluido. En estos captadores se han de utilizar reflectores para aprovechar toda la superficie cilíndrica del absorbedor.

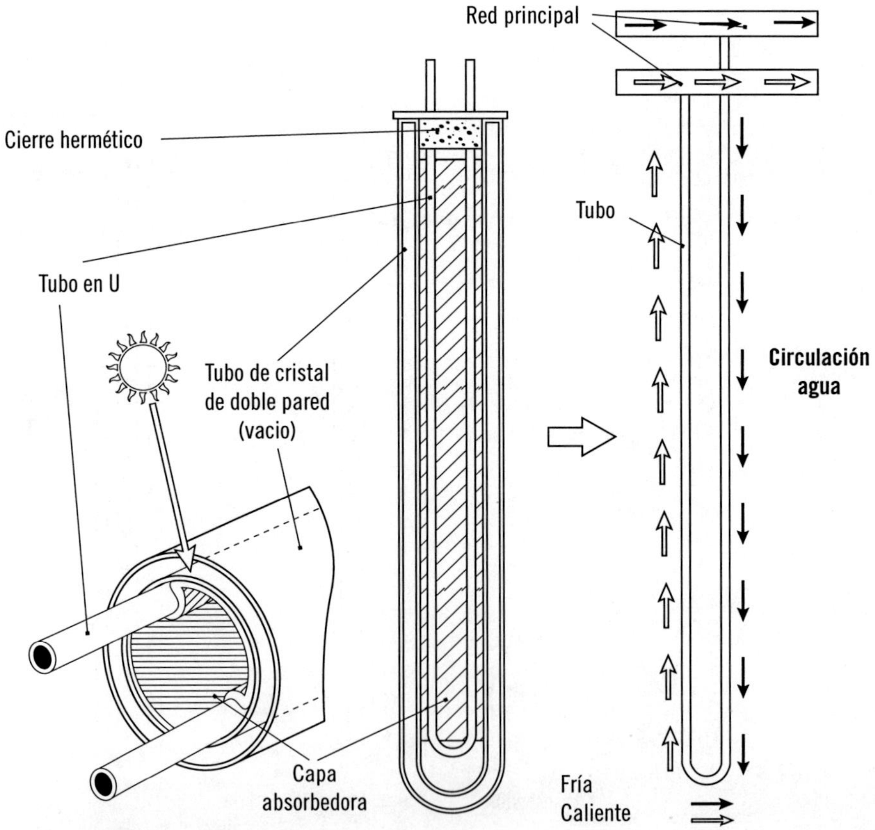

Sección de un captador de vacío modelo Sydney

Recuerde

Los captadores de vacío de flujo directo, se pueden instalar horizontalmente o con un determinado grado de inclinación sobre el plano horizontal.

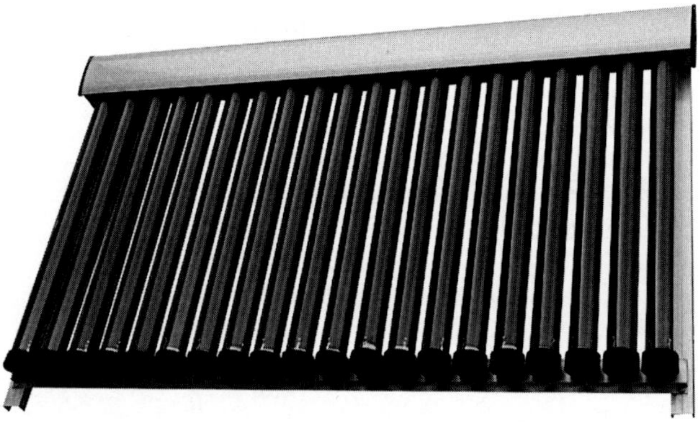

Captador de vacío tipo heatpipe

En estos captadores, el absorbedor metálico está conectado a un tubo isotérmico (heatpipe) dentro de un tubo de vidrio al vacío. El tubo isotérmico contiene el fluido a una presión muy baja, por lo que la evaporación de dicho fluido se produce a temperaturas relativamente bajas. La transferencia de calor al fluido se produce cuando el vapor asciende a través del tubo isométrico hasta llegar al condensador o intercambiador de calor. Este proceso de funcionamiento necesita una inclinación mínima para que se facilite el movimiento ascendente del vapor y el descendente del líquido. Esta inclinación se recomienda que sea como mínimo de 25º.

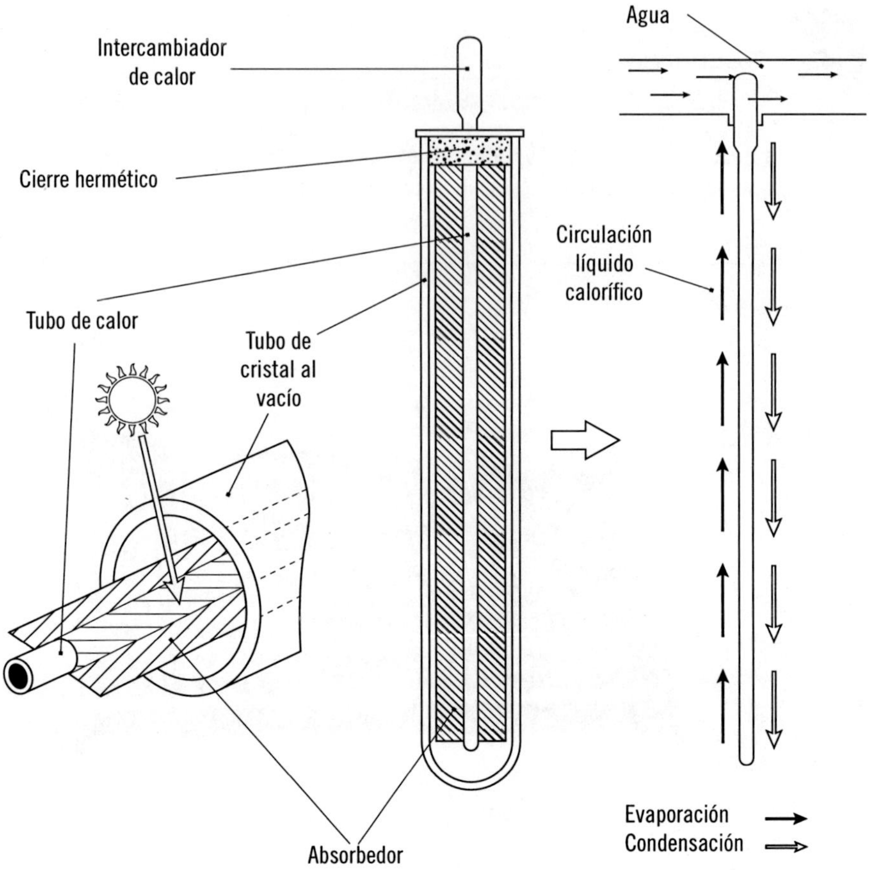

Sección transversal de un captador heatpipe

Las características principales de los captadores de vacío son:

- Necesidad de menor espacio para la instalación en comparación con los captadores planos para esas aplicaciones.
- Son más adecuados para aquellas aplicaciones donde se necesitan mayores niveles de temperatura: producción de frío por absorción, generación de vapor. Esto se debe a que presentan mayor rendimiento trabajando a temperaturas elevadas.
- Mayor rendimiento que los captadores planos cuando la diferencia de temperaturas entre el absorbedor y el ambiente es elevada o trabajando con niveles bajos de radiación solar.

- El espacio necesario para instalarlos es menor que el que se necesita para instalar los colectores solares planos.
- Se pueden girar las láminas del absorbedor para poder aprovechar mejor la radiación solar.
- Los captadores de vacío de flujo directo pueden instalarse de forma horizontal sobre una cubierta plana.
- Son de mayor coste que los captadores solares planos.

Diseños especiales

Captador híbrido

Este dispositivo produce energía térmica y eléctrica al mismo tiempo. Se basa en un colector solar plano, con células fotovoltaicas conectadas sobre la cubierta. Estas células tienen que estar eléctricamente aisladas del absorbedor metálico con el que han de presentar un buen contacto térmico. Como generador de energía térmica funciona como un captador solar plano. El rendimiento de estos captadores es similar al de los paneles fotovoltaicos a la hora de producir electricidad, y para producir energía térmica también presentan una producción similar a la de los captadores solares planos sin revestimientos selectivos. La principal ventaja de estos captadores es el aprovechamiento de la superficie de la cubierta. El gran inconveniente es que tienen un gran coste y, por ello,,hoy en día no se utilizan a menudo.

Captador híbrido

Captador con acumulador integrado

En este sistema, el captador y el acumulador forman un tipo de unidad única. Tienen la ventaja de que no nos hace falta utilizar ningún dispositivo, que normalmente utilizábamos en el circuito primario, por lo que se reduce bastante el coste de la instalación. El principal inconveniente que presentan estos tipos de sistemas es el alto valor de pérdidas térmicas y que, en zonas en las que el fluido tenga peligro de helarse, se debe desalojar del colector para evitar la congelación.

Captador con acumulador integrado

3. Sistemas de agrupamiento y conexión

Cuando se necesita disponer de una gran superficie de captación solar habitualmente se conectan entre sí captadores solares de pequeño o mediano tamaño (con una superficie unitaria aproximadamente entre 1,5 y 2,5 m^2).

Los captadores se pueden conectar entre sí en paralelo, en serie o mediante una conexión mixta serie-paralelo. Todas estas formas de conexión se pueden realizar utilizando racores, manguitos de acoplamiento y tuberías de cobre.

Los captadores solares se conectan entre sí con objeto de disponer de un sistema de captación solar acorde a los requisitos de la instalación. Este conexionado ha de asegurar el equilibrio hidráulico y, por tanto, evitar zonas muertas o de bajo rendimiento en los captadores y conseguir saltos de temperatura homogéneos y similares.

Conexionado en paralelo

Mediante este tipo de conexionado se pretende hacer circular el mismo caudal de fluido a través de cada captador, siendo el caudal total suma de los caudales individuales que circulan por cada captador. En este tipo de conexionado habitualmente el caudal oscila entre 40 y 80 $l/(h \cdot m^2)$. En función de que los tubos distribuidores horizontales sean interiores o exteriores, se diferencia entre las siguientes dos posibles formas de conexión en paralelo.

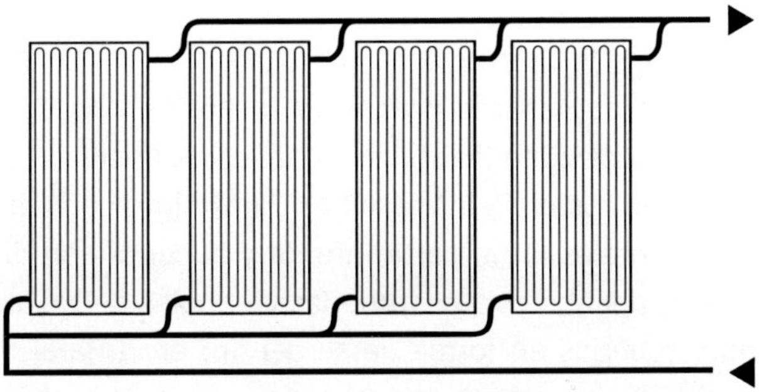

En este primer caso, para conseguir una distribución uniforme de caudales en los distintos captadores basta con utilizar adecuadamente el esquema de retorno invertido, es decir, que la longitud y diámetro de las tuberías de ida y de retorno sean similares para cada uno de los distintos captadores. De esta forma se consigue que las pérdidas de carga por cada uno de los posibles caminos sea prácticamente igual y, por tanto, el sistema presente un adecuado equilibrio hidráulico.

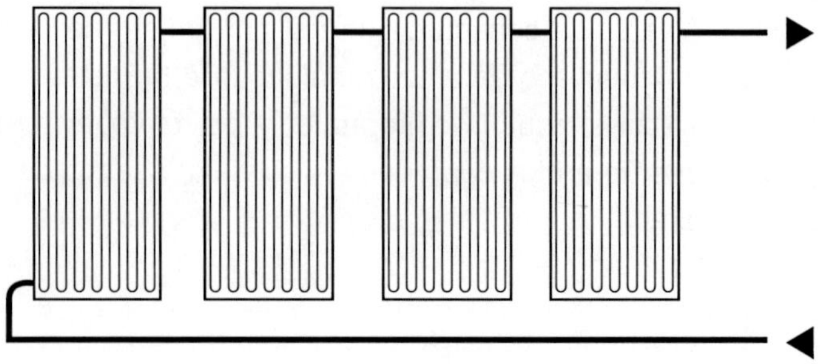

Recuerde

Los captadores se pueden conectar entre sí en paralelo, en serie o mediante una conexión mixta serie-paralelo.

En este caso, los captadores presentan la posibilidad de conectarse en paralelo entre sí sin necesidad de utilizar tuberías exteriores, lo que disminuye considerablemente el coste de instalación. Para ello disponen de conductos distribuidores horizontales en la parte inferior y superior con diámetros superiores a los del resto del absorbedor (tuberías verticales de los absorbedores en forma de parrilla, tuberías en forma de serpentín, etc.) Para un determinado caudal de circulación, el número de captadores que se pueden conectar de acuerdo a esta configuración manteniendo el equilibrio hidráulico entre ellos va en función del diámetro de estos conductos distribuidores.

En instalaciones grandes en las que se requiere conectar muchos captadores en paralelo, es habitual que la conexión se realice mediante conductos externos.

Como resumen, se destaca que en el conexionado en paralelo el caudal total de circulación es bastante elevado, se obtienen saltos de temperatura moderados y la pérdida de carga en captadores corresponde a la de un captador.

Conexión en serie

Mediante este tipo de conexión, el mismo fluido y caudal de circulación pasa a través de todos los captadores. Por tanto, el caudal total coincide con el caudal que circula por cada uno de los captadores. Normalmente se utiliza con caudales relativamente bajos, comprendidos entre 10 y 25 $l/(h \cdot m^2)$ por lo que se obtienen saltos de temperatura relativamente grandes.

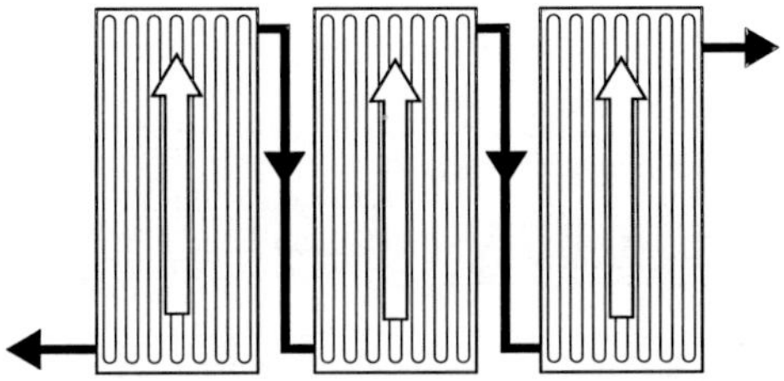

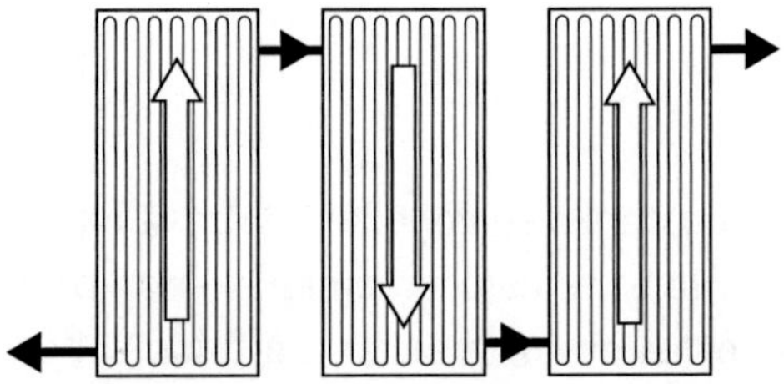

El fluido se va calentando a medida que pasa a través de los captadores, por lo que, de acuerdo a la curva de rendimiento de un captador solar, va disminuyendo el rendimiento de los mismos. En determinadas ocasiones, con objeto de disminuir el aumento de temperatura en cada captador, se utilizan caudales de circulación mayores (hasta 40 $l/(h \cdot m^2)$), si bien esta medida tiene el inconveniente de aumentar las pérdidas de carga en los captadores.

Cabe destacar que, en el conexionado en serie, el caudal total de circulación coincide con el caudal que circula por cada uno de los captadores, que es normalmente bajo, se obtienen saltos de temperatura elevados y la pérdida de carga en captadores es superior a la del conexionado en paralelo ya que corresponde a la suma de las pérdidas de carga de cada uno de los captadores conectados.

Conexión mixta

En grandes instalaciones, es habitual emplear los dos tipos de conexionado mostrados anteriormente. Las baterías de captadores normalmente se encuentran constituidas por captadores conectados en paralelo entre sí. Estas baterías se suelen conectar entre sí en serie o en paralelo.

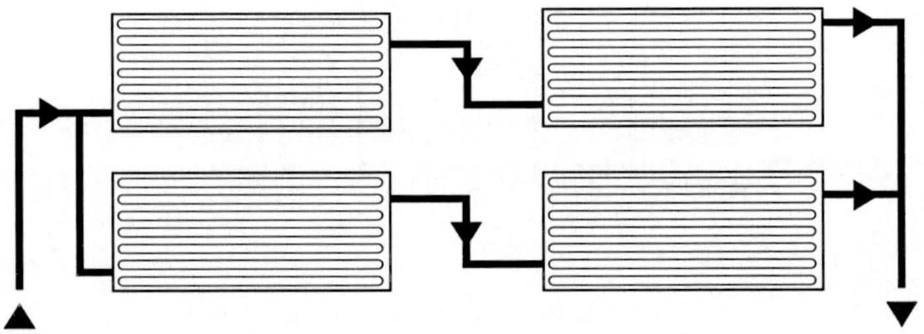

En caso de que las baterías se conecten entre sí en paralelo, los conductos de distribución horizontales se colocan en el exterior, por lo que aumentan significativamente los costes de instalación. La principal ventaja de la conexión en paralelo es que, al mantenerse prácticamente constante la temperatura de entrada a las baterías, éstas presentan el mismo o similar rendimiento.

Si las baterías se conectan en serie entre sí, va disminuyendo el rendimiento de éstas a medida que aumenta la temperatura de entrada a las mismas. Sin embargo, se necesita menos longitud de tuberías en el exterior que en el caso de conexionado en paralelo.

Respecto a las pérdidas térmicas ha de indicarse que, si bien la temperatura del fluido es mayor en la conexión en serie, y por tanto mayor la pérdida térmica por unidad de longitud, al ser menor longitud el trazado de tuberías en la conexión en serie puede resultar que las pérdidas térmicas globales sean inferiores en comparación con el conexionado en paralelo.

Recuerde

Cuando se necesita disponer de una gran superficie de captación solar habitualmente se conectan entre sí captadores solares de pequeño o mediano tamaño.

3.1. Orientación e inclinación

Sombras

Descripción de la evolución de las sombras

Para lograr el máximo aprovechamiento de un sistema de energía solar térmica, habrá de tenerse en cuenta la presencia de posibles sombras sobre los captadores.

Aun cuando los captadores térmicos no son especialmente sensibles a las sombras y, por regla general, no dejan de funcionar cuando son parcialmente sombreados hasta en un 15-30% de su superficie, esto reduce evidentemente su producción, sobre todo si las sombras se producen durante las horas centrales del día, en las cuales la insolación es máxima.

Como no siempre es posible evitarlas, para el estudio de sombras proyectadas sobre captadores debe tenerse en cuenta que el día más desfavorable es el solsticio de invierno. Así se garantiza que durante el periodo de la vida de la instalación, éstas no se produzcan.

Una determinación exacta de las posibles sombras se puede realizar conociendo la altura solar y el azimut durante todo el año, y así comprobar si algún obstáculo puede, en algún momento, llegar a ocultar el sol e impedir que llegue la radiación solar al captador.

Una vez que se conocen la altura solar y el azimut correspondientes a la fecha y hora de cálculo, sólo nos queda saber la altura del objeto para poder calcular la longitud de la sombra que proyecta. Para ello, nos serviremos del siguiente gráfico:

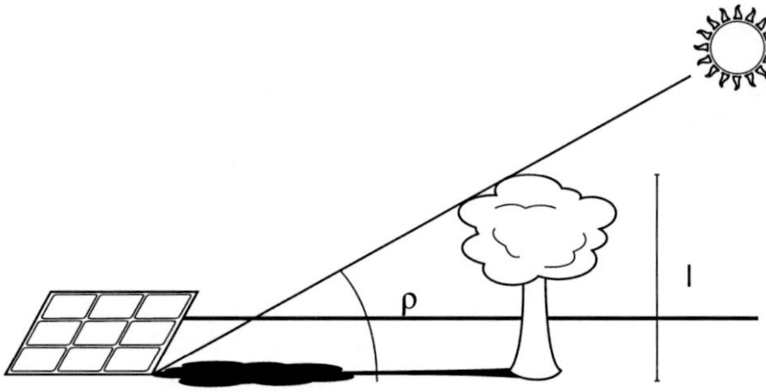

y de la siguiente expresión:

Sombra proyectada = l/tg ρ

Donde:

l = altura del objeto a partir de la cota donde se colocan los módulos.

ρ = altura solar (ángulo) a partir de las tablas de coordenadas.

Diagrama de sombras

El diagrama de sombras es una representación gráfica del área sombreada por un objeto en el transcurso de las horas centrales del día (horas de mayor radiación). La importancia de este diagrama radica en que nos permite tomar una decisión sobre la ubicación de los módulos sin sorpresas posteriores (módulos a la sombra) o bien evaluar la energía disponible en caso de que no sea posible encontrar una localización sin sombras.

El primer paso para representar el diagrama en planta es dibujar el objeto de estudio. A continuación, se trazan unos ejes de coordenadas que coincidan con los puntos cardinales y se determina la escala del dibujo.

Recuerde

Una determinación exacta de las posibles sombras se puede realizar conociendo la altura solar y el azimut durante todo el año.

A partir de las tablas solares y de la expresión matemática del cálculo de sombras, se hacen los cálculos relativos a las horas centrales del día (de 9 a 15 hora solar). Con el resultado de estos cálculos se confecciona una tabla de datos que nos ayudará a hacer el dibujo.

Comenzamos a dibujar los datos referentes al mediodía (12 hora solar), que será una proyección de los vértices del objeto en dirección paralela al norte (dado que el sol está al sur). A partir de esta proyección, se traza el resto teniendo en cuenta la desviación al sur según los datos de azimut.

Separación entre captadores

Una de las principales aplicaciones del cálculo de sombras que proyecta un objeto es la de conocer si una línea de captadores solares hará o no sombra a otra que se encuentre detrás, o dicho de otra forma, calcular la distancia mínima de colocación entre baterías de captadores para evitar que los de delante tapen a los de atrás.

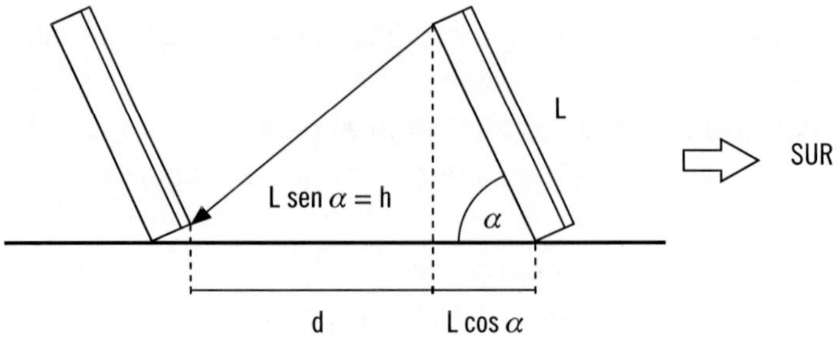

Donde:

L = longitud del captador.

α = ángulo de inclinación del captador.

d_{min} = distancia mínima entre los captadores para evitar sombras.

Tal y como muestra la figura anterior, la distancia mínima entre dos filas de captadores es la suma de dos longitudes: una, que corresponde a la ocupación del primer captador (b) y otra, que corresponde a la sombra que proyecta (a).

La ocupación del primer captador se obtiene por trigonometría, a partir del triángulo que forma el captador con la horizontal y sería:

$$b = L \cos \alpha$$

Para calcular el valor de la sombra se necesita conocer el valor de la altura de la parte posterior del captador solar.

$$c = L \operatorname{sen} \alpha$$

Entonces:

$$a = \frac{C}{fg}$$

Agrupando las dos expresiones anteriores obtenemos:

$$d_{min} = L\cos\alpha + \frac{L\,sen\alpha}{tgp} = L\,(\cos\alpha + \frac{sen\alpha}{tgp})$$

Para hacer una estimación en planta de la superficie necesaria para la ubicación de los captadores, incluyendo a estos y la separación entre ellos, bastará con multiplicar el número de captadores por el valor de (a + b) y por la anchura de cada captador.

Recuerde

Cualquier material refleja, absorbe o transmite siempre la radiación incidente sobre él, el valor de los mismos será en cada caso distinto dependiendo del tipo de material que tengamos.

4. Resumen

Existen diferentes tipos de captadores. Entre ellos está el captador solar plano, el captador sin cubierta, el captador de vacío y los captadores de diseños especiales, como el híbrido o el de acumulador integrado.

Los captadores se pueden conectar entre sí en paralelo, en serie o mediante una conexión mixta serie-paralelo. Todas estas formas de conexión se pueden realizar utilizando racores, manguitos de acoplamiento y tuberías de cobre.

Por otro lado, para lograr el máximo aprovechamiento de un sistema de energía solar térmica, habrá de tenerse en cuenta la presencia de posibles sombras sobre los captadores.

El diagrama de sombras es una representación gráfica del área sombreada por un objeto en el transcurso de las horas centrales del día.

Ejercicios de repaso y autoevaluación

1. ¿Á que nos referimos si hablamos del parámetro β?

a. Emisividad.
b. Transmitancia.
c. Reflectancia.
d. Absortancia.

2. ¿Qué relación verifica una vez más el principio de conservación de la energía?

a. $\mu + \alpha + \partial = 0$
b. $\mu + \alpha + \partial = 1$
c. $\mu + \alpha + \partial = 2$
d. $\mu + \alpha + \partial = 3$

3. Los absorbedores metálicos de hoy en día suelen ser:

a. De acero inoxidable.
b. De aluminio.
c. De chapa galvanizada.
d. De cobre.

4. ¿A qué tipo de captadores corresponde la mayoría de los comercializados hoy en día?

a. Absorbedores de vacío.
b. Absorbedores de tipo serpentín
c. Absorbedores con forma de parrilla de tubos.
d. Ninguna de las respuestas anteriores es correcta.

5. En los absorbedores de tipo serpentín, el fluido circula únicamente por una tubería interna y, por ello, tienen el inconveniente de que así aumentan las pérdidas de equilibrio hidráulico dentro de un mismo captador.

☐ Verdadero
☐ Falso

6. ¿Qué temperaturas puede alcanzar un captador cuando está estancado?

a. Entre 120 y 240º C.
b. Entre 130 y 240º C.
c. Entre 120 y 230º C.
d. Entre 110 y 230º C.

7. Rellene los huecos:

Los captadores de ___________ poseen un conjunto de tubos de vidrio, los cuales poseen un elemento ___________ en su interior. Estos tubos se encuentran herméticamente ___________ y tienen un vacío de aire creado entre la superficie de la cubierta transparente y el ___________.

8. Por regla general, los captadores no dejan de funcionar cuando son parcialmente sombreados hasta en un:

a. 15-30% de su superficie.
b. 15-20% de su superficie.
c. 10-20% de su superficie.
d. 10-30% de su superficie.

Capítulo 4

Montaje de circuitos y componentes hidráulicos de instalaciones térmicas

Contenido

1. Introducción
2. Útiles, herramientas y medios empleados en el montaje
3. Dimensionado de ACS
4. Necesidades caloríficas para calefacción y otros usos
5. Cálculo de tuberías
6. Materiales empleados en tuberías
7. Soldaduras, técnicas y métodos
8. Elementos emisores de calor
9. Sistema de aislamiento térmico
10. Protecciones de captadores, tuberías y accesorios
11. Corrosión e incrustación en tuberías
12. Sistemas de protección superficial internos y externos
13. Resumen

1. Introducción

Dentro del montaje de las instalaciones solares térmicas, un punto de vital importancia es el montaje de sus circuitos y componentes hidráulicos. Para ello, deberemos conocer las herramientas que usaremos para su montaje, los materiales que emplearemos y las características, problemas y soluciones más habituales en estos equipos.

2. Útiles, herramientas y medios empleados en el montaje

2.1. Herramientas y técnicas de utilización

Llave inglesa

La llave inglesa es una herramienta que se usa para aflojar o apretar tuercas y tornillos. La abertura de la llave inglesa es regulable (tiene una cabeza móvil), lo que le permite poder adaptarse a diferentes medidas de tornillos y tuercas. Esta característica es lo que la hace especial y la diferencia de las llaves comunes, que poseen un tamaño fijo.

Hay diferentes formas y modelos de llave inglesa: desde llaves afirmadas mediante cuña y que necesitan un martillo para ajustar la cabeza móvil, hasta las modernas llaves inglesas que se ajustan mediante un sistema de rosca.

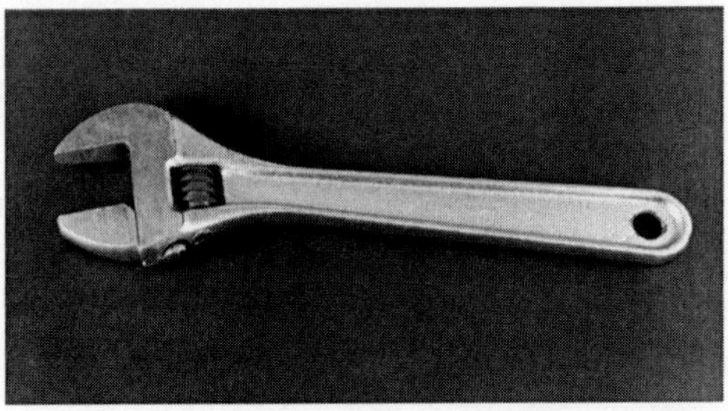

No se conoce muy bien quién fue el inventor de esta herramienta, pero las primeras llaves inglesas fueron creadas por Edwin Beard Budding (1795-1846), quien cambió la cuña por un tornillo o rosca de ajuste. Este acoplamiento del tornillo a la cuña de ajuste también se le suele atribuir a Johan Petter Johansson, de Suecia, un herrero de la ciudad de Enköping, que fue quien patentó el invento de la llave inglesa en 1892.

A la llave inglesa también se la denomina de otras muchas formas, pero la más conocido es llave inglesa. También es llamada llave sueca, o solamente Bahco, nombre de la fábrica de herramientas creada por Johansson, actualmente una de las más importantes de Europa.

Llave fija

La llave fija es una herramienta que se usa para aflojar o apretar tuercas y tornillos. La abertura de la llave fija no es regulable, como en el caso de la llave inglesa.

Taladro

El taladro es la máquina que nos permitirá hacer agujeros debido al movimiento de rotación que adquiere la broca sujeta en su cabezal. Existen muchos tipos de taladros e infinidad de calidades.

Taladrar significa perforar o hacer un agujero (pasante o ciego) en cualquier material. Es un trabajo muy común en cualquier tarea de bricolaje y muy sencillo si se realiza con las herramientas adecuadas. Lo principal es contar con un taladro decente y una broca apropiada al material a taladrar. En algunos casos, será imprescindible la utilización de algún accesorio, como por ejemplo el soporte vertical o los topes de broca. Lo que es importantísimo son las medidas de seguridad.

Algunas normas de seguridad:

- Utilizar equipo de seguridad: gafas de seguridad, caretas, etc.
- No utilizar ropa holgada o muy suelta. Se recomiendan las mangas cortas.
- Utilizar ropa de algodón.
- Utilizar calzado de seguridad.
- Mantener el lugar siempre limpio.
- Es preferible tener el pelo corto. Si es largo, no debe estar suelto sino recogido.
- No vestir joyería, como collares o anillos.
- Siempre se deben conocer los controles y funcionamiento de la máquina. Se debe saber cómo detener su operación.
- Es muy recomendable trabajar en un área bien iluminada que ayude al operador, pero la iluminación no debe ser excesiva para que no cause demasiado resplandor.

Recuerde

Taladrar significa perforar o hacer un agujero (pasante o ciego) en cualquier material.

A continuación, podemos observar distintos tipos de taladros:

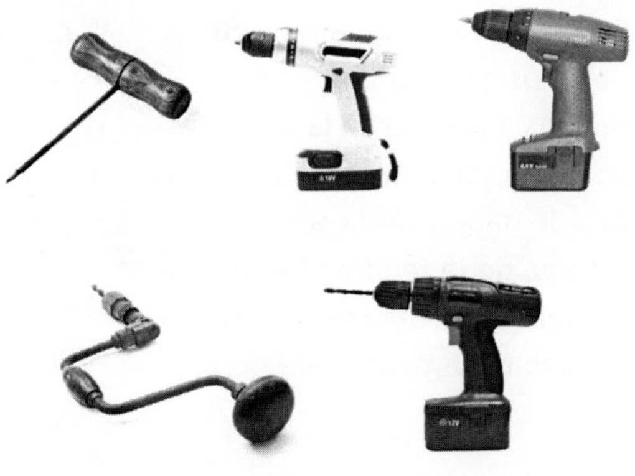

Destornillador

Un destornillador es una herramienta que se utiliza para apretar y aflojar tornillos que requieren poca fuerza de apriete y que generalmente son de diámetro pequeño.

En esta sencilla herramienta podemos distinguir tres piezas diferenciadas, cada una con sus características:

- El mango: se trata de la parte por la que sujetamos la herramienta y sobre la que ejerceremos la fuerza para hacerla funcionar. Puede ser de diferentes materiales, entre los que destaca la madera, las resinas plásticas y el PVC. Lo más importante a tener en cuenta cuando tengamos que elegir es que se acople cómodamente a la mano, que el agarre resulte adecuado, que no resbale y que tenga un material aislante de la corriente eléctrica.
- El cuerpo: también conocido como cuña o vástago, es una barra de metal que varía su grosor y longitud dependiendo del tipo de destornillador.
- La cabeza: quizá la parte más importante, se introduce en el tornillo para hacerlo girar. Los diferentes tipos dependen del tirafondo que se vaya a utilizar, variando el grosor y la longitud del filo, así como su forma.

Tipos y variedades de destornilladores

Existen diferentes modelos, pero los más comunes son los planos y los de estrella o phillips. Podemos encontrarlos también hexagonales o tipo allen, de horquilla o acodados (con el cuerpo formando dos ángulos rectos que facilitan su utilización). Los phillips o estrellados tienen la ventaja de minimizar la posibilidad de que se salga de la ranura al tener forma de cruz, aunque la fuerza que se ejerce para atornillar es menor que con los planos.

Pero no sólo debemos fijarnos en la cabeza del tornillo: el destornillador debe también ajustarse al grosor y a la longitud de la ranura para lograr el máximo ajuste. Uno de lo mayores peligros se produce cuando la cabeza se resbala mientras estamos ejerciendo presión.

Los destornilladores de precisión, muy pequeños (menores de 10 cm. de largo), son utilizados en trabajos de electrónica y de relojería. Pueden tener igualmente punta plana o estrellada.

En el mercado además podemos encontrar kits con cuerpos intercambiables para un solo mango. Los destornilladores eléctricos y los de carraca facilitan mucho la tarea, eliminando casi por completo el esfuerzo que hay que ejercer sobre la herramienta. Estos traen diferentes cabezas, que se acoplan al cuerpo.

Andamios (Medios auxiliar)

Un andamio es una construcción provisional con la que se hacen puentes, pasarelas o plataformas sostenidas por madera o acero (en Asia se emplea bambú). Actualmente se hacen prefabricados y modulares. Se hacen para permitir el acceso de los obreros de la construcción, así como del material, a todos los puntos del edificio que está en construcción o en rehabilitación de fachadas.

Los andamios pueden alcanzar diversas alturas, llegando hasta los treinta metros, e incluso más. Dependiendo de la complejidad suelen tener un plan de montaje.

El más usado es **el andamio independiente**.

Un andamio independiente es una plataforma que descansa sobre tubos horizontales, generalmente llamados travesaños, dispuestos en ángulo de 90° con respecto a la cara del edificio y sujetos en ambos extremos a una hilera de parantes (montantes, pilares), y a tubos horizontales, o largueros, que corren paralelos a la pared del edificio. Aunque los andamios independientes tienen que estar amarrados al edificio o estructura, no se apoyan en él. Los parantes del andamio deben colocarse sobre terreno firme y nivelado y las placas de sus patas deben descansar en tablas de madera. Esto asegura que la carga de cada montante se distribuya en un área lo suficientemente grande como para impedir que se hunda en el suelo y afecte al equilibrio del andamio. No debe usarse nunca material quebradizo o deslizante para el soporte de pilares, como por ejemplo ladrillos o trozos de adoquines.

Los parantes deben ser equidistantes unos de otros, conectados entre sí y reforzados por largueros que se sujetan a la parte interna del parante; para aumentar la resistencia, las juntas de los largueros deben ser alternadas. Los travesaños deben apoyarse en los largueros, en ángulo recto con respecto a los mismos y al edificio o estructura. La distancia horizontal entre travesaños en las plataformas de trabajo dependerá del grosor de las tablas que se utilizan y descansan sobre ellos. Para tablas de 38 mm. de grosor, deberán espaciarse los travesaños de manera que ninguna tabla del andamio se superponga a otra por más de 150 mm. (6 pulgadas) o menos de 50 mm. Los largueros y travesaños no deben sobresalir más de lo necesario del perfil general del andamiaje, para evitar peligros a peatones o vehículos en circulación.

Recuerde

Un andamio es una construcción provisional con la que se hacen puentes, pasarelas o plataformas sostenidas por madera o acero (En Asia se emplea bambú).

La distancia horizontal entre travesaños en las plataformas de trabajo dependerá del grosor de las tablas que se utilizan y descansan sobre ellos.

Las riostras son esenciales para dar rigidez al andamio e impedir desplazamientos laterales. Deben correr diagonalmente de un larguero a otro, o de un parante a otro. Las riostras pueden ser paralelas o subir en zigzag. Si es necesario retirarlas para permitir el pasaje de obreros o material, se debe hacer a un solo nivel, reemplazándolas de inmediato.

Escaleras de mano (Medio auxiliar)

La escalera manual es un aparato portátil que consiste en dos piezas paralelas o ligeramente convergentes, unidas a intervalos por travesaños, y que sirve para subir o bajar una persona de un nivel a otro.

Tipos de escalera

- Escalera simple de un tramo: escalera portátil no auto-soportada y no ajustable en longitud, compuesta de dos largueros.
- Escalera doble de tijera: la unión de las secciones se realiza mediante un dispositivo metálico de articulación que permite su plegado.
- Escalera extensible: es una escalera compuesta de dos simples superpuestas y cuya longitud varía por desplazamientos de un tramo sobre otro. Pueden ser mecánicas (cable) o manuales.
- Escalera transformable: es una extensible de dos o tres tramos (mixta de una doble y extensible).
- Escalera mixta con rótula: la unión de las secciones se realiza mediante un dispositivo metálico de articulación que permite su plegado.

Elección del lugar donde levantar la escalera

- No situar la escalera detrás de una puerta que previamente no se ha cerrado con seguridad, pues podría abrirse accidentalmente.
- Limpiar de objetos las proximidades del punto de apoyo de la escalera.
- No situarla en lugar de paso para evitar todo riesgo de colisión con peatones o vehículos, y en cualquier caso balizarla o situar una persona que avise de la circunstancia.

Recuerde

La escalera manual es un aparato portátil que consiste en dos piezas paralelas o ligeramente convergentes, unidas a intervalos por travesaños, y que sirve para subir o bajar una persona de un nivel a otro.

Levantamiento o abatimiento de una escalera

Por una persona y en caso de escaleras ligeras de un sólo plano:

- Situar la escalera sobre el suelo de forma que los pies se apoyen sobre un obstáculo suficientemente resistente para que no se deslice.
- Elevar la extremidad opuesta de la escalera.
- Avanzar lentamente sobre este extremo pasando de escalón en escalón hasta que esté en posición vertical.
- Inclinar la cabeza de la escalera hacia el punto de apoyo.

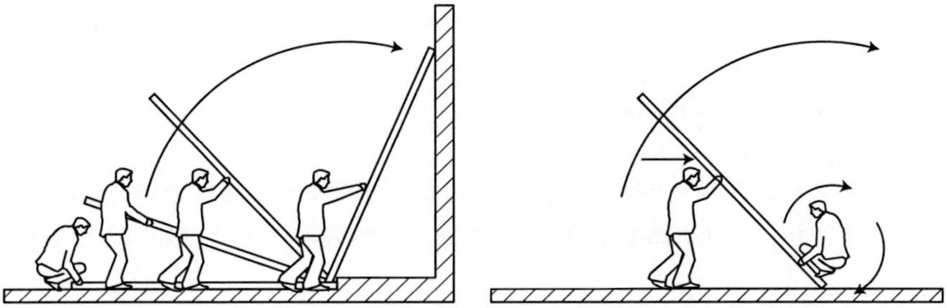

Por dos personas (Peso superior a 25 Kg. o en condiciones adversas):

- Una persona se sitúa agachada sobre el primer escalón en la parte inferior y con las manos sobre el tercer escalón.
- La segunda persona actúa como en el caso precedente.
- Para el abatimiento, las operaciones son inversas y siempre por dos personas.

Situación del pie de la escalera

Las superficies deben ser planas, horizontales, resistentes y no deslizantes. La ausencia de cualquiera de estas condiciones puede provocar graves accidentes.

No se debe situar una escalera sobre elementos inestables o móviles (cajas, bidones, planchas, etc.).

Como medida excepcional se podrá equilibrar una escalera sobre un suelo desnivelado a base de prolongaciones sólidas con collar de fijación.

Inclinación de la escalera

La inclinación de la escalera deber ser tal que la distancia del pie a la vertical pasando por el vértice esté comprendida entre el cuarto y el tercio de su longitud, correspondiendo una inclinación comprendida entre 75,5° y 70,5°.

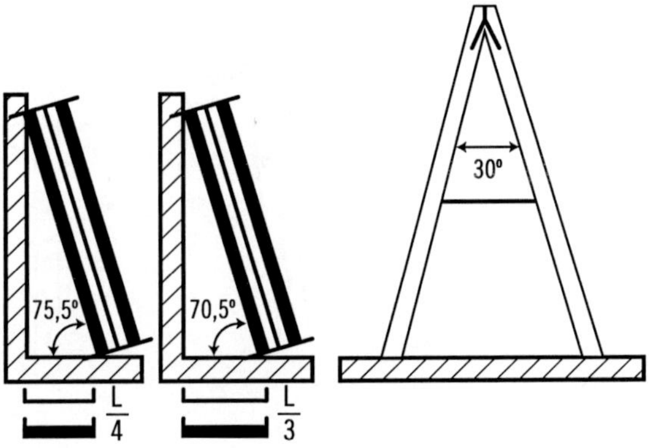

El ángulo de abertura de una escalera de tijera debe ser de 30° como máximo, con la cuerda que une los dos planos extendida o el limitador de abertura bloqueado.

Estabilización de la escalera. Sistemas de sujeción y apoyo

Para dar a la escalera la estabilidad necesaria, se emplean dispositivos que, adaptados a los largueros, proporcionan en condiciones normales, una resistencia suficiente frente al deslizamiento y el vuelco.

Pueden ser fijos, solidarios o independientes adaptados a la escalera.

Se emplean para este objetivo diversos sistemas en función de las características del suelo y/o de la operación realizada:

Fricción o zapatas

Se basan en un fuerte incremento del coeficiente de rozamiento entre las superficies de contacto en los puntos de apoyo de la escalera. Existen diversos, según el tipo de suelo:

- Suelos de cemento: zapatas antiderrapantes de caucho o neopreno (ranuradas o estriadas).
- Suelos secos: Zapatas abrasivas.

Hinca

Se basan en la penetración del sistema de sujeción y apoyo sobre las superficies de apoyo.

- Suelos helados: zapata en forma de sierra.
- Suelos de madera: puntas de hierro.

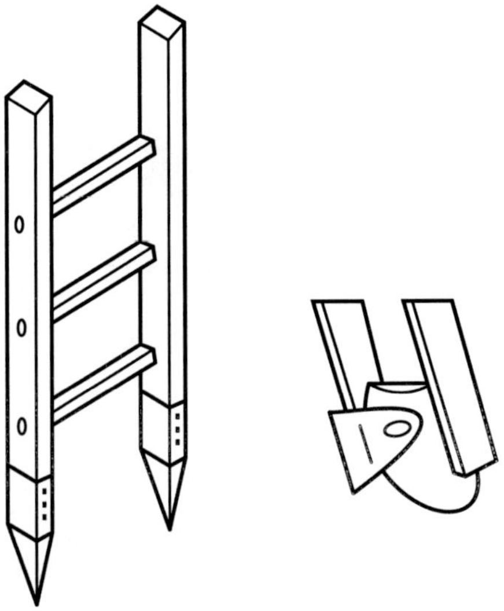

Recuerde

El ángulo de abertura de una escalera de tijera debe ser de 30º como máximo, con la cuerda que une los dos planos extendida o el limitador de abertura bloqueado.

Ganchos

Son aquellos que se basan en el establecimiento de enlaces rígidos, conseguidos por medios mecánicos que dotan a la escalera de una cierta inmovilidad relativa a los puntos de apoyo (ganchos, abrazadera, etc.).

Arnés, cable y anclaje de seguridad (Elementos para la protección individual)

Estos elementos no evitan la caída pero evitan los daños que se puedan producir en las caídas.

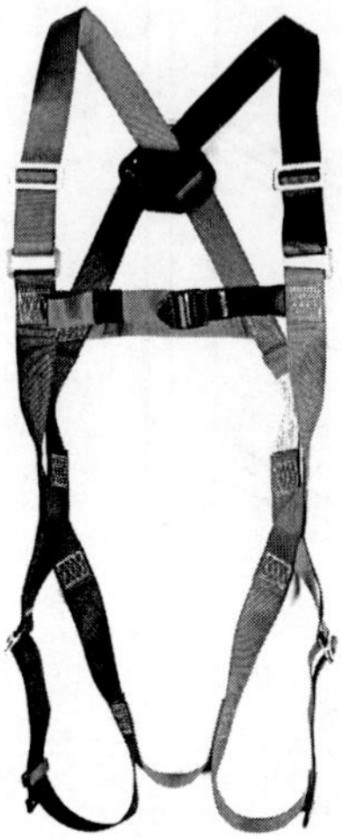

Soplete

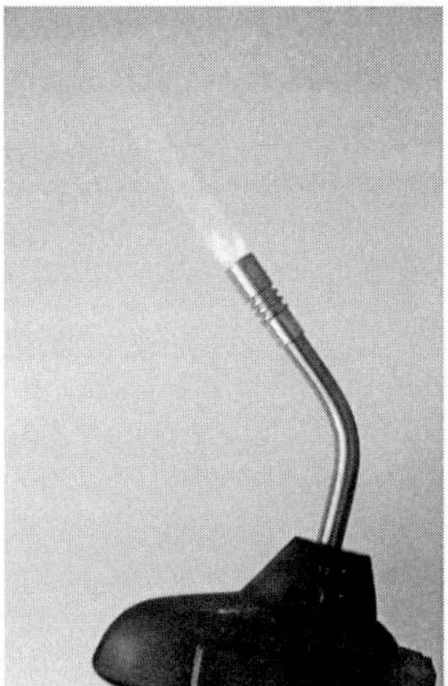

Cabe destacar que el soplete puede ser alimentado de tres formas: con gas, butano o propano. En caso de que haya presencia de óxido, es bueno tener a la mano productos abrasivos y también aglutinante, es decir, el material para la soldadura y el fundente, una sustancia que se esparce sobre la superficie para permitir el mejor agarre de la soldadura. Siempre hay que tener presente la temperatura que alcanza la tubería en la que se trabaje. Casi siempre es muy elevada, por lo que se pide la utilización de guantes. Los tubos ajustados deben quedar bien embutidos, para que no se rompa la soldadura. Hay también 2 tipos de soldaduras, las cuales son:

- En la **soldadura blanda** se utiliza una aleación de estaño y plomo como aglutinante entre los tubos a soldar.

- La **soldadura fuerte** utiliza como aglutinante el cobre o la plata. Se emplea para canalizaciones complejas de calefacción y tuberías de gas.

Curvadores

Son unos aparatos que permiten curvar tubos mediante muelles. Existen distintas herramientas para curvar los tubos. A continuación, describiremos algunas:

Curvatubos múltiple

Es una herramienta que se usa para curvar tuberías de pequeño diámetro, pudiendo curvar hasta 180° de tubos de cobre recocido, latón y acero dulce. Incorpora escala de curvas claras. Posición inicial del mango, 90°. Posee mangos de aluminio indeformables.

Normalmente lleva indicado el diámetro de las tuberías para las que se utiliza, expresadas en mm. o en pulgadas, según proceda.

Se coloca un tramo recto de tubería en la curvadora y, con ayuda de la herramienta y la palanca que proporciona, se realiza la curva.

Se utiliza normalmente en trabajos de refrigeración.

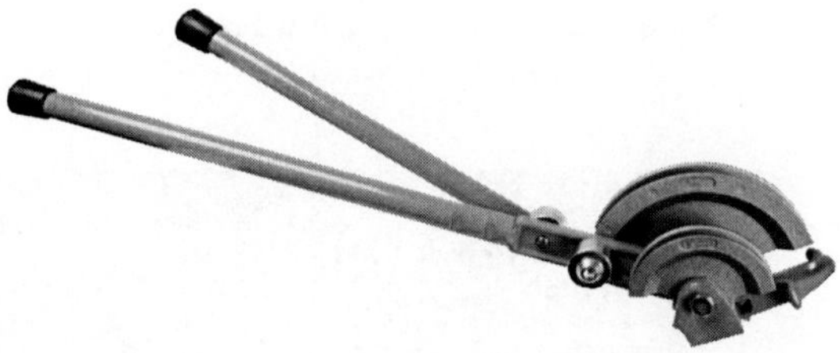

Tenazas curvatubos

Herramienta para curvar hasta 180° tubos de cobre recocido, aluminio, latón y acero dulce. Están fabricadas para un solo diámetro y va indicado en la herramienta. La capacidad está entre 6 y 18 mm Ø. La abrazadera para tubos proporciona un agarre antideslizante.

Conformadora de salvatubos

Es una variante de las curvadoras, que realiza una figura especial. Se utiliza normalmente cuando existe un cruce de tuberías o cualquier otro obstáculo.

Para cambiar de diámetro de tubo se deben cambiar las hormas de doblado.

Curvadora manual 90°

Herramienta para el curvado a mano hasta 90° de tubo de cobre recocido, cobre revestido, aluminio, acero dulce y acero inoxidable de pared fina.

Recuerde

Los curvadores son unos aparatos que permiten curvar tubos mediante muelles.

Requiere cambiar las hormas para operar con diferentes diámetros.

Curvatubos de cobre rígido

El cobre rígido tiene mayor dureza que el recocido. Para realizar la curva se necesita una herramienta capaz de realizar un esfuerzo mayor. Para curvarlo se necesitan herramientas más consistentes y de mayor brazo de palanca.

Esta herramienta es capaz de realizar curvas en frío de hasta 180° para tubos de cobre recocido, rígido y revestido, acero dulce, aluminio, latón, acero inoxidable y tubos multicapa. Las mordazas son de aluminio forjado.

Los diámetros que se trabajan con este sistema suelen oscilar entre 8 - 28 mm. Ø.

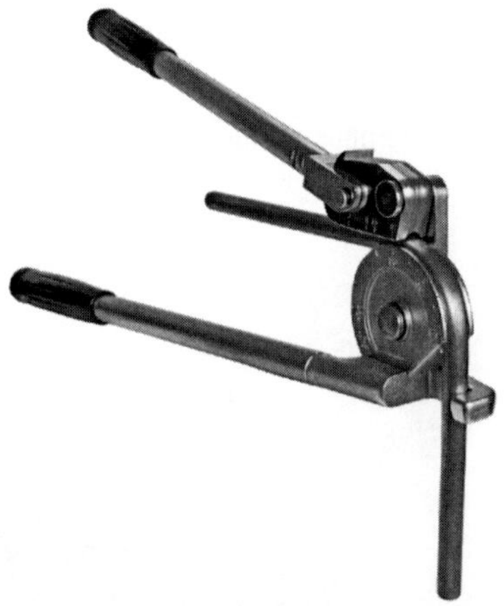

Curvadoras eléctricas y neumáticas portátiles

Cuando se quiere dar comodidad al operario, se quiere aumentar la producción de curvas o cuando la fuerza que hay que realizar es tal que no resulta práctico o posible realizarla a mano, se utilizan las curvadoras accionadas por motores eléctricos o accionamientos neumáticos.

Dependiendo del diámetro del tubo, del tipo de material o del espesor de la pared, tendremos que usar máquinas de mayor o menor potencia. En general, diremos que la fuerza necesaria aumentará al aumentar el diámetro, el espesor de la pared del tubo, la dureza del material y el tratamiento térmico de templado del mismo.

Las curvadoras necesitan de unos patines que sean ajustables para poder asegurar la calidad de sus curvas.

Las hay con cuerpo de aluminio para bajar el peso y posibilitar el transporte y el trabajo a pie de obra, y de mayor envergadura para utilizar sobre un banco de trabajo.

Recuerde

Las curvadoras necesitan de unos patines que sean ajustables para poder asegurar la calidad de sus curvas.

Cortatubos

Los cortatubos permiten una ejecución más rápida del corte del mismo. Para cortar las tuberías de la instalación hidráulica, se debe realizar con un cortador de cobre. Esta herramienta no es cara y está diseñada específicamente para cortar tubos de cobre (también sirve para cortar tubos de PVC).

Tiene la ventaja de que puede cortar tubos que ya están instalados, especialmente en esquinas difíciles, sin alterar el resto del sistema.

También tiene incorporado un triángulo de metal que se usa para limpiar la rebaba que queda en el interior de la cañería después de que se corta.

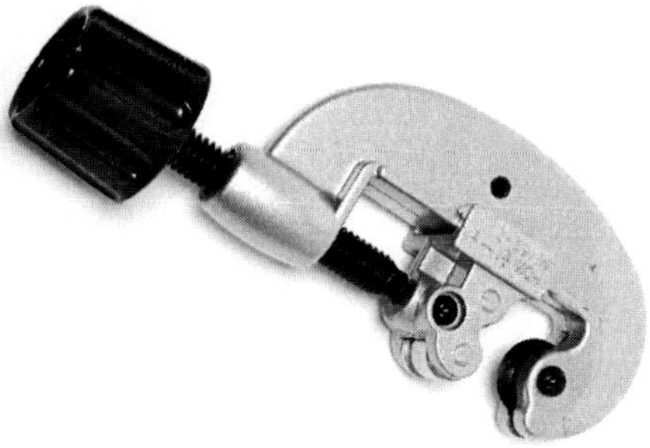

Si no se tiene cortador de tubos, se usará una sierra y una caja de ingletes.

Siempre se debe cortar la tubería perfectamente recta, para asegurar que calce bien.

Papel de lija

Permite eliminar las rebabas que puedan quedar en un tubo.

Aglutinante

En la soldadura se utiliza una aleación de estaño y plata como aglutinante entre los tubos a soldar. Generalmente, éste es el tipo empleado para unir tuberías de agua a presión, tuberías de calefacción, gas.

Guantes (Equipo de protección individual)

La temperatura que alcanza la tubería cuando se le aplica el soplete es muy elevada, por lo que se debe utilizar guantes especiales aislantes de calor para manipular los tubos.

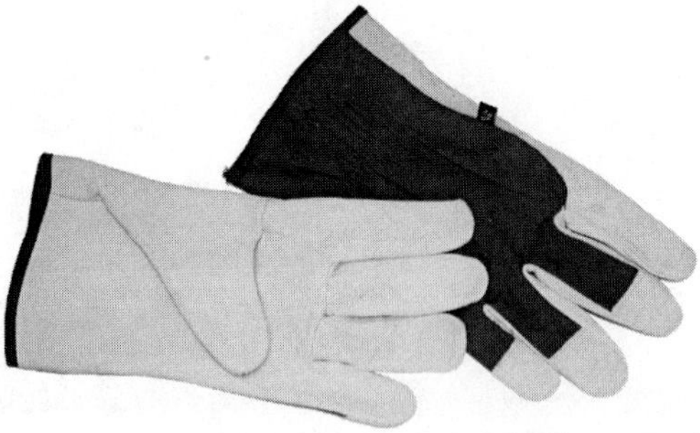

3. Dimensionado de ACS

Para definir una instalación de ACS, una vez elegido el sistema de producción y diseñado su trazado, habrá que calcular:

- El equipo de producción de ACS, que incluye el productor de calor y el acumulador en su caso.
- La red de distribución de ACS, que incluye en su caso la red de retorno.

3.1. Necesidades, cálculo

Para estructurar la explicación del cálculo vamos a abordar en primer lugar el dato de partida fundamental, que es la cuantificación de la demanda de ACS. Posteriormente explicaremos el cálculo de los equipos de producción, viendo primero el caso de las instalaciones individuales, menos complejas que las que pasaremos a ver a continuación, las instalaciones centralizadas. El cálculo de la red de distribución se dejará para el final.

De manera general, el cálculo de una instalación de ACS consiste en el dimensionado de los distintos elementos del equipo de producción y de la posterior red de distribución, incluyendo la red de retorno si procede.

Tanto en el caso de producción instantánea como en el de acumulación la determinación de los caudales máximos como de la reserva de ACS son función del grado de confort que se quiera conseguir, que será inversamente proporcional al coste inicial y de uso de la instalación. El razonable equilibrio entre esos dos factores determinará la elección de los valores de cálculo de la instalación.

El sistema para determinar el caudal de una instalación de agua caliente es el mismo que en AF, con dos particularidades:

- Los caudales instalados de ACS son sensiblemente inferiores a los de AF.
- En aquellos sistemas que incorporen la red de retorno habrá que mayorar el caudal de cálculo un 10%, en previsión del caudal retorno.

Para determinar el caudal de cálculo de un determinado tramo de la instalación de ACS se sumarán en primer lugar los caudales instalados de los distintos aparatos a los que dé servicio ese tramo de la instalación ($Q_i = \Sigma q_i$). Posteriormente, se aplicará un coeficiente de simultaneidad en función del nº de aparatos (α), que, multiplicado por el Q_i, nos determinará el caudal de cálculo ($Q_c = \alpha Q_i$). Por último, mayoraremos en un 10% ese Q_c, si pudiera en previsión del caudal de retorno, para obtener el caudal de cálculo definitivo ($Q_{c*} = 1{,}1\ Q_c$). Este caudal de cálculo es en definitiva el caudal instantáneo que el equipo debe producir para dar respuesta a la demanda de ACS.

El concepto de la previsión de acumulación es completamente distinto a la de caudal instantáneo, pues se refiere al consumo probable que habrá que acumular en un periodo de tiempo determinado, que normalmente se expresa en una fracción de día. También es importante el uso al que se destina el edificio, conocer el número de personas que harán uso de la instalación, y de qué forma harán uso de ella, si será de forma dispersa o coincidente en el tiempo, o si el uso estará más o menos reglamentado.

Para las instalaciones individuales será preciso que determinemos el número de personas que harán uso de ella, el número de locales húmedos (cuartos de baño, cocina, etc.) a los que queremos que se de servicio simultáneamente, el número de duchas que se estiman coincidirán en un corto periodo de tiempo, etc. Todos estos factores, así como el grado de confort en relación al costo inicial y de uso de la instalación, nos determinará el equipo a elegir, ya sea de producción instantánea o de acumulación, sin olvidar las mixtas, que aportan un gran confort.

En instalaciones con calentador-acumulador eléctrico (termo eléctrico), para determinar el volumen de ACS a acumular, emplearemos la siguiente tabla que recoge los consumos máximos en un solo uso de ACS a 40º por aparato y uso:

Lavabo	10 litros	Ducha privada	50 litros	Fregadero privado, por persona	10 litros
Bañera privada	150 litros	Ducha pública	100 litros	Fregadero restaurante, por persona	10 litros
Bañera pública	200 litros	Bidé	10 litros	Lavadero, por colada y persona	10 litros
Polibán	70 litros				

Recuerde

El cálculo de una instalación de ACS consiste en el dimensionado de los distintos elementos del equipo de producción y de la posterior red de distribución, incluyendo la red de retorno si procede.

A título orientativo, aunque los valores puedan ser puestos en crisis en función de la relación confort/gasto exigido por el cliente-usuario o proyectista, la elección del volumen del acumulador para usos domésticos individuales podemos resumirla de la siguiente forma:

- Acumulador de 50 litros .... Uso de cocina exclusivamente.
- Acumulador de 75 litros .... Uso de un cuarto de baño sin bañera.
- Acumulador de 100 litros .... Uso de un cuarto de baño con bañera.
- Acumulador de 150 litros .... Uso de cocina más dos baños.
- Acumulador de 200 litros .... Uso de programa completo en una vivienda grande.

La potencia eléctrica de los aparatos y el tiempo de preparación vendrán determinados por cada fabricante en función del volumen del acumulador, siendo datos también importantes a suministrar para la elección del modelo de aparato.

Para el caso de instalaciones con producción instantánea, es el caudal instantáneo máximo que permita la potencia calorífica del aparato el que nos determina su elección. Para ello, habremos cuantificado objetivamente los caudales instalados y, posteriormente, en función del grado de confort que queramos conseguir, aplicaremos una determinada simultaneidad que determinará el caudal de cálculo o instalado exigido.

Los aparatos vienen definidos por una potencia útil característica (Kcal/h ó Kw) en función de la cual son capaces de aplicar un salto térmico (Cº) determinado, a un caudal determinado (l/s, l/min ó l/), siendo estas magnitudes inversamente proporcionales. En función de nuestro caudal de cálculo, elegiremos un aparato de una potencia calorífica característica que nos proporcione instantáneamente el caudal de ACS necesitado a una temperatura determinada.

A modo de referencia, pudiéndose de nuevo poner en crisis en función de la relación confort/gasto exigido por el cliente o proyectista, mostramos ahora una serie de potencias caloríficas características que nos proporcionan, para un salto térmico de 25º C, los siguientes caudales instantáneos:

- Calentador de 125 Kcal/min.........5 l/min (0,083 l/s).......Da servicio a un solo grifo (cocina).
- Calentador de 250 Kcal/min.........10 l/min (0,166 l/s).......Da servicio a un baño y a una cocina.
- Calentador de 375 Kcal/min.........13 l/min (0,216 l/s).......Da servicio a dos baños simultáneamente.
- Calentador de 400 Kcal/min.........16 l/min (0,266 l/s).......Da servicio a varios baños simultáneamente.

Distinguiremos aquí entre los dos sistemas alternativamente opuestos de producción de ACS, los equipos de producción instantánea y los equipos de producción por acumulación. Los sistemas mixtos, en cuanto que comporten las características de los ya explicados, no se considerarán específicamente a la hora del cálculo.

Recuerde

La potencia eléctrica de los aparatos y el tiempo de preparación vendrán determinados por cada fabricante en función del volumen del acumulador.

A continuación, vamos a calcular el volumen del acumulador. Tomaremos lo explicado en el punto referente al cálculo de la demanda de ACS, donde el volumen de la reserva de ACS a acumular se expresa de la siguiente forma:

$$V_{acum} \cdot = \text{Dot. x N° perso x } F_{uso}$$

Donde :

V_{acum}: Volumen de ACS a acumular en litros (l).

Dot: Dotación estimada en litros de ACS por persona y día en función del uso del edificio (l/pd).

F_{uso}: Factor expresado en fracción de día que recoge el régimen de uso de la instalación (d).

La potencia de la caldera es fundamentalmente directamente proporcional al volumen del acumulador y al salto térmico que haya que aplicarse, esto es, la diferencia de temperatura entre el agua de la red de AF y la de acumulación del ACS. Sin embargo, es inversamente proporcional al tiempo de preparación que dispongamos para aplicar este salto térmico y al rendimiento de la caldera.

$$Pcal = \frac{Vacum \cdot \Delta T^{a}}{tp \cdot \rho}$$

Analíticamente:

Donde:

Pcal: Potencia de la caldera en Kcal/h. (1Kcal / h = 1,16w).
Vacum: Volumen de ACS a acumular en litros (l).

ΔT^a: Incremento de temperatura a aplicar en ºC, es decir, la diferencia entre la temperatura de acumulación del ACS y la temperatura a la que llega en agua fría. La T^a de acumulación se fija en 60º C, y la del AF es variable según las condiciones, pero suele ser de unos 10º C, con lo que $\Delta T^o > 50^o$ C.

Tp: Tiempo mínimo en horas (h) que estimemos necesario para la preparación del agua caliente. Tomamos tp = 3h, aunque podría variar en función de las condiciones de uso de la instalación.

ρ: Coeficiente que expresa el rendimiento de la caldera.

En los sistemas mixtos será necesario, por parte del proyectista, evaluando las necesidades concretas del usuario, realizar un razonable equilibrio entre los caudales instantáneos y a acumular de modo que el sistema proyectado refleje una adecuada relación entre el grado que debe proporcionar la instalación y el costo, tanto inicial como de mantenimiento, que la instalación vaya a precisar.

Aplicación práctica

Tenemos una caldera con una potencia de 500 Kcal / h. El volumen que va a acumular en litros es 1000 l, y la variación de la temperatura es de unos 50º C, en un tiempo de 3 h. ¿Cuál será el coeficiente que expresa el rendimiento de la caldera?

SOLUCIÓN

Aplicando la ecuación:

$$Pcal = \frac{Vacum \cdot \Delta T^a}{tp \cdot \rho}$$

Despejamos ρ = (Pcal • Tp)/ (Vacum • ΔTa)
ρ = (500 Kcal/h • 3 h) / (1000 l • 50º C) = 0.03 Kcal / l ºC.

4. Necesidades caloríficas para calefacción y otros usos

Generalmente, y dependiendo de la zona donde se esté situado, la temporada de calefacción corresponde a 5 meses (en algunas zonas más, en otras menos), comprendidos entre noviembre y marzo, ambos inclusive.

Para calcular el consumo previsible de calefacción en un edificio necesitamos saber el producto de la superficie (expuesta al exterior) por las pérdidas de calor. Este producto es de fácil obtención en edificios ya construidos, en los que llevaba tiempo funcionando la calefacción.

Las instalaciones de calefacción presentan el problema de que sólo se utilizan durante unos meses al año, por lo que el cálculo de las mismas es más corto, ya que no se consideran aquellos meses en que no se precisa calefacción.

El cálculo de una instalación de calefacción consta de tres partes bien diferenciadas:

- Estimación del consumo de calefacción.
- Obtención del parámetro F para diversas superficies.
- Determinación de la superficie óptima en función de criterios económicos.

La primera parte (estimación del consumo de calefacción) es independiente de si la instalación de calefacción será solar o no, y del sistema de calefacción empleado.

La segunda parte (obtención del parámetro F para diversas superficies) dependerá de si los paneles solares son de aire o de líquido, pero no del sistema de calefacción elegido.

La tercera parte (determinación de la superficie óptima) está en función del sistema de calefacción elegido, pues sus costes pueden tener diversos valores (si bien las diferencias entre los sistemas de calefacción no son excesivas).

Para realizar el estudio de calefacción de un edificio, es necesario estudiar una serie de conceptos.

4.1. Condiciones ambientales de habitabilidad

La sensación de bienestar es algo sumamente subjetivo que varía de un individuo a otro, debido a múltiples causas, tales como la actividad que se realiza, la que se había realizado inmediatamente antes, la temperatura a la que se había estado expuesto con anterioridad, el hecho de estar en plena digestión, etc.

A pesar de todas estas variaciones, generalmente para un edificio existe una estrecha gama de temperaturas en las cuales la inmensa mayoría de individuos tienen sensación de bienestar.

Las temperaturas interiores de los edificios dependen de un modo muy directo de la actividad que en ellos se realice. Así, no es lo mismo una sala de un hospital, con los pacientes en camas donde no se realizan ejercicios físicos, que un taller en el que se desempeña un trabajo que requiera importantes esfuerzos físicos de forma continuada.

Las personas perdemos calor a través de nuestra piel, pero también en forma de vapor de agua, por medio del sudor y de la respiración. Ello hace que, además de la temperatura ambiente, sea importante el grado de humedad relativa. Con la misma temperatura suele tenerse una mayor sensación de calor si la humedad es elevada. Esto se debe a que el agua que transpiramos a través de la piel no puede evaporarse fácilmente de ella (a igualdad de temperatura, la velocidad de evaporación de agua es inversamente proporcional a la humedad relativa, hasta el extremo que en condiciones del 100% de humedad relativa no existe evaporación). Como se sabe, el agua al evaporarse absorbe una cantidad importante de calor. Un Kg. de agua al evaporarse absorbe 2,67 MJ.

Otro factor, aparte de los ya mencionados de temperatura y humedad, es la velocidad del aire. Generalmente, en el interior de los edificios esta velocidad del aire es casi nula y tan sólo es apreciable en las proximidades de ventanas abiertas, pasillos o conductos de distribución de aire caliente o acondicionado. Una cierta velocidad del aire favorece la evaporación del agua de la piel y la convección de calor, por lo que da una sensación de menor temperatura.

Recuerde

Las temperaturas interiores de los edificios dependen de un modo muy directo de la actividad que en ellos se realice.

Para el caso de edificios destinados a viviendas, oficinas, etc. y en general, a actividades que no requieran un especial esfuerzo físico, las condiciones óptimas son de alrededor de unos 20° C y un 60% de humedad relativa.

Las condiciones de humedad suelen ser difíciles de controlar, pero suelen oscilar entre el 50 y el 70% en el interior de edificios, dependiendo de la región donde se esté. Además, el yeso del enlucido, cortinas, alfombras, muebles, etc. absorben y ceden humedad según ésta sea alta o baja, con lo que las oscilaciones de humedad en el interior de un edificio son pequeñas.

El factor más importante que afecta al grado de bienestar de un edificio es la temperatura ambiente interior. La inercia térmica del edificio hace que la oscilación de temperaturas dentro del mismo sea pequeña. Esto hace que la temperatura ambiente media diaria en un edificio no habitado se aproxime a la temperatura media mensual de la zona donde está situado.

Dado que las pérdidas de calor de un edificio dependen fundamentalmente de la diferencia de temperatura entre el interior y el exterior, se comprende que cualquier estudio de calefacción debe incluir como dato fundamental la temperatura media mensual. Esta temperatura se puede dar directamente o bien en forma de los llamados grados día.

Los grados día es la diferencia entre 15° C y la temperatura media del día (la temperatura media del día, en general, se tomará igual a la temperatura media mensual). Si la diferencia entre 15° C y la temperatura media mensual del mes considerado es menor que cero (la temperatura media mensual es mayor de 15° C), el número de grados día se toma como cero.

Así, por ejemplo, si la temperatura media mensual en un determinado lugar y para un mes concreto es de 10,5° C, el número de grados día es de: 15-10,5° C = 4,5° C. Por el contrario, si en otro mes la temperatura media mensual es de 17,5° C, el número de grados día es 0, puesto que la diferencia entre 15 y 17,5° C es negativa.

Cabe preguntarse la razón por la que se ha elegido 15° C y no 20° C como base de la definición de los grados día. Ya dijimos que las pérdidas de calor de un edificio dependen de la diferencia de temperaturas entre el interior y el exterior. De acuerdo con esta definición, parecería más lógico definir los grados día como la diferencia entre 20° C (o la temperatura interior que hayamos elegido) y la temperatura media mensual.

Esto no es así por la sencilla razón de que en el interior del edificio existen otras fuentes de calor, que son por sí mismas suficientes para elevar la temperatura unos 5° C. Tales fuentes están constituidas por las propias personas (que para actividades normales que no requieren esfuerzos físicos, generan una potencia de 150 W) las luminarias, los fuegos de la cocina, el calor que se desprende de los propios electrodomésticos, etc.

Además de esto, la presencia de ventanas y la costumbre de tener abiertas las persianas de día (en invierno) y cerradas durante la noche, hace que el interior del edificio reciba una aportación extra de energía que queda atrapada en su interior y que hace que aun sin ningún sistema de calefacción, la temperatura del interior del edificio sea algunos grados más alta que la temperatura media mensual. Esta es la razón por la cual, para el cálculo de los grados día, se toma la temperatura de 15° C.

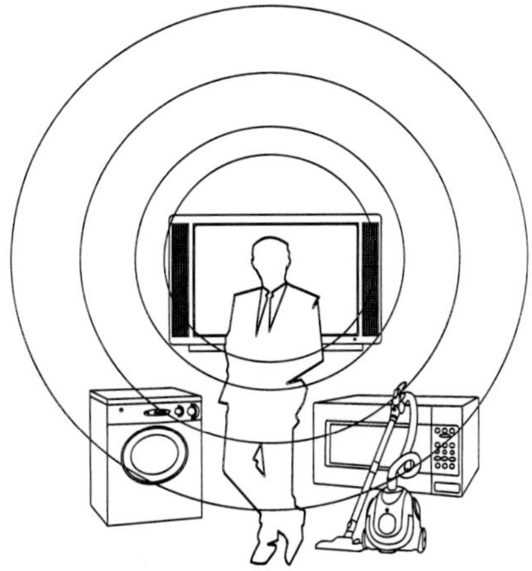

Para determinar el consumo de calefacción de un edificio, en base a los grados día, basta multiplicar el número de grados día por el producto de la superficie exterior y el coeficiente de pérdidas de calor.

Recuerde

Los grados día es la diferencia entre 15° C y la temperatura media del día (la temperatura media del día, en general, se tomará igual a la temperatura media mensual).

La determinación de este producto de la superficie exterior del edificio por el coeficiente de pérdidas de calor es compleja, puesto que el edificio se compone de varias partes de las que, si bien su superficie puede conocerse con precisión, no sucede así con las pérdidas de calor de cada una de ellas.

Sucederá, pues, que las pérdidas de calor serán notablemente diferentes en las fachadas, las ventanas, el techo o el suelo.

En general, el consumo de energía para calefacción será de:

$$L = US \times GD$$

Donde:

L = Consumo de energía.
U = Coeficiente de pérdidas de calor.
S = Superficie.
GD = Número de grados día.

En esta fórmula, según que el coeficiente de pérdidas de calor U esté referido a un día o a un mes, obtendremos el valor de la energía necesaria para calefacción referida a un día o a un mes.

Hemos dicho que el coeficiente de pérdidas de calor U es de compleja obtención. Si el edificio no es nuevo y se ha usado calefacción en él, entonces el producto de US puede determinarse fácilmente como:

$$US = N \times PC \times \mu / GD$$

Donde:

N = Unidades de combustible (Kg, l, m^3, Kw/h).
PC= Poder calorífico J/Kg.
μ= Rendimiento del calefactor.

El rendimiento del calefactor puede oscilar entre 0.5 y 0.6 para sistemas de combustible (gas, gasóleo, etc.). Este valor es el del rendimiento global del sistema. La caldera o calentador, aisladamente, tiene un rendimiento algo más elevado. Para el caso de calefacción eléctrica, el rendimiento es de 1.

Aplicación práctica

En una vivienda en Barcelona se han gastado durante el mes de enero 100 m^3 de gas natural en el sistema de calefacción, que tiene un rendimiento global del 60%. La temperatura media mensual en Barcelona durante el mes de enero es de 9.4º C. Hallar el producto del coeficiente de pérdidas de calor por la superficie durante un mes. El poder calorífico del gas natural es de 41 MJ/m^3.

SOLUCIÓN

$$Pcal = \frac{100\ m^3/mes \times 41\ MJ/m^3 \times 0{,}6}{(15 - 9{,}4)\ ^{\circ}C} = 439{,}3\ \frac{MJ}{mes\ ^{\circ}C}$$

Obsérvese que el coeficiente US es propio de este edificio en las condiciones en que está, que tanto puede ser una casa aislada con las cuatro fachadas y el techo expuestas a la intemperie, como integrada en un bloque de pisos, donde sólo presente una fachada al exterior. Naturalmente, de dos edificios de las mismas características, uno aislado de otras edificaciones y otro integrado en un bloque de viviendas, el primero tendrá un producto US mayor.

4.2. Coeficientes K

Cuando el edificio es nuevo, o bien cuando en uno ya construido ha de instalarse un sistema de calefacción, el coeficiente de pérdidas de calor U es desconocido, por lo que se precisa determinarlo, aunque sea de forma aproximada, con el fin de establecer las necesidades de calefacción del mismo.

Ahora bien, las pérdidas de calor que sufre un edificio son complejas, ya que pierde calor por conducción a través del suelo y cimientos, y por conducción y convección a través de las paredes y cubierta. Las pérdidas por radiación son pequeñas, debido a que los edificios no se calientan excesivamente.

Pensemos en las pérdidas de calor a través de una pared sencilla (sin cámara de aire). Hay tres materiales distintos de dentro a fuera: yeso, ladrillo y cemento (revocado exterior) de distintos coeficientes de transmisión de calor por conducción. Además, las pérdidas de calor dependerán de la convección, que se verá afectada por la presencia de vientos, rugosidad, etc. El cálculo del coeficiente de pérdida de calor resulta, por lo tanto, muy complejo.

Se llama coeficiente de pérdidas de calor, K, a la cantidad de calor que transmite la unidad de superficie (1 m^2) de un material de construcción en la unidad de tiempo. Este coeficiente de transmisión de calor tiene en cuenta todas las pérdidas de calor por conducción, convección y radiación.

Los coeficientes K se encuentran tabulados por los materiales de construcción más usuales o combinaciones de estos, tales como paredes de ladrillo de diversos espesores, con o sin cámara de aire, cristales, tejados, suelo, etc. Para el caso de que no exista el tipo de pared concreto, el coeficiente K puede obtenerse como el inverso de la suma de inversos de los distintos coeficientes K de las capas que lo componen.

De hecho, los coeficientes K para el caso de conducción de calor son iguales al coeficiente de conductividad térmica del material dividido por el espesor.

Mediante este coeficiente K, que nos indica el coeficiente de pérdidas para cualquier superficie usual de construcción, el efecto que tienen las ventanas y el efecto de las infiltraciones de aire, podremos estimar el posible consumo de calefacción para un edificio.

Recuerde

Se llama coeficiente de pérdidas de calor, K, a la cantidad de calor que transmite la unidad de superficie (1 m^2) de un material de construcción en la unidad de tiempo. Este coeficiente de transmisión de calor tiene en cuenta todas las pérdidas de calor por conducción, convección y radiación.

5. Cálculo de tuberías

5.1. Cálculo de pérdidas de carga en los circuitos

Dimensionado

El dimensionado de las tuberías del circuito primario se realiza igual que para cualquier circuito hidráulico, según las leyes de la dinámica de fluidos en los tubos de sección constante.

En cuanto al diseño de los tramos, hay que considerar que, con objeto de evitar pérdidas térmicas, la longitud de las tuberías del sistema debe ser tan corta como sea posible y evitar al máximo los codos y pérdidas de carga en general. Los tramos horizontales tendrán siempre una pendiente mínima del 1% en el sentido de la circulación.

Las tres variables del cálculo de una tubería son el caudal en el tramo, la pérdida de carga por rozamiento y la altura piezométrica o presión en el conducto. En los circuitos de las instalaciones de energía solar térmica, la altura piezométrica se considera a priori igual a 0, debiendo la bomba de circulación proporcionar la necesaria para el movimiento del líquido.

La ecuación de continuidad establece la relación entre el caudal Q, la velocidad v y la sección S, en la tubería de sección constante:

$$Q = v \times S = v \cdot (\pi \cdot D^2/4)$$

Donde:

Q = caudal, en m^3/s.
V = velocidad, en m/s.
S = sección interior de la tubería, en m^2.
D = diámetro interior de la tubería, en m.

Utilizando unidades más habituales, teniendo en cuenta que 1 litro/h = 278 · $10^{-7} m^3/s$, y simplificando la fórmula, se puede obtener, despejando la velocidad, la expresión siguiente:

$$v = 0{,}354 \times (Q/D^2)$$

Donde:

V = velocidad, en m/s.
Q = caudal, en l/h.
D = diámetro interior de la tubería, en mm.

Partiendo de un caudal dado, la elección de una velocidad idónea es un factor que se debe ponderar cuidadosamente tanto por cuestiones acústicas, ya que por encima de 1,5 m/s resulta muy ruidosa, como por el depósito de material disuelto, ya que por debajo de 0,5 m/s se producen incrustaciones. Como la Sección HE4 no contiene indicación alguna al respecto, se puede recomendar:

- En desviaciones interiores, no superar 1m/s.
- En acometidas y distribuidores, puede llegar a 1,5 m/s.
- En exterior y cámaras de instalaciones, hasta 2,5 m/s.

El apartado 4.2.1, de la Sección HS4, Suministro de agua, del DB HS del CTE, refiriéndose a las instalaciones de suministro en el interior de los edificios, limita la velocidad a un intervalo entre 0,50 y 2,00 m/s en tuberías metálicas y entre 0,50 y 3,50 m/s en tuberías termoplásticas y multicapas, valores coherentes con lo anterior.

Con estos valores de la velocidad, conociendo el caudal, puede calcularse la sección de la tubería.

Recuerde

El dimensionado de las tuberías del circuito primario se realiza de la forma habitual de cualquier circuito hidráulico, según las leyes de la dinámica de fluidos en los tubos de sección constante.

Hay que tener en cuenta las instalaciones de los fabricantes, aunque sin olvidar que el CTE sólo considera el cobre y el acero inoxidable como únicos materiales en el circuito primario, limitándose el uso de los materiales plásticos, con mayor aislamiento acústico, al circuito secundario, sin olvidar que, si el agua alcanza una temperatura de 60° C, no se admitirá la presencia de componentes de acero galvanizado.

Pérdida de carga lineal en las tuberías

El otro aspecto a tener en cuenta en el dimensionado de las tuberías es la pérdida de carga. Los conductos oponen resistencia al fluido resultante debido al rozamiento. Se trata de un fenómeno complejo que ha sido objeto de numerosos estudios desde las investigaciones de Bernuilli en el siglo XVIII, y cuyo resultado es la pérdida de la altura piezométrica, o de presión, en el circuito, que hay que compensar mediante el impulso de una bomba, puesto que la presión inicial en el caso de estos circuitos es cero.

Existen numerosas expresiones empíricas que proporcionan unos resultados aproximados de la pérdida de carga unitaria de un tramo recto de tubería en función del diámetro y de la velocidad o el caudal.

El cálculo de caudales se fundamenta en el Principio de Bernuilli que, para un fluido sin rozamiento, se expresa como:

$$h + v^2/2g + P/\rho = \text{constante}$$

Siendo:

G = aceleración de la gravedad.
ρ = peso específico del fluido.
P = presión.

El enunciado de este principio es que, a lo largo de toda corriente fluido, la energía total por la unidad de masa es constante, estando constituida por la suma de presión, la energía cinética por unidad de volumen y la energía potencial igualmente por unidad de volumen. Se aprecia que los tres sumandos tienen unidades de longitud, por lo que el principio normalmente se expresa en hidrodinámica enunciando que, a lo largo de una línea de corriente, la suma de la altura geométrica, la altura de velocidad y la altura de presión se mantiene constante.

La ecuación entre dos puntos 1 y 2 se puede expresar como:

$$h_1+v_1^2/2g+P_1/\rho= h_2+v_2^2/2g+P_2/\rho+ \text{pérdidas } (1,2)$$

Despejando:

$$(h_1-h_2)+(v_1^2-v_2^2)/2g+(P_1-P_2)/\rho= \text{pérdidas } (1,2)$$

Siendo pérdidas (1,2) la pérdida de energía (o de altura) que sufre el fluido por rozamiento al circular entre el punto 1 y el punto 2. Esta ecuación es aplicable por igual al flujo por tuberías como por canales y ríos.

Si llamamos L a la distancia entre los puntos 1 y 2, medidos a lo largo de la conducción, el coeficiente pérdidas (1-2)/L representa la pérdida de altura por unidad de longitud de conducción. A este valor se le llama pendiente de la línea de energía y se le denomina J en hidráulica, aunque a partir de aquí se emplea la forma más habitual en fontanería $Pdc_{unitaria}$.

Recuerde

Los conductos oponen resistencia al fluido resultante debido al rozamiento.

En el caso de las tuberías de sección circular constante, de acuerdo con el principio de continuidad de la vena líquida, el agua se traslada en un conducto a sección llena y velocidad constante, por lo que si una rodaja diferencial de masa m y espesor Δl se traslada entre dos puntos, por el principio de conservación de la energía, se puede poner:

$$mgH + \frac{1}{2} mv^2 = 0 + \frac{1}{2} mv^2 + R$$

Esto es:

$$mgh = R$$

Donde R representa la pérdida de energía producida por el rozamiento de la rodaja diferencial, que será por tanto directamente proporcional a la longitud L recorrida, a la altura geométrica H, correspondiente a dicho recorrido lineal, cuyo valor es $H = v^2/2g$ cuando la altura piezométrica es nula, e inversamente proporcional al diámetro D del tubo, resultando la siguiente expresión, con un coeficiente de proporcionalidad γ:

$$mgH = \gamma\ (v^2/2g)L\ (1/D)$$

Donde mg representa el peso unitario, siendo equivalente en el caso del agua a:

$$mg= \pi(v^2/4)\Delta l$$

Por lo que en el caso del agua:

$$\pi (D^2/4) \Delta l\ H= \gamma (v^2/2g)(L/D)$$

Por otra parte, la pérdida unitaria J $Pdc_{unitaria}$ es la relación entre H y L, por lo que, sustituyendo y despejando, resulta la fórmula general de pérdida de carga, por unidad de longitud, de los conductos circulares a sección llena:

$$P_{dcunitaria}= \lambda (v^2/2gD)$$

Donde:

$Pdc_{unitaria}$ = pérdida de carga en metro de columna de agua por metro lineal de tubería (m.c.a./m)

V = velocidad media circulante, en m/s.

G = aceleración de la gravedad, en m/s^2.

D = diámetro interior de la tubería, en m.

$\lambda= 4\gamma/\Delta l$ coeficiente de rozamiento del material del tubo, adimensional.

La práctica de la ingeniería hidráulica ha conducido al desarrollo de numerosas fórmulas experimentales, o derivadas de las ecuaciones fundamentales pero matizadas mediante números adimensionales, particularizando para los distintos materiales utilizados, o bien para límites de secciones del conducto. Podemos mencionar, en este sentido, la ecuación empírica de Prony, o la de Darcy.

Para tuberías de menos de 50mm. de diámetro, que es el empleado habitualmente en los cálculos de suministro de agua en instalaciones interiores, siendo aplicada también por muchos autores a secciones mayores, se utiliza la ecuación de Flamant. Su expresión es:

$$Pd_{cunitaria} = F \times (v^{1,75}/D^{1,25})$$

Siendo:

$Pdc_{unitario}$ = pérdida de carga, en m de columna de agua por metro lineal de tubería (m.c.a./m).

V = velocidad media circulante, en m/s.

D = diámetro interior de la tubería, en m.

F = constante del material de la tubería, valor experimental que puede tomarse en la tabla siguiente.

- Fundición.. 740×10^{-6}
- Acero.. 700×10^{-6}
- Cobre... 570×10^{-6}
- PVC.. 560×10^{-6}
- Material idealmente liso.............................. 509×10^{-6}

En el caso de que el líquido caloportador no sea agua, sino que se utilice una mezcla de agua y anticongelante a base de glicol, la pérdida de carga unitaria obtenida por la fórmula anterior deberá multiplicarse por 1,3 para tener en cuenta la mayor viscosidad del fluido.

Es aconsejable, por cuestiones acústicas, que la pérdida de carga sea inferior a 40 mm.c.a./m, límite no regulado en las reglamentaciones que se están considerando, aunque en el antiguo Reglamento de Instalaciones de Calefacción, Climatización y Agua Caliente Sanitaria, aprobado por el Real Decreto 1618, de 4 de julio de 1980, se establecía que:

> *Las tuberías se calcularán de forma que la pérdida de carga en tramos rectos sea inferior de 40 mm.c.a./m, sin sobrepasar 2m/s en tramos que discurran por locales habitados y 3 m/s en tuberías enterradas o galerías.*

Esta prescripción desapareció en el actual RITE, aprobado en 1998, aunque las limitaciones de velocidad vigentes en las tuberías impiden superar el límite de pérdidas mencionado.

El diámetro de tubería seleccionado será el que nos proporcione una velocidad y una pérdida de carga inferior a la máxima admisible o recomendable.

Puede ser necesario, en ocasiones, relacionar el diámetro con el caudal en lugar de relacionarlo con la velocidad. Una de las expresiones obtenidas a partir de la fórmula de Flamant es la que se propone a continuación y es aplicable para tuberías de paredes lisas de cobre, por las que circula agua caliente sin aditivos:

$$Pdc_{unitaria} = 378 \times (Q^{1,75}/D^{4,75})$$

Siendo:

$Pdc_{unitario}$ = la pérdida de carga en mm. de columna de agua por metro lineal de tubería (mm.c.a./m).

Q = caudal de circulación por la tubería, en l/h.

D = diámetro interior de la tubería, en mm.

Pérdidas de cargas aisladas en las tuberías

Además de las pérdidas de carga lineales, existen en las tuberías otras debidas a las piezas especiales existentes en el circuito, tales como accesorios, derivaciones, curvas, cambios de sección, llaves, etc., que se denominan aisladas, puntuales o locales.

Para el cálculo de las pérdidas de carga aisladas, o locales, existen tres sistemas, el denominado método cinético, el de las longitudes equivalentes y el de aumento de rozamiento de las tuberías (habitualmente un 15%) por las pérdidas locales.

El método cinético es el más exacto, pero excesivamente complicado para los usos habituales de los circuitos hidráulicos. Se basa en la relación proporcional entre la energía dinámica del fluido y las pérdidas de carga, a través de un coeficiente de proporcionalidad K, que se tabula experimentalmente, resultando la siguiente expresión:

$$j=K\,(v^2/2g)$$

El método de aumento de rozamiento de las tuberías por las pérdidas locales consiste en incrementar las pérdidas lineales en un porcentaje, habitualmente un 15%. Para compensar dichas pérdidas. Aunque parece poco riguroso, diversos estudios han llegado a la conclusión de que sus valores son bastante aproximados a los de los otros métodos.

Los valores de cada pérdida de carga equivalente dependen del tipo de singularidad, material, sección de la tubería y datos de fabricación. Por ello, estos datos suelen ser proporcionados por los fabricantes, aunque existen tablas genéricas con valores medios aproximados que pueden utilizarse para el cálculo si no se dispone de otros datos más precisos del fabricante o suministrador.

Accesorio	Diámetro nominal de la tubería								
	12	18	22	28	35	42	54	66,7	76,1
Curva de 45°	0,20	0,34	0,43	0,43	0,56	0,70	0,83	1,00	1,18
Codo de 90°	0,38	0,50	0,63	0,63	1,01	1,32	1,71	1,94	2,01
Curva de 90°	0,18	0,33	0,45	0,45	0,84	0,96	1,27	1,48	1,54
Reducción	0,20	0,30	0,50	0,50	0,85	1,00	1,30	2,00	2,30
T confluencia en ramal	0,10	0,15	0,20	0,20	0,40	0,50	0,60	0,70	0,80
T derivación a ramal	1,50	1,68	1,80	1,80	2,40	3,00	3,60	4,20	4,80
Válvula antirretorno de clapeta	0,20	0,30	0,55	0,55	1,15	1,50	1,90	2,65	3,40
Válvula de compuerta	0,14	0,18	0,21	0,21	0,36	0,44	0,55	0,69	0,81
Válvula de asiento inclinado	1,10	1,34	1,74	2,28	2,89	3,46	4,53	5,51	6,69

6. Materiales empleados en tuberías

Una gran variedad de tubos y otros conductos se encuentra disponible para el abastecimiento de líquidos y gases a los componentes mecánicos, o desde una fuente de abastecimiento a una maquina.

Se necesita adquirir familiaridad con los tubos y sus accesorios no solamente para realizar dibujos de tubería, sino porque el tubo se utiliza como material en la instalación. Es necesario también tener en cuenta el conocimiento de las roscas de tubo ya que con frecuencia es necesario representar y especificar agujeros aterrajados para recibir tubos de abastecimiento de líquidos y gases.

6.1. Tipos de uniones de tuberías y accesorios

Existen en el mercado diferentes tipos de tubos según su función y según su material de fabricación.

Tubería metálica

El tubo estándar norteamericano de acero o de hierro dulce o forjado hasta de 12 pulg. de diámetro se designa por su diámetro interno nominal, el cual difiere algo del diámetro interno real. Se encuentran en uso común tres tipos de tubo: estándar, extrafuerte o reforzado y doblemente reforzado. En el mismo tamaño nominal, los tres tipos tienen el mismo diámetro exterior que el tubo estándar, encontrándose el incremento de espesor de los tipos extrafuerte y doblemente reforzado en la parte interior. Así, el diámetro exterior del tubo de 1 pulg. nominal, en los tres tipos, es de 1.315 pulg., siendo el diámetro interior del tipo estándar 1.05 pulg., del tipo reforzado 0.951 pulg. y del doblemente reforzado 0.587 pulg.

Todos los tubos de diámetro mayor de 12 pulg. se designan por sus diámetros exteriores y se especifican por su diámetro exterior y el espesor de pared. Los tubos para calderas, de todos los tamaños, se designan por sus respectivos diámetros exteriores.

Los tubos de latón, cobre, acero inoxidable y aluminio tienen los mismos diámetros nominales que los de hierro, pero tienen secciones de pared más delgadas.

El tubo de plomo y los revestidos interiormente de plomo se usan en trabajos de química. El tubo de fundición se emplea en las condiciones subterráneas de agua o gas y para desagües de edificios.

Muchos otros tipos de tubo se encuentran en uso más o menos general y se conocen por sus nombres comerciales, tales como tubo hidráulico, tubo comercial para revestimiento de pozos, tubo API, etc. Los detalles se encuentran en los catálogos de los fabricantes.

La mayoría de las instalaciones de tubería de diámetro pequeño de casa, habitación, edificios e industrias, para la conducción de agua caliente y fría, se hace con tuberías de cobre y accesorios para junta soldada.

Recuerde

El tubo estándar norteamericano de acero o de hierro dulce o forjado hasta de 12 pulg. de diámetro se designa por su diámetro interno nominal, el cual difiere algo del diámetro interno real.

Tubos flexibles y otros especiales

Los tubos metálicos flexibles sin soldadura se usan para trasportar vapor, gases y líquidos en todos los tipos de maquinas, tales como locomotoras, motores diésel, prensas hidráulicas, etc., en los cuales existan vibraciones, en donde las salidas o escapes no estén alineados y en donde haya partes móviles.

Los tubos de cobre se encuentran en el comercio en diámetros nominales de 1\8 a 12 pulg. y en 4 tipos conocidos como K, L, M y O. El tipo K es extrapesado duro, el L es pesado duro, el M es estándar duro y el O es ligero duro. Los tubos para caldera se designan todos por su diámetro exterior.

Los tubos especiales se fabrican en una gran variedad de materiales, como vidrio, acero, aluminio, cobre, latón, bronce al aluminio, asbesto, fibra, plomo y otros.

Tubo de plástico

Como el tubo de plástico no se corroe y tiene resistencia para un amplio grupo de substancias químicas industriales, se emplea mucho en lugar del tubo metálico. El cloruro de polivinilo, el polietileno y el estireno son los materiales plásticos básicos. El cloruro de polivinilo es el de uso más extenso. No sostiene la combustión, no es magnético ni produce chispas, no comunica olor ni sabor alguno a su contenido, es ligero, tiene baja resistencia al movimiento de fluidos, resiste a la intemperie y se dobla con facilidad y se une por medio de cementos adherentes disueltos, o bien, en los de gran peso, por medio de rosca. Sus limitaciones principales son su mayor costo, su bajo límite de temperatura y sus bajos limites de presión. Además, no es resistente a todos los disolventes, requiere más soportes y se contrae o dilata más que el acero.

El tubo metálico revestido interiormente de plástico tiene la ventaja de combinar la resistencia mecánica del metal con la resistencia química del plástico.

Clasificaciones principales de los tubos y ejemplos de aplicaciones

Identificación del tubo	**Usos**
Estándar	- Tubo para servicio mecánico (estructural), tubo para servicio de baja presión, tubo para refrigeración (para maquinas de hielo), tubo para pistas de hielo, tubo para desflemadoras.
De presión	- Tubo para conducir líquidos, gases o vapores, servicio para temperatura o presión elevadas, o ambas cosas.
Para conductos	- Tubo con extremos roscados o lisos para gas, petróleo o vapor de agua.
Para pozos de agua	- Tubo, escareado y mandrilado, para hincar y de revestimiento para pozos de agua, tubo hincado para pozos, tubo para bombas, tubo para bombas de turbina.
Artículos tubulares para campos petrolíferos	- Tubo de revestimiento para pozos, cañería de perforación.

Juntas para tubos comunes

Los tubos comunes se unen por métodos que dependen del material y de las demandas del servicio. Los tubos de acero, hierro forjado, latón o bronce generalmente llevan rosca y se atornillan en un manguito o en otro accesorio. La junta de brida atornillada se desensambla fácilmente para limpieza o reparación. También existen las juntas permanentes soldadas, las juntas de anillo. Los tubos de fundición no pueden soldarse ni roscarse satisfactoriamente, por ello se emplean para unirlo juntas de enchufe y cordón, llamadas también de campana y espiga, calafateadas y emplomadas.

Juntas de tubos flexibles y especiales

Tubos flexibles y especiales se emplean corrientemente para conectar pequeños tramos para el servicio de gas o líquidos. Las tuberías unidas con accesorios abocinados y abocinados invertidos pueden desensamblarse sin causar un daño serio a las juntas, y pueden usarse para presiones de regular intensidad. La junta de compresión se emplea para presiones menores y cuando no se necesita abrir y volver a ensamblar la junta periódicamente.

Accesorios para tubos

Es el conjunto de piezas moldeadas o mecanizadas que, unidas a los tubos mediante un procedimiento determinado, forman las líneas estructurales de tuberías de una planta de proceso.

Los accesorios para tubos son las piezas usadas para conectar y formar la tubería. Generalmente, son de fundición o de fundición maleable, excepto los acoplamientos o coples, los cuales son de hierro forjado o maleable. El latón y otras aleaciones se emplean para usos especiales. Los accesorios de acero soldados a tope se emplean para unir tuberías de acero. Los accesorios para junta soldada con soldadura de hojalatero se emplean para unir tubos de cobre. Los accesorios de fundición, del tipo de enchufe y cordón, se emplean para unir tubos de fundición.

Los codos se utilizan para cambiar la dirección de una tubería, ya sea a 90 o a 45. El codo de servicio, o codo macho y hembra, tiene rosca macho en uno de sus extremos, lo cual elimina una junta si se emplea como accesorio. Las tes conectan tres tubos y las cruces cuatro. Las laterales se fabrican con la tercera abertura a 45 o 60 del eje principal del accesorio.

Las secciones rectas de tubo se fabrican en longitudes de 12 a 20 pies y se conectan por medio de coples. Estos son cilindros cortos, roscados en su interior. Un cople a la derecha tiene roscas a la derecha en ambos extremos. Para cerrar un sistema de tubería, aunque es preferible una unión, se usa algunas veces un cople a derecha y a izquierda. Un reductor es semejante a un cople, pero tiene sus dos extremos roscados para tubos de diferente diámetro. Los tubos se conectan también rascándolos dentro de bridas o platinas de fundición y uniendo las bridas por medio de pernos. A no ser que las presiones presentes sean muy bajas, se recomienda las juntas de brida para todos los sistemas que requieran tubo de más de 4 pulg. de diámetro.

Los niples o entre roscas, que también se llaman manguitos de unión, son unas cortas piezas de tubo roscadas en ambos extremos. Si las proporciones roscadas se encuentran, la pieza se llama nicle cerrado, si existe una corta porción sin rosca, se llama nicle corto. Los nicles largos y extralargos varían en longitud hasta 24 pulgadas.

Para cerrar el extremo de un tubo se emplea una tapa de rosca interna (cap), y para cerrar una abertura de un accesorio se emplea un tapón de rosca externa (plug). Para reducir el tamaño de una abertura se emplea una boquilla de reducción (bushing).

Las uniones o tuercas de unión se usan para cerrar sistemas y conectar tubos que hayan de desmontarse ocasionalmente. Una unión roscada está compuesta de tres piezas, dos de las cuales van atornilladas firmemente a los extremos de los tubos que se conectan. La tercera pieza las presiona hasta juntarlas, formando la empaquetadura una junta hermética. Se fabrican también uniones de junta esmerilada o rectificada o con formas metálicas especiales de juntas en vez de empaquetadura. Las uniones de bridas o platinas se emplean en gran variedad de formas para tamaños grandes de tubos.

La forma usual de unir tubos es por medio del atornillado de bridas fundidas o forjadas que forman parte integral del tubo o accesorio, bridas roscadas, bridas sueltas sobre los tubos con los extremos montados y bridas dispuestas para soldarse. La brida roscada es satisfactoria para presiones de vapor bajas y medias. La unión montada se permite en los mismos tamaños y capacidades nominales de servicio que las juntas con bridas integrales. Es muy usada en los trabajos de alta calidad. Con la junta de anillo se puede mantener una presión mayor con el mismo esfuerzo total en los tornillos que la que se puede tener con el tipo de junta de empaquetadura plana. La junta soldada elimina la posibilidad de fugas entre la brida y el tubo, se emplea con éxito en las tuberías sujetas a altas temperaturas y presiones y fuertes deformaciones por dilatación. La brida de collar para soldar se consigue en los diversos tamaños de tubo.

Recuerde

Los accesorios para tubos son las piezas usadas para conectar y formar la tubería.

__Tipos__

Entre los tipos de accesorios más comunes se puede mencionar:

- Bridas.
- Codos.
- Tes.
- Reducciones.
- Cuellos o acoples.
- Válvulas.
- Empacaduras.
- Tornillos y niples.

Características

Entre las características se encuentran: tipo, tamaño, aleación, resistencia, espesor y dimensión.

- **Diámetros**. Es la medida de un accesorio o diámetro nominal mediante el cual se identifica al mismo y depende de las especificaciones técnicas exigidas.

- **Resistencia**. Es la capacidad de tensión en libras o en kilogramos que puede aportar un determinado accesorio en plena operatividad.

- **Aleación**. Es el material o conjunto de materiales del cual esta hecho un accesorio de tubería.

- **Espesor**. Es el grosor que posee la pared del accesorio de acuerdo a las normas y especificaciones establecidas.

Bridas

Son accesorios para conectar tuberías con equipos (bombas, intercambiadores de calor, calderas, tanques, etc.) o accesorios (codos, válvulas, etc.). La unión se hace por medio de dos bridas, en la cual una de ellas pertenece a la tubería y la otra al equipo o accesorio a ser conectado. Las ventajas de las uniones bridadas radica en el hecho de que, por estar unidas por espárragos, permite el rápido montaje y desmontaje a objeto de realizar reparaciones o mantenimiento.

Tipos y características

- **Brida con cuello para soldar** es utilizada con el fin de minimizar el número de soldaduras en pequeñas piezas a la vez que contribuya a contrarrestar la corrosión en la junta.
- **Brida con boquilla para soldar**.
- **Brida deslizante** es la que tiene la propiedad de deslizarse hacia cualquier extremo del tubo antes de ser soldada y se encuentra en el

mercado con cara plana, cara levantada, borde y ranura, macho y hembra y de orificio requiere soldadura por ambos lados.

- **Brida roscada**. Son bridas que pueden ser instaladas sin necesidad de soldadura y se utilizan en líneas con fluidos con temperaturas moderadas, baja presión y poca corrosión, no es adecuada para servicios que impliquen fatigas térmicas.
- **Brida loca con tubo rebordeado**. Es la brida que viene seccionada y su borde puede girar alrededor de cuello, lo que permite instalar los orificios para tornillos en cualquier posición sin necesidad de nivelarlos.
- **Brida ciega**. Es una pieza completamente sólida sin orificio para fluido, y se une a las tuberías mediante el uso de tornillos. Se puede colocar conjuntamente con otro tipo de brida de igual diámetro, cara y resistencia.
- **Brida orificio**. Son convertidas para cumplir su función como bridas de orificio, del grupo de las denominadas estándar, específicamente del tipo cuello soldable y deslizantes.

Recuerde

Son accesorios para conectar tuberías con equipos (Bombas, intercambiadores de calor, calderas, tanques, etc.) o accesorios (codos, válvulas, etc.).

- **Brida de cuello largo para soldar.**
- **Brida embutible.** Tiene la propiedad de ser embutida hasta un tope interno que ella posee, con una tolerancia de separación de 1/8" y solo va soldada por el lado externo.
- **Brida de reducción.**

Disco ciego

Son accesorios que se utilizan en las juntas de tuberías entre bridas para bloquear fluidos en las líneas o equipos con un fin determinado.

Tipos y características

Los discos ciegos existen en diferentes formas y tamaños. Los más comunes son:

- Un plato circular con lengua o mango.
- Figura en 8.
- Bridas terminales o sólidas.

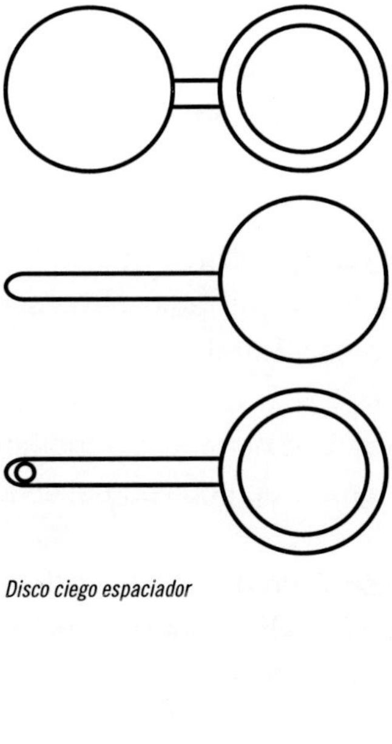

Disco ciego espaciador

Codos

Son accesorios de forma curva que se utilizan para cambiar la dirección del flujo de las líneas tantos grados como lo especifiquen los planos o dibujos de tuberías.

Tipos

Los codos estándar son aquellos que vienen listos para la pre-fabricación de piezas de tuberías y que son fundidos en una sola pieza con características específicas y son:

- Codos estándar de 45°.
- Codos estándar de 90°.
- Codos estándar de 180°.

Características

- **Diámetro**. El tamaño o medida del orificio del codo entre sus paredes, los cuales existen desde ¼" hasta 120". También existen codos de reducción.

- **Ángulo**. La distancia existente entre ambos extremos del codo y sus grados dependen del giro o desplazamiento que requiera la línea.

- **Radio**. La dimensión que va desde el vértice hacia uno de sus arcos. Según sus radios, los codos pueden ser: radio corto, largo, de retorno y extralargo.

- **Espesor**. Una normativa o codificación del fabricante determinada por el grosor de la pared del codo.

- **Aleación**. Tipo de material o mezcla de materiales con el cual se elabora el codo, entre los más importantes se encuentran: acero al carbono, acero a % de cromo, acero inoxidable, galvanizado, etc.

- **Junta**. Procedimiento que se emplea para pegar un codo con un tubo, u otro accesorio y ésta puede ser: soldable a tope, roscable, embutible y soldable.

- **Dimensión**. La medida del centro al extremo o cara del codo y la misma puede calcularse mediante formulas existentes.

(dimensión = 2 veces su diámetro.) o (dimensión = diámetro x 2)

Recuerde

Los codos son accesorios de forma curva que se utilizan para cambiar la dirección del flujo de las líneas tantos grados como lo especifiquen los planos o dibujos de tuberías.

Tes

Son accesorios que se fabrican de diferentes tipos de materiales, aleaciones, diámetros y schedulle y se utilizan para efectuar fabricación en líneas de tubería.

Tipos

- Diámetros iguales o te de recta.
- Reductora con dos orificios de igual diámetro y uno desigual.

Características

- **Diámetro**. Las tes existen en diámetros desde ¼" hasta 72" en el tipo fabricación.

- **Espesor**. Este factor depende del espesor del tubo o accesorio al cual va instalada y ellos existen desde el espesor de fabricación hasta el doble extrapesado.

- **Aleación**. Las más usadas en la fabricación son: acero al carbono, acero inoxidable, galvanizado, etc.

- **Juntas**. Para instalar las tes en líneas de tubería se puede hacer mediante procedimiento de rosca embutible-soldable o soldable a tope.

- **Dimensión**. Es la medida del centro a cualquiera de las bocas de la te.

Reducción

Son accesorios de forma cónica, fabricados de diversos materiales y aleaciones. Se utilizan para disminuir el volumen del fluido a través de las líneas de tuberías.

Tipos

- **Estándar concéntrica**. Es un accesorio reductor que se utiliza para disminuir el caudal del fluido aumentando su velocidad, manteniendo su eje.
- **Estándar excéntrica**. Es un accesorio reductor que se utiliza para disminuir el caudal del fluido en la línea aumentando su velocidad y perdiendo su eje.

Características

Diámetro. Es la medida del accesorio o diámetro nominal mediante el cual se identifica al mismo, y varía desde ¼" x 3/8" hasta diámetros mayores.

- **Espesor**. Representa el grosor de las paredes de la reducción va a depender de los tubos o accesorios a la cual va a ser instalada. Existen desde el espesor estándar hasta el doble extrapesado.

- **Aleación**. Es la mezcla utilizada en la fabricación de reducciones, siendo las más usuales: al carbono, acero al % de cromo, acero inoxidable, etc.

- **Junta**. Es el tipo de instalación a través de juntas roscables, embutibles soldables y soldables a tope.

- **Dimensión**. Es la medida de boca a boca de la reducción concéntrica y excéntrica.

Válvulas

Son accesorios que se utilizan para regular y controlar el fluido de una tubería. Este proceso puede ser desde cero (válvula totalmente cerrada) hasta de flujo (válvula totalmente abierta), y pasa por todas las posiciones intermedias, entre estos dos extremos.

Existen diferentes tipos de válvulas usadas en la tubería, tal como la válvula de compuerta usada para agua y otros líquidos, que permite su circulación o paso en línea recta, también esta la válvula de macho o cono que se cierra y se abre con un cuarto de vuelta, esta también la válvula de retención de bola y la válvula de retención de charnela, que permite la circulación en un solo sentido. Existe también la válvula de globo usada para estrangular la corriente de vapor u otros fluidos y la válvula de mariposa, que se cierra y se abre con un cuarto de vuelta, pero no cierra tan herméticamente como para impedir el paso de vapor, y se usa solamente como registro o para retención. Para líquidos densos se prefiere la válvula de retención de bola.

Tipos y características

Las válvulas pueden ser de varios tipos según sea el diseño del cuerpo y el movimiento del obturador. Las válvulas de movimiento lineal en las que el obturador se mueve en la dirección de su propio eje se clasifican como se especifica a continuación.

- **Válvula de globo:** Siendo de simple asiento, de doble asiento y de obturador equilibrado respectivamente. Las válvulas de simple asiento precisan de un actuador de mayor tamaño para que el obturador cierre en contra de la presión diferencial del proceso. Por lo tanto, se emplean cuando la presión del fluido es baja y se precisa que las fugas en posición de cierre sean mínimas. El cierre estanco se logra con obturadores provistos de una arandela de teflón. En la válvula de doble asiento o de obturador equilibrado, la fuerza de desequilibrio desarrollada por la presión diferencial a través del obturador es menor que en la válvula de simple asiento. Por este motivo, se emplea en válvulas de gran tamaño o bien cuando deba trabajarse con una alta presión diferencial. En posición de cierre, las fugas son mayores que en una válvula de simple asiento.

- **Válvula en ángulo:** Permite obtener un flujo de caudal regular sin excesivas turbulencias y es adecuada para disminuir la erosión cuando ésta es considerable por las características del fluido o por la excesiva presión diferencial. El diseño de la válvula es idóneo para el control de fluidos que vaporizan, para trabajar con grandes presiones diferenciales y para los fluidos que contienen sólidos en suspensión.

Recuerde

Las válvulas son accesorios que se utilizan para regular y controlar el fluido de una tubería.

- **Válvula de tres vías:** Este tipo de válvula se emplea generalmente para mezclar fluidos, o bien para derivar un flujo de entrada a dos de salida. Las válvulas de tres vías intervienen típicamente en el control de temperatura de intercambiadores de calor.

- **Válvula de jaula**: Consiste en un obturador cilíndrico que desliza en una jaula con orificios adecuados a las características de caudal deseadas en la válvula. Se caracteriza por el fácil desmontaje del obturador y por que éste puede incorporar orificios que permiten eliminar prácticamente el desequilibrio de fuerzas producido por la presión diferencial favoreciendo la estabilidad del funcionamien-

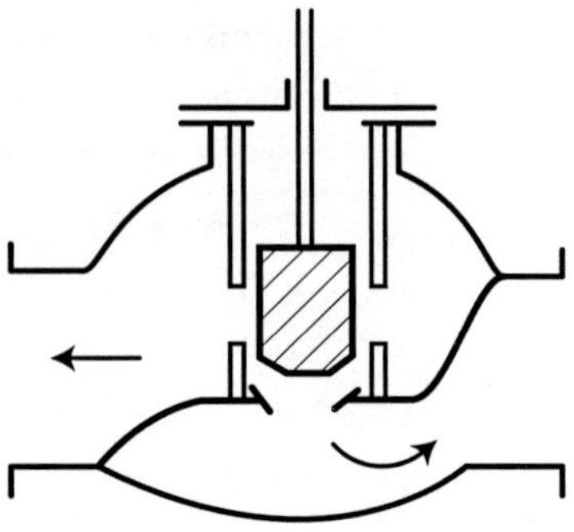

to. Por este motivo, este tipo de obturador equilibrado se emplea en válvulas de gran tamaño o bien cuando deba trabajarse con una alta presión diferencial. Como el obturador está contenido dentro de la jaula, la válvula es muy resistente a las vibraciones y al desgaste. Por otro lado, el obturador puede disponer de aros de teflón que, con la válvula en posición cerrada, asientan contra la jaula y permiten lograr así un cierre hermético.

- **Válvula de compuerta**: Esta válvula efectúa su cierre con un disco vertical plano o de forma especial, y que se mueve verticalmente al flujo del fluido. Por su disposición, es adecuada generalmente para control todo-nada, ya que en posiciones intermedias tiende a bloquearse. Tiene la ventaja de presentar muy poca resistencia al flujo de fluido cuando está en posición de apertura total.

- **Válvula en Y:** Es adecuada como válvula de cierre y de control. Como válvula todo-nada se caracteriza por su baja perdida de carga y como válvula de control presenta una gran capacidad de caudal. Posee una característica de auto drenaje cuando está instalada inclinada con un cierto ángulo. Se emplea usualmente en instalaciones criogénicas.

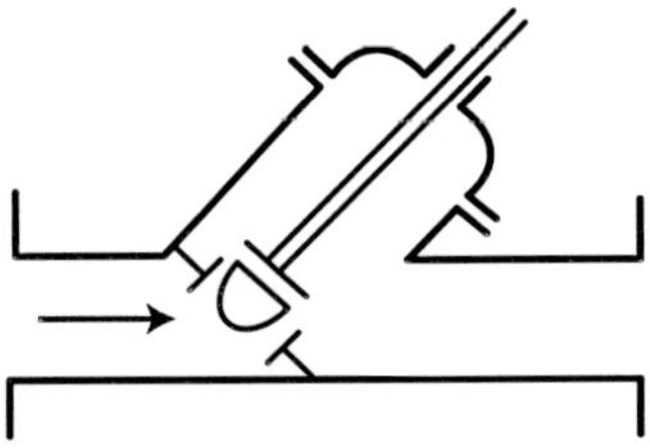

- **Válvula de cuerpo partido:** Es una modificación de la válvula de globo de simple asiento teniendo el cuerpo partido en dos partes entre las cuales está presionado el asiento. Esta disposición permite una fácil sustitución del asiento y facilita un flujo suave del fluido sin espacios muertos en el cuerpo. Se emplea principalmente para fluidos viscosos y en la industria alimentaria.

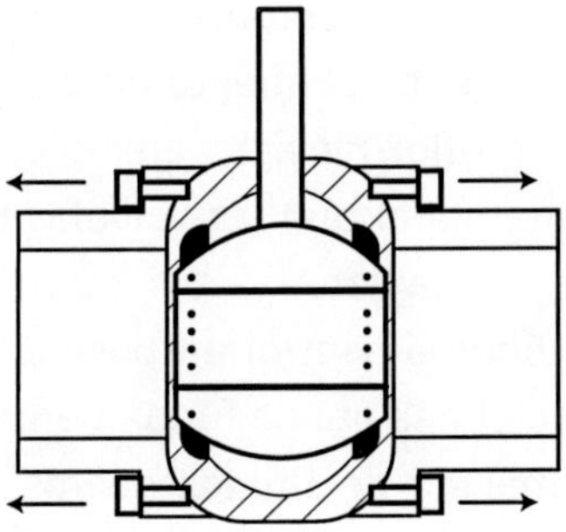

- **Válvula saunders:** El obturador es una membrana flexible que, a través de un vástago unido a un servomotor, es forzada contra un resalte del cuerpo, cerrando así el paso del fluido. La válvula se caracteriza por que el cuerpo puede revestirse fácilmente de goma o de plástico para trabajar con fluidos agresivos. Tiene la desventaja de que el servomotor de accionamiento debe ser muy potente. Se utiliza principalmente en procesos químicos difíciles, en particular en el manejo de fluidos negros o agresivos o bien en el control de fluidos conteniendo sólidos en suspensión.

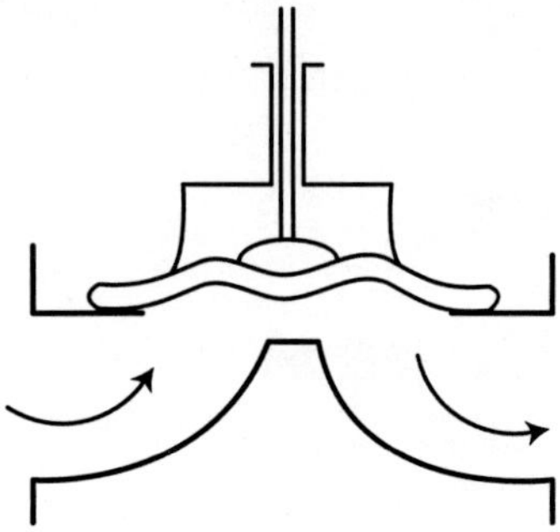

Recuerde

La válvula de jaula consiste en un obturador cilíndrico que desliza en una jaula con orificios adecuados a las características de caudal deseadas en la válvula.

- **Válvula de compresión:** Funciona mediante el pinzamiento de dos o más elementos flexibles, por ejemplo, un tubo de goma. Igual que las válvulas de diafragma, se caracteriza por que proporciona un óptimo control en posición de cierre parcial y se aplica fundamentalmente en el manejo de fluidos negros corrosivos, viscosos o conteniendo partículas sólidas en suspensión.

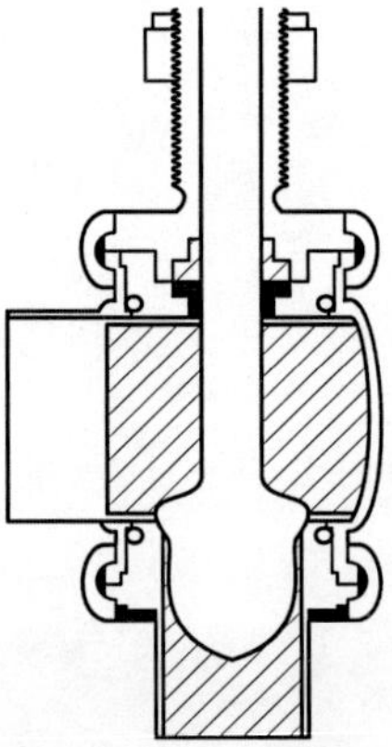

- **Válvula de obturador excéntrico rotativo:** Consiste en un obturador de superficie esférica que tiene un movimiento rotativo excéntrico y que está unido al eje de giro por uno o dos brazos flexibles. El eje de giro sale al exterior del cuerpo y es accionado por el vástago de un servomotor. El par de éste es reducido gracias al movimiento excéntrico de la cara esférica del obturador. La válvula se caracteriza por su gran capacidad de caudal, comparable a las válvulas mariposa y a las de bola y por su elevada perdida de carga admisible.

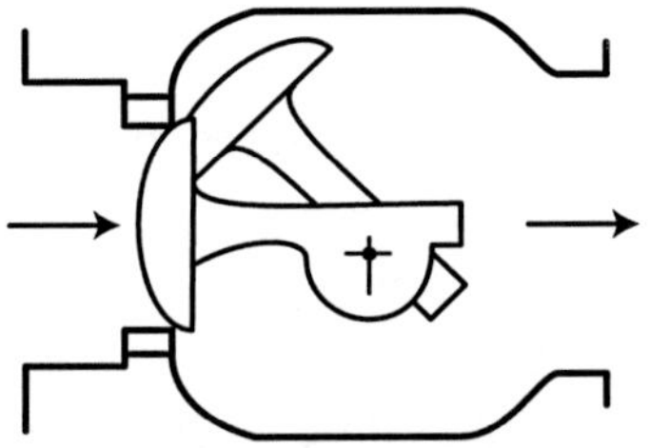

- **Válvula de obturador cilíndrico excéntrico:** Tiene un obturador cilíndrico excéntrico que asienta contra un cuerpo cilíndrico. El cierre hermético se consigue con un revestimiento de goma o teflón en la cara del cuerpo donde asienta el obturador. La válvula es de bajo costo y tiene una capacidad relativamente alta. Es adecuada para fluidos corrosivos y líquidos viscosos o conteniendo sólidos en suspensión.

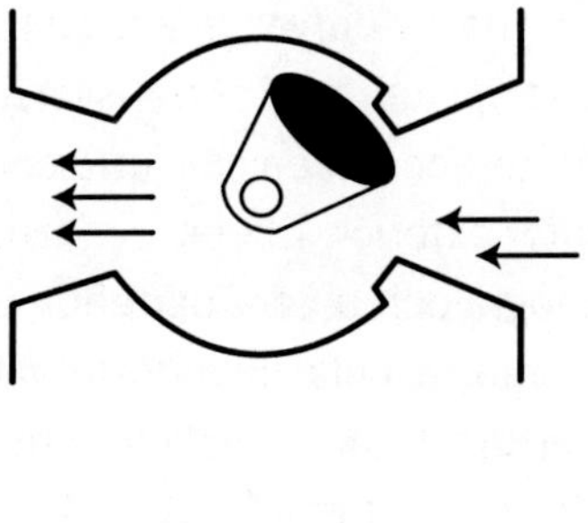

- **Válvula de mariposa:** El cuerpo está formado por un anillo cilíndrico dentro del cual gira transversalmente un disco circular. La válvula puede cerrar herméticamente mediante un anillo de goma encastrado en el cuerpo. Un servomotor exterior acciona el eje de giro del disco y ejerce su par máximo cuando la válvula está totalmente abierta (en control todo-nada se consideran 90 grados y en control continuo 60 grados, a partir de la posición de cierre ya que la ultima parte del giro es bastante inestable), siempre que la presión diferencial permanezca constante. En la sección de la válvula es importante considerar las presiones diferenciales correspondientes a las posiciones de completa apertura y de cierre, se necesita una fuerza grande del actuador para accionar la válvula en caso de una caída de presión elevada. Las válvulas de mariposa se emplean para el control de grandes caudales de presión a baja presión.

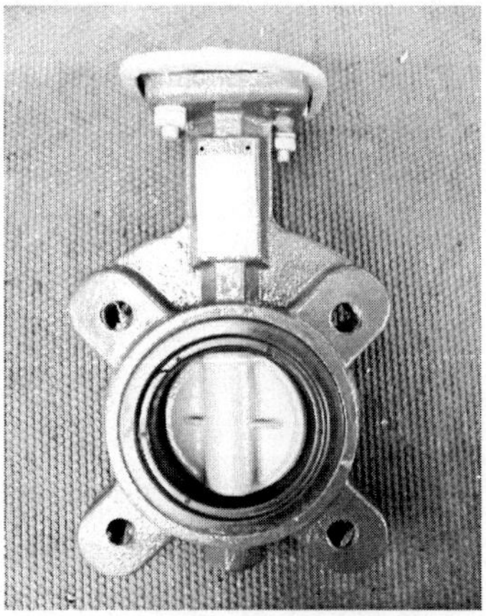

- **Válvula de bola**: El cuerpo de la válvula tiene una cavidad interna esférica que alberga un obturador en forma de bola o esfera. La bola tiene un corte adecuado (usualmente en V) que fija la curva característica de la válvula, y gira transversalmente accionada por un servomotor exterior. El cierre estanco se logra con un aro de teflón incorporado al cuerpo contra el cual asienta la bola cuando la válvula está cerrada. En posición de apertura total, la válvula equivale aproximadamente en tamaño a 75% del tamaño de la tubería. La válvula de bola se emplea

principalmente en el control de caudal de fluidos negros, o bien en fluidos con gran porcentaje de sólidos en suspensión.

Una válvula de bola típica es la válvula de macho que consiste en un macho de forma cilíndrica o troncocónica con un orificio transversal igual al diámetro interior de la tubería. El macho ajusta en el cuerpo de la válvula y tiene un movimiento de giro de 90 grados. Se utiliza generalmente en el control manual todo-nada de líquidos o gases y en regulación de caudal.

- **Válvula de orificio ajustable**: El obturador de esta válvula consiste en una camisa de forma cilíndrica que está perforada con dos orificios, uno de entrada y otro de salida, y que gira mediante una palanca exterior accionada manualmente o por medio de un servomotor. El giro del obturador tapa parcial o totalmente las entradas y salidas de la válvula controlando así el caudal. La válvula incorpora además una tajadera cilíndrica que puede deslizar dentro de la camisa gracias a un macho roscado de accionamiento exterior. La atajadera puede así fijarse manualmente en una posición determinada para limitar el caudal máximo. La válvula es adecuada en los casos en que es necesario ajustar manualmente el caudal máximo del fluido, cuando el caudal puede variar entre límites amplios de forma intermitente o continua y cuando no se requiere un cierre estanco. Se utiliza para combustibles gaseosos o líquidos, vapor, aire comprimido y líquidos en general.

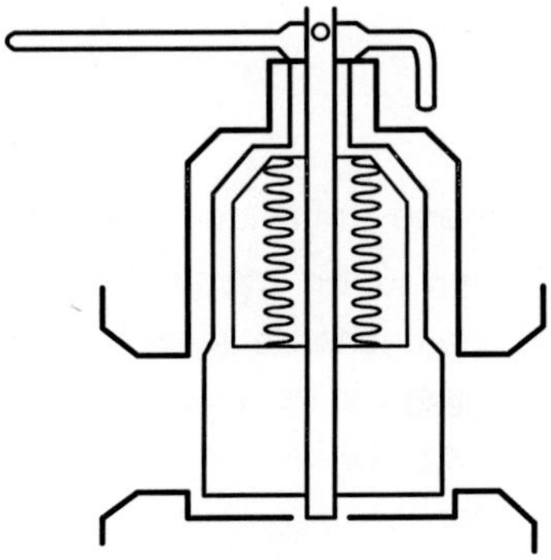

- **Válvula de flujo axial:** Las válvulas de flujo axial consisten en un diagrama accionado neumáticamente que mueve un pistón, el cual a su vez comprime un fluido hidráulico contra un obturador formado por un material elastómero. De este modo, el obturador se expansiona para cerrar el flujo anular del fluido. Este tipo de válvulas se emplea para gases y es especialmente silencioso. Otra variedad de la válvula de flujo axial es la válvula del manguito a través de un flujo auxiliar a una presión superior a la del propio fluido. Se utiliza también para gases.

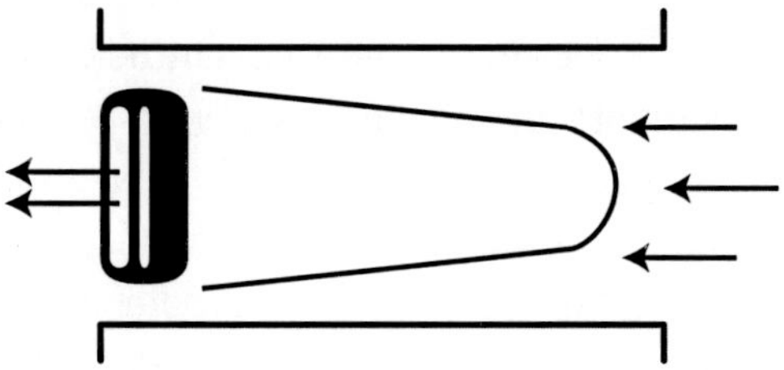

Recuerde

Las válvulas pueden ser de varios tipos, según sea el diseño del cuerpo y el movimiento del obturador.

Empacaduras

Es un accesorio utilizado para realizar sellados en juntas mecanizadas existentes en líneas de servicio o plantas en proceso.

Tipos

- **Empacadura flexitalica**. Este tipo de empacadura es de metal y de asientos espirometálicos. Ambas características se seleccionan para su instalación de acuerdo con el tipo de fluido.
- **Anillos de acero**. Son las que se usan con brida que tienen ranuras para el empalme con el anillo de acero. Este tipo de juntas de bridas se usa en líneas de aceite de alta temperatura que existen en un alambique, o espirales de un alambique de tubos. Este tipo de junta en bridas se usa en líneas de amoniaco.
- **Empacadura de asbesto**. Como su nombre indica, están fabricadas de material de asbesto simple, comprimido o grafitado. Las empaquetaduras tipo de anillo se utilizan para bridas de cara alzada o levantada, de cara completa para bridas de cara lisa o bocas de inspección y/o pasahombres en torres, inspección de tanques y en cajas de condensadores, donde las temperaturas y presiones sean bajas.
- **Empacaduras de cartón**. Son las que se usan en cajas de condensadores, donde la temperatura y la presión sean bajas. Este tipo puede usarse en huecos de inspección cuando el tanque va a llenarse con agua.
- **Empacaduras de goma**. Son las que se usan en bridas machos y hembras que estén en servicio con amoniaco o enfriamiento de cera.
- **Empacadura completa**. Son las que generalmente se usan en uniones con brida, particularmente con bridas de superficie plana, y la placa de superficie en el extremo de agua de algunos enfriadores y condensadores.
- **Empacadura de metal**. Son fabricadas en acero al carbono, según ASTM, A-307, A-193, en aleaciones de acero inoxidable, A-193. también son fabricadas según las normas AISI en aleaciones de acero inoxidable A-304, A-316.
- **Empacaduras grafitadas**. Son de gran resistencia al calor (altas temperaturas). Se fabrican tipo anillo y espirometálicas de acero con asiento grafitado. Son de gran utilidad en juntas bridadas con fluido de vapor.

Tapones

Son accesorios utilizados para bloquear o impedir el pase o salida de fluidos en un momento determinado. Son utilizados, sobre todo, en líneas de diámetros menores.

Tipos

Según su forma de instalación pueden ser macho o hembra.

Características

- **Aleación**. Son fabricados en mezclas de galvanizado, acero al carbono, acero inoxidable, bronce, monel, etc.
- **Resistencia**. Tienen una capacidad de resistencia de 150 libras a 9000 libras.
- **Espesor**. Representa el grosor de la pared del tapón.
- **Junta**. La mayoría de las veces, estos accesorios se instalan de forma enroscable. Sin embargo, por normas de seguridad, muchas veces, además de las roscas, suelen soldarse. Los tipos soldables a tope se utilizan para cegar líneas o también en la fabricación de cabezales de maniformes.

Especificación de accesorios

Los accesorios se especifican por el nombre, el tamaño nominal del tubo y el material.

Cuando conectan dos o más tamaños de tubos, se da primero el tamaño de la abertura más grande, seguido por la dimensión de la del extremo opuesto. Las válvulas se especifican dando el tamaño nominal, el material y el tipo.

Roscas de tubos

Cuando se emplean accesorios roscados o cuando debe hacerse una conexión en un agujero aterrajado, se enrosca el tubo en ambos extremos para dicho objeto. El ANSI proporciona dos tipos de roscas para tubo: la cónica y la recta o cilíndrica. El tipo normal de tubería lleva rosca cónica interna y externa. Las roscas se tallan sobre un cono de 1/16 pulg. por pulgada de conicidad, medida sobre el diámetro, fijando así la distancia que un tubo entra dentro de un accesorio y asegurando una junta hermética.

Las roscas para tubos se representan por los mismos símbolos convencionales que las de tornillos pasantes. La conicidad es tan ligera que no aparece en una representación, a no ser que se exagere.

Especificación de roscas

Las roscas de tubería se especifican dando el diámetro nominal del tubo, el número de hilos por pulgada y el símbolo literal estándar que designa el tipo de rosca. Se usan los siguientes símbolos ANSI:

- NPT = rosca cónica para tubo.
- NPTF = rosca cónica para tubo (de sellado o cierre en seco).
- NPS = rosca recta para tubo.
- NPSC = rosca recta para tubo, en coples o acoplamiento.
- NPSI = rosca recta interna intermedia para tubo (de sellado o cierre en seco).
- NPSF = rosca recta interna para tubo (de sellado o cierre en seco).

- NPSM = rosca recta de tubo para juntas mecánicas.
- NPSL = rosca recta de tubo para tuercas fijadoras y roscas de tubo para dichas tuercas.
- NPSH = rosca recta de tubo para coples y nicles de manguera.
- NPTR = rosca cónica de tubo para accesorios para baranda.

La especificación de un agujero aterrajado (con rosca para tuberías) debe incluir el tamaño del taladro o broca para el macho de roscar.

Recuerde

Los tapones son accesorios utilizados para bloquear o impedir el pase o salida de fluidos en un momento determinado. Son utilizados, sobre todo, en líneas de diámetros menores.

Dibujos de tuberías

Se usan dos sistemas generales: el trazado a escala y el esquemático. Los trazados a escala se emplean principalmente para tubos grandes (generalmente con bridas), como en las obras de calderas y de centrales o plantas eléctricas, en que las longitudes son críticas, y especialmente cuando el tubo no se corta y ajusta en la obra. También pueden detallarse así los tubos más pequeños, cuando se preparan las piezas a su longitud final y con sus roscas antes de enviarse a la obra. En los dibujos que se hacen a escala pequeña, como los planos arquitectónicos, los de distribución en planta, etc., o en los croquis, se emplea el sistema esquemático. Siguiendo este sistema, se indican los accesorios por medio de símbolos y los tramos de tubería se muestran por una sola línea, cualesquiera que sean los diámetros de la tubería. Cuando las tuberías conducen líquidos diferentes, o una misma sustancia en distintos estados físicos, se identifican por un código de símbolos. La simple línea que representa la tubería en el dibujo debe hacerse más gruesa que las demás líneas del dibujo. Las vistas se disponen generalmente en proyección ortográfica, sin embargo, resulta más claro ir girando toda la tubería hasta extenderla sobre un plano y hacer una sola vista desarrollada.

Cotas

Las cotas que figuran en los dibujos de tuberías son principalmente de situación, todas las cuales se dan con respecto a los ejes, tanto en los esquemas de línea simple como en la representación de línea doble. Las válvulas y los accesorios se sitúan por mediciones llevadas a sus ejes, y las tolerancias para el armado del sistema se dejan al instalador. Al proyectar una tubería, debe tenerse cuidado de situar las válvulas de manera que sean accesibles con facilidad y que sus volantes de mano dispongan de un amplio espacio libre para su accionamiento.

Los tamaños o dimensiones de los tubos deben especificarse por medio de notas dando sus diámetros nominales, y nunca por medio de líneas de cota sobre el dibujo de los tubos. Los accesorios se especifican por medio de una nota. Una parte esencial importante es que figuren notas muy completas en todos los dibujos y esquemas de tubería.

Cuando es necesario acotar una longitud real de un tramo de tubería, puede calcularse la distancia utilizando las dimensiones exteriores de los accesorios y tomando en cuenta la longitud de entrada de las roscas de los tubos.

Colgantes y soportes para tuberías

Los tubos pequeños y ligeros, en cortos tramos, pueden ser soportados por sus conexiones a diversas maquinas o accesorios, pero otros no. Para sujetar tubos a postes, columnas, paredes, techos, etc., se usan varios tipos de soleras o flejes metálicos. Los colgantes y soportes para tubería se fabrican para casi cualquier tamaño y tipo de instalación. Las especificaciones ANSI B31.1, Código para tuberías a presión, indican que todos los sistemas de tuberías requieren riostras contra cimbreos, guías y soportes.

Un soporte apropiado para tuberías debe tener una base resistente y rígida apoyada adecuadamente y un dispositivo regulable de rodillos que mantenga la alineación en cualquier dirección. Es importante evitar la fricción producida por el movimiento de la tubería en su soporte y que todas las partes tengan la suficiente resistencia para mantener la alineación en todo momento. Los suspensores de alambre, de flejes o cintas de hierro, de madera, los construidos con tubo pequeño y los que tienen un soporte de tubo vertical no conservan la alineación. Los anclajes deben sujetarse firmemente a una parte rígida y fuerte de la estructura de la planta de energía y deben además unirse con seguridad al tubo. De no hacerlo así, será inútil cualquier accesorio para la absorción de la expansión y pueden originarse esfuerzos severos en partes del sistema de tubería. Las ménsulas soldadas de acero se consiguen en pesos, ligero, mediano y pesado. Se pueden instalar muchos tipos de soportes sobre estas ménsulas, como la silleta de anclaje, los soportes de rodillos para tubería, los apoyos de rodillos de diversos tipos, asientos para tubo, etc.

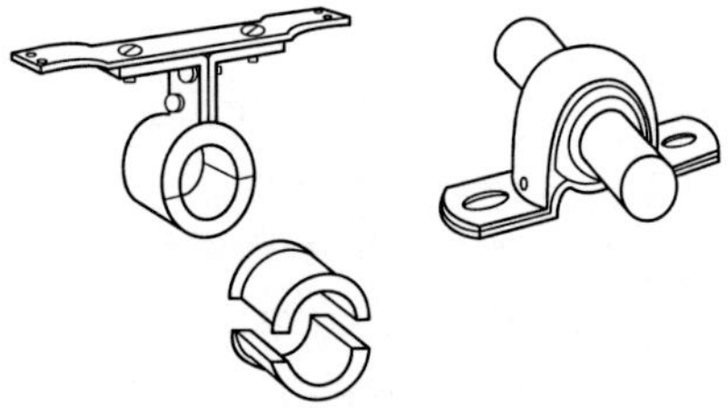

Los soportes principales utilizados para sostener tubería crítica son los suspensores de apoyo constante, los suspensores de resorte variable, los suspensores rígidos y las sujeciones.

Recuerde

Los tamaños o dimensiones de los tubos deben especificarse por medio de notas dando sus diámetros nominales, y nunca por medio de líneas de cota sobre el dibujo de los tubos.

6.2. Especificaciones de los materiales

En las antiguas construcciones, el plomo era común. Fue generalmente eclipsado hacia el final del s. XIX por las tuberías de agua hechas de hierro galvanizado, que fueron unidas con las cañerías de tuberías roscadas. El cobre con los accesorios soldados se volvió popular alrededor del 1950, aunque había sido utilizado desde 1900. Los abastecimientos de tuberías plásticas han llegado a ser cada vez más comunes desde cerca del 1970, con una variedad de materiales y accesorios empleados.

Los códigos de la plomería definen qué materiales pueden ser utilizados, y todos los materiales deben ser probados por la ASTM, UL, y/o la NFPA testing.

Acero

Los suministros de tuberías de acero galvanizado se encuentran comúnmente con los diámetros interiores a partir de la 1/2 " a 2 ", aunque los sistemas de la mayoría de los hogares unifamiliares no requerirán ninguna tubería más grande de 3/4". Los tubos tienen National Pipe Thread (NPT). Éste es un estándar de rosca masculina, que conecta con los hilos de rosca femeninos en codos, tes, adaptadores, válvulas, y otros accesorios. El acero galvanizado (conocido a menudo simplemente como "galvanizado" o "hierro" en el mercado de la plomería) es relativamente costoso, difícil para trabajar debido al peso y al requisito de la National Pipe Threader, y sufre de una tendencia a la obstrucción debido a los depósitos minerales que se forman en el interior de la tubería. Sigue siendo común para la reparación de los sistemas existentes del "galvanizado" y satisfacer los requisitos de la no-combustibilidad del código de edificio encontrados típicamente en hoteles, edificios de apartamentos y otros usos comerciales. Es también extremadamente duradero. La tubería de acero ennegrecido laqueado es el material más ampliamente utilizado en tuberías para los sistemas de regaderas contra incendios.

Cobre

La tubería hecha de cobre fue introducida cerca de 1900, pero no llegó a ser popular hasta aproximadamente 1950, dependiendo de la adopción del código local del edificio. Los grosores comunes de las tuberías de cobre son el "tipo K", el "tipo L" y el "tipo M".

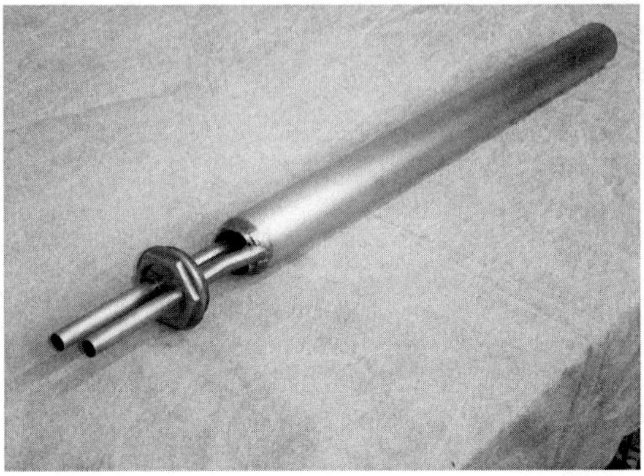

El "tipo M" es relativamente barato y de paredes relativamente delgadas y habitualmente conveniente para el condensado y otro drenaje, pero generalmente ilegal para los usos de la presión.

El "tipo L" tiene una sección de pared más gruesa, y se utiliza para el abastecimiento y la presión de agua en residenciales y edificios comerciales. El "tipo K" tiene la sección de pared más gruesa de los tres tipos de tubería de presión clasificadas y es de uso general para las tuberías subterráneas de profundidad, tal como aceras y calles inferiores, con una capa conveniente de protección anti-corrosiva o una manga continua del polietileno según los requisitos de código. En el mercado de la plomería, el tamaño de la tubería de cobre es medido por su diámetro nominal (diámetro interior medio). Algunos negocios, técnicos en calefacción y refrigeración por ejemplo, utilizan el diámetro exterior (OD, siglas en inglés) para señalar tamaños del tubo de cobre. El OD del tubo de cobre es siempre 1/8 pulgada más grande que su tamaño nominal. Por lo tanto, 1 "tubo de cobre nominal y 1-1/8" de pulgada tubo ACR es exactamente el mismo tubo con diversas designaciones de tamaño. El grueso de pared del tubo, según lo mencionado arriba, nunca afecta el apresto del tubo. El "tipo K" el 1/2" tubo nominal es del mismo tamaño que el "tipo L" el 1/2" tubo nominal (5/8 " ACR). Generalmente, los tubos de cobre se sueldan directamente en los accesorios de cobre o de latón, aunque la compresión, la encrespadura, o los accesorios de la flama también se utilizan. Antes, existían preocupaciones relacionadas con los tubos de cobre, incluido el plomo usado (50% lata y 50% plomo) en la soldadura en los empalmes. Algunos estudios han demostrado la aparición significativa de "sanguijuelas" de plomo en la corriente de agua potable, particularmente después de los períodos largos de bajo uso, seguidos por períodos de demanda máxima. En aplicaciones fuertes de agua, poco después de la instalación, el interior de las tuberías estará cubierto con los minerales depositados, que habrían sido disueltos en el agua y, por lo tanto, prevendrían la entrada del plomo en el agua potable. Los códigos de construcción ahora requieren la soldadura sin plomo. Los códigos a través de los E.E.U.U. requieren el uso de la soldadura de plomo de <0.2% o de los metales de relleno virtualmente sin plomo en accesorios y aplicaciones de la plomería también.

Recuerde

La tubería de acero ennegrecido laqueado es el material más ampliamente utilizado en tuberías para los sistemas de regaderas contra incendios.

Plásticos

La tubería plástica es ampliamente usada para el abastecimiento y drenaje doméstico de agua, basura y tubería de respiradero (DWV). Por ejemplo, el cloruro de polivinilo (PVC), el cloruro de polivinilo tratado con cloro (CPVC), el polypropyleno (PP), el polybutlyeno (PB), y el polietileno (el PE) se pueden permitir por el código para ciertas aplicaciones. Algunos ejemplos de plásticos en sistemas de abastecimiento de agua son:

- **PVC/CPVC**: tuberías plásticas rígidas similares a los tubos de desagüe del PVC pero con paredes más gruesas para ocuparse de la presión municipal del agua. El PVC se debe utilizar para el agua fría solamente, o respiradero, CPVC se puede utilizar para el abastecimiento de agua potable caliente y fría. Las conexiones se hacen con imprimaciones y cemento del solvente según los requisitos del código.

- **PBT**: generalmente gris o azul, tubería plástica flexible que se une a los accesorios armados y se asegura en el lugar con un anillo de cobre en la encrespadura. El fabricante primario de la tubería y de las guarniciones de PBT fue conducido a la bancarrota por un pleito de la clase-acción sobre fallas de este sistema. Sin embargo, las tuberías del PB y de PBT han vuelto al mercado y a los códigos, típicamente primero para las "locaciones expuestas", por ejemplo, las canalizaciones verticales.
- **PEX**: Cruz ligada al sistema del polietileno con los accesorios mecánicamente unidos que emplean lengüetas y accesorios prensados de acero o cobre.
- **Polytanks**: cisternas plásticas del polietileno, tanques de agua subterráneos, sobre tanques de agua subterránea. Son hechas de polietileno lineal conveniente como tanque de almacenaje de agua potable, disponible en blanco, negro o verde, aprobado por la NSF y hechas de materiales aprobados por la FDA.
- **Aqua**: conocido como PEX-Al-PEX, porque su emparedado de PEX/aluminum - tubería de aluminio intercalada entre las capas de PEX y conectada con los accesorios de compresión de latón.

7. Soldaduras, técnicas y métodos

La soldadura es una unión continua y homogénea de materiales con o sin aplicación directa de calor y con o sin adición de material de aportación.

Este tipo de unión tiene ventajas e inconvenientes respecto a otros. Algunas de sus ventajas son: simplicidad de diseño, reducción de peso, rapidez de ejecución, economía de material y facilidad de reparación. Entre sus inconvenientes encontramos estos: la selección de materiales ha de ser acertada para obtener el resultado deseado, hay que tener cuidado con la seguridad durante la ejecución del proceso, la aplicación ha de ser correcta, hay que llevar a cabo un riguroso control de los operarios y de la obra y, además, la unión no es desmontable.

En este apartado, como introducción, se va a incluir una pequeña clasificación de las soldaduras para ir ubicándonos en el tema. Podemos distinguir dos grandes grupos: soldadura homogénea y soldadura heterogénea. Dentro de cada una de ellas también se pueden distinguir algunos tipos que veremos a continuación.

- **Soldadura heterogénea**: se efectúan entre materiales de distinta naturaleza con o sin metal de aportación. O cuando los metales unidos son iguales, pero el metal de aportación es distinto. El punto de fusión del material de aportación ha de ser inferior al del metal base. De este modo, la soldadura fundida penetra entre las superficies. Se utiliza en aceros, fundiciones, metales y aleaciones no férreas.
- **Soldadura fuerte**: se realiza utilizando metales de aportación con un punto de fusión superior a 450° C. En este tipo de soldadura, el procedimiento a seguir siempre es el mismo: primero se limpian las superficies a unir, después se deposita el fundente, a continuación se calienta el fundente hasta que empieza a fluir sobre el metal, y por último se funde la varilla de aportación sobre el punto de unión (se utilizan varillas con bajo punto de fusión). La atracción entre el metal base y el de aportación es mayor que la que existe entre el fundente y el metal base. Esto hace que el fundente sea expulsado hacia el exterior del metal líquido. Después del enfriamiento, el fundente solidificado queda en la zona exterior de la unión. Se utiliza en el cobre y sus aleaciones.

Recuerde

La soldadura es una unión continua y homogénea de materiales con o sin aplicación directa de calor y con o sin adición de material de aportación.

Como aclaración hay que decir que los fundentes son sustancias que deben cumplir unas características para realizar su misión correctamente: deben fundir a temperatura inferior a la de la soldadura, disolver la película de óxido o combinarse con ella para dar escoria, recubrir la superficie metálica para evitar que vuelva a oxidarse, dejarse desplazar fácilmente por la soldadura fundida y su residuo no debe ser corrosivo ni higroscópico.

- **Soldadura blanda**: el metal de aportación empleado en este tipo de soldadura tiene un punto de fusión inferior a 450° C. Presenta el problema de que su resistencia mecánica suele ser inferior a la de los metales soldados y de que se puede generar corrosión en la soldadura con el tiempo. En este caso, el metal de aportación se presenta en varillas con o sin fundente incorporado. Se utiliza en la soldadura de piezas de cinc, estaño, hojalata y de cobre y sus aleaciones. Es importante destacar que no se emplea para la soldadura de metales férreos.

- **Soldadura homogénea**: en este caso, tanto los metales que se sueldan como el material de aportación tienen la misma naturaleza. Si la soldadura se realiza sin metal de aportación, se denominará soldadura autógena. La soldadura autógena se realiza a gas.
- **Soldadura por fusión**: la unión se efectúa a temperatura superior a la del estado líquido del metal base y del de aportación. Se caracteriza, por tanto, por la presencia de una fase líquida.
- **Soldadura sin fusión**: se caracteriza por la ausencia de fase líquida. La energía calorífica se emplea para aumentar la temperatura, no para fundir. La unión se consigue por las fuerzas de atracción interatómica. Consiste en producir una deformación entre las superficies a soldar suficiente para obtener la unión.

Hay que destacar que, antes de realizar una soldadura, siempre hay que limpiar adecuadamente la superficie sobre la que se va a trabajar eliminando pintura, grasa y óxido. Además de limpiarla, hay que darle la forma adecuada a los bordes a unir para obtener el tipo de unión deseada.

Recuerde

Los fundentes son sustancias que deben cumplir unas características para realizar su misión correctamente: deben fundir a temperatura inferior a la de la soldadura, disolver la película de óxido o combinarse con ella para dar escoria, recubrir la superficie metálica para evitar que vuelva a oxidarse, dejarse desplazar fácilmente por la soldadura fundida, y, el residuo no debe ser corrosivo ni higroscópico.

7.1. Proceso operacional

Se ha de comenzar realizando el análisis de trabajo seguro (ATS) y solicitando el respectivo permiso para ejecutar trabajos en frío o en caliente.

En el área de trabajo se omitirá el uso de elementos como relojes, cadenas, anillos, pulseras, manillas, etc.

El personal de apoyo como ayudantes de soldadura, esmeriladores, tuberos, carpinteros metálicos, etc. debe usar elementos de seguridad como, casco, botas de seguridad con puntera de acero, guantes, gafas de seguridad, tapones auditivos, caretas o viseras para esmerilar y ropa adecuada resistente al fuego.

Los soldadores, además de los elementos anteriormente descritos, deben usar careta para soldar con el filtro apropiado, respirador (contra polvo, gases y humos), mangas de cuero, delantal de cuero y capuchón cubre cabeza.

El supervisor de soldadura debe verificar que el soldador tenga su calificación vigente.

Se deben alistar y posicionar correctamente las mamparas y biombos durante todo el proceso de preparación, corte térmico o mecánico, biselado, punteado y realización de la soldadura, con el objeto de dar protección a las personas, equipos, materiales y medio ambiente que están en el área de influencia del arco eléctrico, y para proteger el charco de fusión de las corrientes de aire y agentes nocivos que afectan a la calidad de la soldadura y la junta soldada.

El personal vigía de seguridad y de contra incendio debe estar presente con el equipo necesario, cuando se suelde en áreas con riesgo de incendio o explosión, cumpliendo las recomendaciones registradas en el (ATS).

Es responsabilidad de todo el personal mantener el sitio de trabajo en condiciones adecuadas de higiene, orden, aseo, ventilación y seguridad, y controlar permanentemente los factores de riesgo físicos, químicos, eléctricos, mecánicos, ambientales y ergonómicos.

7.2. Tareas a realizar

Corte

Es responsabilidad del soldador, identificar, seleccionar, limpiar, medir, trazar y realizar el corte térmico o mecánico, con la ayuda de la biseladora o en forma manual de los materiales base como tuberías de aceros al carbono, siguiendo las recomendaciones del procedimiento calificado.

Biselado

Los tubos a soldar son preparados por el tubero con la ayuda del esmeril angular con disco de ¼", con la lima mediacaña, verificando la limpieza interna, externa, la geometría de los bordes con la ayuda del calibrador o la galga de acuerdo al procedimiento calificado.

- El biselado de tuberías con el mismo diámetro pero con diferente espesor se debe preparar realizando la transición adecuada o la reconstrucción con soldadura de acuerdo al código: ASME sección VIII, división I.

- El ángulo del bisel está permitido entre 30º y 45º.

Definición

Bisel
Un bisel es el corte oblicuo en el borde o en la extremidad de una lámina o plancha, como en el filo de una herramienta, en el contorno de un cristal labrado, etc.

- El ángulo del chaflán esta permitido entre 60º y 90º.

Definición

Chaflán
Un chaflán es la cara, por lo común larga y estrecha, que resulta, en un sólido, de cortar por un plano una esquina o ángulo diedro.

Punteado

La actividad de puntear consiste en fijar conjuntos mediante puntos de soldadura resistentes y situados de forma que impidan la deformación de los mismos en su posterior soldeo.

Es responsabilidad del soldador alistar, poner en marcha y ajustar los parámetros del equipo para soldar al arco para la realización de un correcto punteado.

El proceso de punteado lo debe realizar un equipo de trabajo conformado por el tubero, el soldador y el auxiliar de soldadura con la respectiva supervisión.

En la operación de punteado se debe verificar la alineación de los ejes de los tubos, la uniformidad del intersticio, la separación entre los miembros a soldar de acuerdo al diámetro del electrodo a usar.

El punteado se puede realizar con la ayuda de espaciadores soldados sobre la cara del bisel, o con la ayuda de grapa externa o interna, o directamente sobre el hombro o talón.

En el proceso de punteado o durante la realización de la junta no se permite aplicar soldadura fuera del ángulo de chaflán.

El equipo para soldar o la fuente de poder usado en el punteado debe ser de corriente continua con polaridad positiva (cc/dp) con amperaje de 70 a 110amp.

El electrodo usado para el punteado debe ser E-6010 de 1/8".

Pase de penetración

Antes de la ejecución del pase de raíz se deben aplicar las técnicas de limpieza de bordes a soldar, óxidos y grasas hasta eliminarlos, para impedir posibles defectos de soldadura.

El pase de penetración, raíz o primer pase, se puede realizar en posición: 2g, 5g o 6g.

Es responsabilidad del soldador solicitar la adecuación correcta del sitio de trabajo, alejando los materiales combustibles del área, los obstáculos y elementos adversos como la presencia de agua, corrientes de aire o elementos contaminantes.

El soldador debe ajustar correctamente los parámetros del equipo para soldar al arco, seleccionar los electrodos en condiciones adecuadas y aplicar el pase de penetración.

Los empalmes del cordón de penetración se deben realizar esmerilando la terminación del cordón con disco de pulidora de 1/8".

Durante la aplicación del cordón de raíz se debe controlar la altura, el ancho y la uniformidad de la penetración de raíz de acuerdo al código ASME sección VIII, división I.

El equipo para soldar o la fuente de poder usado en la realización del pase de raíz debe ser de corriente continua con polaridad positiva (cc/dp) con amperaje de 70 a 110amp.

El electrodo usado para el pase de penetración debe ser E-6010 de 1/8".

La oscilación del electrodo debe ser en latigazo, circular continua, invertida o combinada.

Una vez terminado el pase de raíz en su totalidad, se procede a la respectiva limpieza y esmerilado de la cara exterior con la ayuda de la pulidora usando disco de 1/8".

La carrilera de escoria del pase de raíz debe ser removida en su totalidad. Si hay dudas se pueden usar las tintas penetrantes. No hay que olvidar que de una buena limpieza depende una buena soldadura.

Al ejecutar la tarea de limpieza de la cara del pase de raíz con la ayuda de la pulidora, no se pueden tocar los bordes del bisel pues son la referencia para los pases de relleno y presentación.

El alto y ancho del pase de raíz debe ser aproximadamente igual en toda su extensión.

La ranura del bisel para la aplicación del pase de relleno debe quedar completamente limpia y uniforme en toda su longitud.

Pase de relleno

Es responsabilidad del soldador y del equipo de trabajo que la adecuación del sitio de soldadura se mantenga en condiciones óptimas.

De ha de revisar detenidamente la ranura del bisel antes de proceder a realizar el pase de relleno. En caso de dudas se debe limpiar la superficie con la ayuda de un trapo adecuado, no dejar enfriar completamente el sitio de la soldadura y, de ser necesario, precalentar por encima de 50º C.

El soldador debe ajustar correctamente los parámetros del equipo para soldar al arco, seleccionar los electrodos en condiciones adecuadas y aplicar el pase de relleno en la misma posición en la cual se aplicó el pase de raíz.

Se debe controlar que los empalmes del pase de relleno no se realicen en el mismo sitio donde se realizaron los empalmes del pase de raíz, pues la mayoría de los defectos de soldadura con el proceso SMAW quedan ubicados en los empalmes.

Los empalmes del cordón de relleno se deben realizar lo más rápido posible. No está permitido el uso de la pulidora con disco, solo la grata para limpiar la escoria.

Durante la aplicación del cordón de relleno se debe controlar también la altura, el ancho y la uniformidad.

El equipo para soldar o la fuente de poder usado en la realización del pase de relleno puede ser de corriente alterna o corriente continua con polaridad positiva (cc/dp) con amperaje de 90 a 130 amp.

El electrodo usado para el pase de relleno debe ser E-7018 de 1/8".

La oscilación del electrodo puede ser en media luna positiva o negativa, zigzag, circular continua, invertida o combinada.

Una vez terminado el pase de relleno en su totalidad, se procede a la respectiva limpieza con la grata retirando toda la escoria presente.

En caso de la presencia de algún defecto a la vista, éste debe ser retirado con la ayuda del esmeril y se ha de verificar con la ayuda de las tintas penetrantes la correcta reparación y aceptación del mismo.

Al ejecutar el pase de relleno no se puede tocar con el arco los bordes del bisel pues son la referencia para el pase de presentación. La altura del cordón de relleno puede quedar al mismo nivel exterior de los tubos a soldar.

El alto y ancho del pase de relleno debe ser aproximadamente igual en toda su extensión.

Recuerde

Los empalmes del cordón de relleno se deben realizar lo más rápido posible. No está permitido el uso de la pulidora con disco, solo la grata para limpiar la escoria.

Pase de presentación

Es responsabilidad del soldador y del equipo de trabajo que la adecuación del sitio de soldadura se mantenga en condiciones óptimas.

Antes de aplicar el pase de presentación se ha de retirar toda la escoria y revisar detenidamente el contorno del pase de relleno, no deje enfriar completamente el sitio de la soldadura y de ser necesario precaliente por encima de 50 grados centígrados.

El soldador debe ajustar correctamente los parámetros del equipo para soldar al arco, seleccionar los electrodos en condiciones adecuadas y aplicar el pase de presentación en la misma posición en la que se aplicaron las anteriores pasadas.

Aplicar el pase de presentación fundiendo el área comprendida entre los biseles, apuntar con el eje del electrodo al borde del bisel y, de esta forma, controlar el ancho del pase de presentación.

Se debe también controlar que los empalmes del pase de presentación no se realicen en el mismo sitio donde se realizaron los empalmes del pase de relleno, pues la mayoría de los defectos de soldadura con el proceso SMAW quedan ubicados en los empalmes.

Los empalmes del cordón de presentación se deben realizar lo más rápido posible. Tampoco está permitido el uso de la pulidora con disco, solo la grata, para limpiar la escoria.

Durante la aplicación del cordón de presentación se debe controlar de nuevo la altura, el ancho y la uniformidad.

El equipo para soldar o la fuente de poder usado en la realización del pase de presentación puede ser de corriente alterna o corriente continua con polaridad positiva (cc/dp) con amperaje de 90 a 130 amp.

El electrodo usado para el pase de presentación debe ser E-7018 de 1/8".

La oscilación del electrodo puede ser en media luna positiva o negativa, zigzag, circular continua, invertida o combinada.

Una vez terminado totalmente el pase de presentación, se han de controlar los cambios bruscos de temperatura y permitir que la temperatura descienda por debajo de los 50 grados centígrados para proceder a la respectiva limpieza con la grata retirando toda la escoria presente.

A continuación, se debe hacer una inspección visual rigurosa.

En caso de la presencia de algún defecto a la vista, éste debe ser retirado con la ayuda del esmeril y se ha de verificar con la ayuda de las tintas penetrantes la correcta reparación y aceptación del mismo.

El alto del pase de presentación o refuerzo de soldadura se acepta entre (0 y 3mm) y el ancho del pase de presentación no debe sobrepasar 1,5mm a lado y lado del borde del bisel.

El supervisor verificará que la cara del cordón de presentación sea plana o ligeramente convexa, uniforme en ancho, alto, color y apariencia y emitirá concepto de aceptación o rechazo.

En una línea de producción, una junta puede ser realizada por uno o varios soldadores. Esto implica que cada uno de los participantes estampe e identifique de qué parte de la junta es responsable cada uno.

El supervisor identifica la junta soldada de acuerdo a los planos de fabricación, controlando la producción.

El control de calidad normalmente se realiza por medio de radiografía industrial la cual debe ser evaluada por el inspector de apoyo técnico de la producción.

Si se presenta alguna no conformidad es necesario realizar la reparación de la junta soldada, de acuerdo al instructivo aplicable y al código ASME sección XI.

El inspector o su delegado verifican que se realice un nuevo control radiográfico cuando la junta soldada ha sido reparada, cumpliendo las normas de seguridad para tomas de radiografía industrial, y registrando los resultados de éste.

El control de calidad por radiografía industrial o partículas magnéticas lo realiza el profesional inspector de apoyo técnico de la producción.

7.3. Criterios de ejecución

Corresponde al tubero preparar la junta a soldar ajustando correctamente la geometría de la misma con relación al ángulo de bisel, a la separación entre elementos, hombro o talón, y punteado, de acuerdo a los parámetros del procedimiento de soldadura para tuberías de aceros al carbono con el proceso SMAW.

El trabajo con pulidora manual lo debe realizar personal experta en este tipo de tarea, el tubero. No se debe olvidar que los esmeriles y pulidoras son las maquinas y equipos que más accidentes han ocasionado en la industria.

Corresponde al soldador y al supervisor conocer correctamente el funcionamiento y el mantenimiento primario del equipo para soldar al arco con el proceso SMAW. Por norma, no está permitido que personal inexperto o sin la capacitación adecuada, manipule, opere, o trabaje con equipos que no conozca.

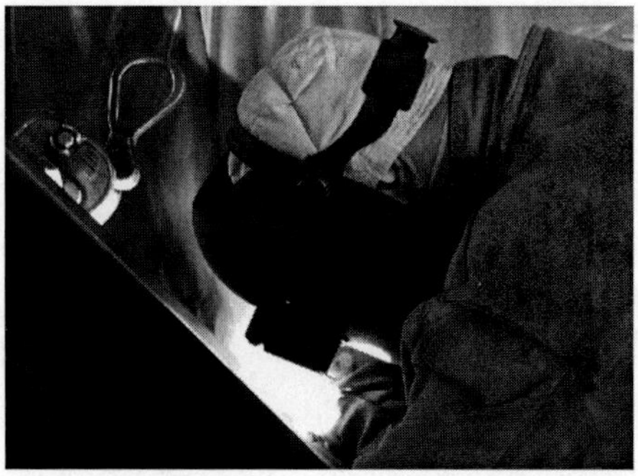

Corresponde al tubero y al supervisor conocer correctamente el funcionamiento y el mantenimiento primario de la biseladora y del equipo para oxicorte, con el ánimo de realizar el trabajo de forma segura.

Corresponde al andamiero o carpintero metálico y al supervisor conocer correctamente el funcionamiento y el mantenimiento primario de las herramientas y equipos para posicionar, nivelar, subir o bajar: como estructuras, soportería, bancos, burros, grúas manuales, diferenciales, garruchas, para izar y posicionar los elementos a soldar. Por norma, no está permitido que a estas áreas tenga acceso personal inexperto o sin la capacitación adecuada.

La responsabilidad de la calidad de la junta soldada recae en el soldador calificado. Por lo tanto, se deben utilizar herramientas, accesorios, consumibles y equipos en buen estado.

El soldador, el tubero y los respectivos supervisores deben estar en capacidad de identificar, armar, poner en marcha, desarmar y ubicar todas y cada una de las partes de los equipos para corte térmico como el equipo de corte por plasma y oxicorte guardando las normas de seguridad correspondientes.

El supervisor de soldadura y el soldador deben verificar que los metales de base y de aporte correspondan a la denominación de los usados en la calificación del procedimiento, almacenarlos correctamente y verificar que se encuentran en buen estado. Se debe desechar el uso de segueta, cincel o lima para delimitar el pie del pase de presentación. Esto produce socavadura y no conformidades en el pie del cordón.

En la realización de la junta, el soldador y el supervisor deben cuidar de cumplir con el tiempo promedio establecido entre pases, no realizar empalmes en frío, y en ningún caso se debe suspender la realización de la misma solo con el pase de raíz. En las juntas en tubería de diámetros superiores se permite suspender el trabajo solo cuando se hayan realizado los dos pases, el de raíz y el de relleno, completamente.

En la realización de la junta, el soldador y el supervisor debe seguir estrictamente lo establecido en el (PQR) o en el registro de la calificación del procedimiento.

En la realización de la junta, el supervisor debe controlar que en el pase de raíz, el hombro sea fundido totalmente, la altura de penetración debe estar mínimo a ras y máximo de 1/8", dependiendo del espesor de pared del tubo, que en la realización del pase de relleno no se perfore el pase de raíz y en la ejecución del pase de presentación no se encienda el arco fuera de la zona de la soldadura, y que la altura de presentación no se realice por encima de 1/8" dependiendo del espesor de pared de los tubos soldados.

Es responsabilidad del supervisor y del soldador controlar que el horno para conservar los electrodos de bajo hidrógeno se mantenga en el sitio de trabajo a una temperatura superior a 50° por encima de la temperatura ambiente, que permanezca cerrado, que sólo se lleven al sitio de trabajo los electrodos que se vayan a utilizar en la jornada de trabajo, para evitar que absorban humedad. Es recomendable mantener los electrodos en su empaque original, hasta que se requieran para su utilización. Si hay duda de la calidad de los electrodos, es mejor no usarlos. Si por fuerza mayor son usados, la soldadura realizada debe someterse a prueba de radiografía 100%.

Recuerde

El soldador, el tubero y los respectivos supervisores deben estar en capacidad de identificar, armar, poner en marcha, desarmar, y ubicar todas y cada una de las partes de los equipos para corte térmico como el equipo de corte por plasma y oxicorte guardando las normas de seguridad correspondientes.

7.4. Inspección durante el proceso

Si se presenta algún defecto o se detectan discontinuidades no aceptadas cuando se está realizando la junta, se debe suspender el proceso y realizar la respectiva corrección.

En caso de que la preparación de la junta no sea la correcta, no se debe iniciar el soldeo hasta tanto no sea corregida.

Si se presentan corrientes de aire que afecten el charco de fusión, se debe aislar el área de soldeo.

Si la presentación del cordón con la técnica de cordoneo causa dificultades para la interpretación de la RT, se debe esmerilar la cara del cordón hasta que quede uniforme. (Especialmente en soldaduras en posición 2G y 6G).

Si se presentan situaciones que no garanticen la seguridad de las personas, equipos e instalaciones se debe suspender el proceso hasta que el inspector de seguridad verifique y autorice la ejecución del trabajo.

Si se presentan dudas relacionadas con la calidad y clase de materiales de aporte y base, se debe solicitar el concepto a la persona asignada al apoyo técnico de la producción.

Cuando el supervisor considere que el soldador, aun estando calificado, no se encuentra con las condiciones de entrenamiento adecuado para realizar esta tarea, se debe programar la ejecución de una junta soldada de ensayo para realizar inspección visual.

Si se tienen dudas sobre la vigencia de la calificación de un soldador, se debe consultar la base de datos diseñada para este fin.

Si se requiere preparar la junta a soldar con oxicorte, se debe cortar dejando una tolerancia de 1/8" mínimo para luego esmerilar y darle las dimensiones requeridas.

Si se requiere preparar la junta a soldar con corte con plasma, se debe cortar dejando una tolerancia de 3/32" mínimo para luego esmerilar y darle las dimensiones requeridas.

El corte con sierra mecánica o torno no requiere tolerancia.

7.5. Definiciones

- **Nivel uno en soldadura**: corresponde a las normas elaboradas para los ayudantes o los auxiliares y personal de apoyo en el área de la soldadura.

- **Nivel dos en soldadura**: corresponde a las normas elaboradas para los soldadores: 1ª, 1, 2, 3, de platinas, tanques, tubería, líneas de producción en serie o de mantenimiento.

- **Nivel tres en soldadura**: corresponde a las normas elaboradas para los inspectores, interventores, supervisores, gerentes, diseñadores y demás personal directivo.

- **Variable fundamental o escencial**: hace referencia a los aspectos que no se deben cambiar durante la ejecución de la junta, pues variarlos afecta al resultado definido en el procedimiento calificado, como por ejemplo, cambiar el tipo de electrodo.

- **Variable no escencial**: son los aspectos que se pueden variar durante la soldadura y que no afectan al resultado final definido en el procedimiento calificado, como por ejemplo, el ángulo de inclinación del electrodo.

- **SMAW**: Proceso de soldadura manual por arco eléctrico con electrodo revestido, o soldadura eléctrica.

- **Control de calidad**: son todas las tareas y operaciones encaminadas a la obtención de una soldadura sana libre de defectos. Debe haber controles antes, durante y después del proceso de soldadura.

- **Proceso de soldadura**: es una entre varias técnicas y formas de realizar metódicamente y paso a paso la unión de dos o mas metales. Existen muchos procesos de soldadura, los procesos básicos de soldadura son: SMAW, GMAW, GTAW, OFW, SAW, PAW, FCAW.

- **Procedimiento de soldadura**: es el proceso operacional detallado a seguir en la ejecución de una soldadura especificando los metales de base, de aporte, equipos, y personal capacitado con el fin de obtener una soldadura de excelente calidad.

- **ASME**: Sociedad Americana de Ingenieros Mecánicos (American Society of Mechanical Engineers).

- **Posición 1g**: unión de dos tubos a tope, en la cual el eje del tubo está en posición horizontal, el tubo gira durante la aplicación de la soldadura y ésta se aplica en posición plana, de derecha a izquierda o viceversa.

- **Posición 2g**: unión de dos tubos a tope, en la cual el eje del tubo está en posición vertical, el tubo permanece fijo durante la aplicación de la soldadura y el eje del cordón está en posición horizontal.

- **Posición 5g (u)**: unión de dos tubos a tope, en la cual el eje del tubo está en posición horizontal, el tubo permanece fijo durante la aplicación de la soldadura y ésta se aplica con progresión vertical ascendente.

- **Posición 6g(u)**: posición de prueba a tope, en la cual el eje del tubo está a 45° con relación al plano horizontal, el tubo permanece fijo durante la aplicación de la soldadura y ésta se aplica en progresión vertical ascendente.

- **Galga**: instrumento de medición que sirve para dimensionar la geometría de la junta a soldar y soldada, como ángulo de bisel, hombro, ancho y alto de penetración o presentación.

- **Socavadura**: discontinuidad en forma de muesca que se presenta en la raíz de la junta soldada, en los empalmes en frío, entre cordones y en el pie de la soldadura. No es aceptada por el código.

- **Biombo, cortina o mampara**: son usados como elementos aislantes o protección para las personas, equipos y zona de soldadura. Pueden ser de lona o materiales resistentes al fuego, especialmente usados en la soldadura a campo abierto con fuertes corrientes de aire o condiciones climáticas adversas.

- **Altura del refuerzo**: sección del pase de presentación y del pase de raíz que sobresale del material base. (Refuerzo de la cara del cordón y refuerzo de la raíz de la junta soldada).

- **Transición**: mecanizado o reconstrucción con soldadura que se realiza al material base con el fin de dejar a la misma altura la zona de soldadura de la junta, de acuerdo al código ASME sección VIII.

- **Estampa**: código en números o letras que identifica a cada soldador de una compañía.

- **Estampar**: identificar la junta soldada con el numero o letra asignado al soldador o soldadores que aplicaron la soldadura con el fin de controlar y asignar la responsabilidad en la ejecución de las soldaduras que presenten no conformidad.
- **ATP**: Apoyo técnico a la producción.
- **ATS**: Análisis de trabajo seguro.
- **R.T**: Ensayo por radiografía industrial.
- **P**: porosidad.
- **L.P**: falta de penetración.
- **N.F**: falta de fusión.
- **I.U**: socavaciones.
- **P.D**: defecto de tubería,
- **W.P.S-EPS**: Welding Procedure Specifications (Especificaciones del procedimiento de soldadura).
- **P.Q.R-RPC**: Procedure Qualification Records (Registros de calificación del procedimiento de soldadura).
- **W.P.Q**: Welding Perfomance Qualifications (Calificación de la habilidad del soldador).
- **Pase**: capa completa de soldadura formada por uno o varios cordones. Por ejemplo: pase de raíz, pase caliente, pase de relleno, y pase de presentación o adorno, otros lo denominan de cierre o peinado.
- **Cordón**: hilera continua de puntos de soldadura depositada apagando o no el arco.

- **Tratamiento térmico**: obtención de las propiedades y las condiciones deseadas de un metal con la ayuda del calor controlándolo adecuadamente.

- **Ensayo de dureza**: prueba no destructiva que se realiza con el objeto de medir la resistencia de un metal a ser penetrado o rayado por otro material. En la soldadura de los aceros aleados al cromo molibdeno es muy común esta prueba con el fin de controlar la uniformidad de grano en la zona afectada por el calor (ZAC).

- **Fuente de poder**: equipo para soldar al arco de corriente continua o alterna, diseñada para realizar soldaduras con los procesos: SMAW, GTAW, GMAW, FCAW.

- **Alivio de esfuerzos**: tratamiento térmico que se realiza a las juntas soldadas y a los metales con el objeto de eliminar tensiones producidas durante los trabajos relacionados con la soldadura. Este alivio es acompañado con la prueba de dureza.

7.6. Tipos de soldaduras

Los tipos de soldadura varían en función de los materiales que se quiera unir, de manera que cambian también algunos de los elementos a utilizar. Actualmente, la mayoría de las instalaciones de agua se hacen con tubos de cobre. La soldadura blanda por capilaridad consiste en la unión de dos tubos de cobre que encajan perfectamente uno en el otro por medio de estaño.

Soldadura con estaño

En esta soldadura se utiliza como metal de aportación una aleación de estaño y plomo ya que el estaño al enfriarse se vuelve quebradizo. Como instrumento principal se utiliza un soplete de butano.

En la industria del automóvil, se utiliza para soldar uniones eléctricas y como material de relleno.

Soldadura con latón

El metal de aportación es una aleación de cobre y cinc (es decir, latón). A esta aleación se le añade silicio para mejorar las propiedades.

Este tipo de soldadura se realiza con los útiles de la soldadura oxiacetilénica. En el proceso hay que utilizar fundentes a base de borato de sodio para obtener un buen resultado. Los fundentes se incorporan al mismo tiempo que se realiza la soldadura. Su misión es la de disolver la película de óxido que se forma en la zona de soldadura en los metales.

Algunos problemas que podemos encontrarnos son los que se exponen a continuación:

- Si el metal de aportación se desliza demasiado, hay que levantar ligeramente el soplete durante poco tiempo para que se enfríe y solidifique.
- Si el metal de aportación no se extiende y forma pequeñas gotas, significa que los materiales de las piezas a unir no están lo suficientemente calientes.
- Si el metal de aportación no se adhiere a la superficie, puede ser debido a que las piezas a unir estén demasiado calientes o a que exista una falta de fundente.

Recuerde

En la soldadura con estaño se utiliza como metal de aportación una aleación de estaño y plomo, ya que el estaño al enfriarse se vuelve quebradizo.

Conociendo estos puntos básicos, se pueden evitar soldaduras con un mal acabado.

Se utiliza en la reparación de carrocerías, en concreto para tapar taladros, unir elementos que no deban calentarse mucho para evitar deformaciones y unir metales de distinta naturaleza.

Soldadura oxiacetilénica

Este tipo de unión se basa en calentar los bordes de las piezas a soldar hasta su temperatura de fusión. De este modo, se funde el material y, cuando se enfría, quedan unidas las dos partes. Se trata de una soldadura autógena. La soldadura se realiza por la fusión conseguida a través del calor procedente de una llama obtenida por la combustión de un gas.

Para llevar a cabo el proceso de soldadura oxiacetilénica, es necesario disponer de un soplete con el que se produce la llama para calentar el material de las piezas. El soplete asegura la correcta mezcla de los gases, controla las características de la llama y maneja la misma durante el soldeo. El soplete posee un mango del que salen dos mangueras y una cámara, donde se mezclan los gases, que lleva roscada la lanza. Ésta lleva una boquilla. La lanza y la boquilla son intercambiables y se elegirán en función del espesor del material a soldar. En cuanto a las mangueras, una va a una botella de acetileno (de color rojo) y la otra a una botella de oxígeno (de color azul). La llama se produce al abrir ambas botellas y mezclarse el acetileno (combustible) con el oxígeno (comburente). Mediante los manorreductores se controla la presión continua del gas. Los manorreductores son los encargados de suministrar el gas comprimido en las botellas a la presión y velocidad de trabajo, permaneciendo invariable durante su funcionamiento.

Es importante destacar que nunca se deben usar las mangueras cuando están enrolladas. Por otro lado, para encender la llama siempre hay que abrir primero el oxígeno y después el acetileno.

Con la soldadura oxiacetilénica es posible soldar diferentes materiales: acero, cobre, latón, aluminio, magnesio, fundiciones y aleaciones de estos materiales. Pero este tipo de soldadura es incompatible con: el cobre, la plata, el mercurio y sus aleaciones, los ácidos, los halógenos y la humedad.

Existen casos en los que la soldadura oxiacetilénica es heterogénea en lugar de homogénea. En estos casos, hay que considerar algunos aspectos en cuanto al metal de aportación utilizado en la soldadura. Éste dependerá del metal base a soldar:

METAL BASE	METAL DE APORTACIÓN
Acero al carbono	Acero de magnesio o níquel con carga de rotura superior a la del metal base
Aceros especiales	Acero al cromo-vanadio o acero al cromomolibdeno
Acero inoxidable	Acero inoxidable con al misma composición exacta
Cobre y sus aleaciones: Latón (cinc + cobre) Bronce (cobre + estaño)	Cobre con silicio, plata o estaño. En latones y bronces se utilizan varillas de la misma composición
Aluminio y sus aleaciones	Aluminio puro o aleado con algo de silicio
Magnesio y sus aleaciones	Varilla de composición idéntica al material base

Es muy importante realizar este tipo de soldadura en un espacio con buena ventilación por si se produce algún escape. Además, hay que tener en cuenta que se trata de gases altamente inflamables y, por tanto, hay que tener cuidado con su manipulación.

Esta técnica era la más utilizada en la reparación de carrocerías de vehículos, pero ahora está en desuso porque se trata de un proceso lento que produce cambios en la estructura de los elementos a unir debido a las altas temperaturas utilizadas.

Recuerde

Para encender la llama siempre hay que abrir primero el oxígeno y después el acetileno.

Soldadura por resistencia eléctrica

Se trata de un tipo de soldadura autógena, sin material de aportación. En este tipo de soldadura, el calor necesario para la unión de los metales se genera por la resistencia que ofrecen estos al paso de la corriente eléctrica. El calor se genera por medio de una corriente eléctrica, de baja tensión y elevada intensidad, que se hace circular a través de la unión que se desea soldar. La soldadura se efectúa por presión a una temperatura alta, pero por debajo de la de fusión del metal. La fuerza mecánica se desarrolla a través de la presión ejercida sobre los electrodos antes, durante y después del instante en que circula la corriente de soldadura.

Fases de soldado

El proceso de soldado se puede dividir en cuatro fases:

- Fase de posicionamiento. Se ejerce sobre los electrodos una presión que obliga a las superficies a soldar a permanecer unidas.
- Fase de soldadura. Se hace pasar la corriente eléctrica con una diferencia de potencial entre los electrodos, la presión se reduce y la temperatura de la zona de soldadura aumenta considerablemente.
- Fase de forja. Al alcanzar la temperatura adecuada para soldar, se corta la corriente y se incrementa la presión.
- Fase de cadencia. Se reduce la presión hasta liberar las piezas ya soldadas.

Los electrodos tienen como función conducir la corriente a la pieza y ejercer la presión. Deben tener una elevada conductividad eléctrica y térmica. Además, tienen que poseer buenas propiedades mecánicas, sobre todo a altas temperaturas.

Este tipo de soldadura presenta el inconveniente de su conductividad térmica y su conductividad eléctrica. Algunas características del proceso son las siguientes:

- La unión es discreta.
- Ausencia de metal de aportación.

- Los operarios no necesitan cualificación especial.
- Se consiguen soldaduras prácticamente idénticas si se realizan con los mismos parámetros.
- Elevada producción, puesto que la ejecución es rápida.
- Zonas de fusión localizadas.
- Sirve para aleaciones férreas y no férreas.

Es el método más utilizado en la fabricación de carrocerías y, poco a poco, se está extendiendo su uso en los procesos de reparación de las mismas.

Recuerde

En la soldadura por resistencia eléctrica el calor necesario para la unión de los metales se genera por la resistencia que ofrecen éstos al paso de la corriente eléctrica.

Este tipo de soldadura se puede utilizar en piezas de acero al carbono, acero inoxidable, aluminio y cobre.

Existen diversos procedimientos o métodos de llevar a cabo la soldadura por resistencia eléctrica. Algunos de ellos son los siguientes:

- **Solapado por puntos**: los materiales de base se disponen solapados. Los electrodos tienen la misión de aplicar la presión y la corriente correspondiente produciendo un punto de soldadura. Este punto de soldadura se localiza bajo los electrodos y en la superficie de contacto de los dos materiales. El material de los electrodos es una aleación de cobre con

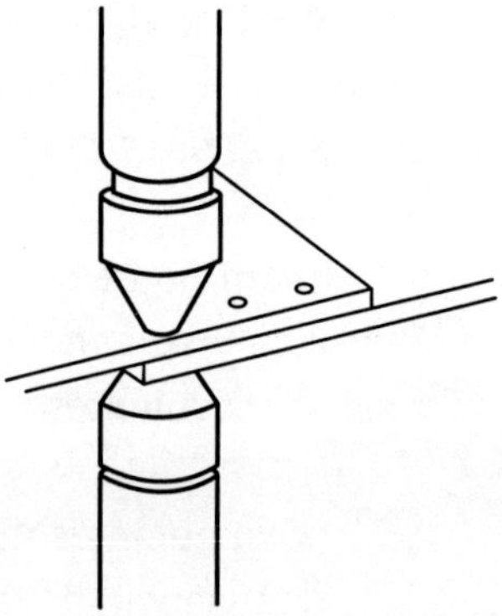

cadmio, cromo, berilio o volframio. En este tipo de soldaduras es especialmente importante que la superficie en contacto con el electrodo esté limpia.

- **Solapado por resaltes o protuberancias**: consiste en practicar previamente resaltes en uno de los materiales de base o en ambos, en los lugares donde se desea que exista un punto de soldadura. En este caso, se utilizan electrodos de mayor diámetro que en la soldadura por puntos. Este método de soldadura es menos utilizado.

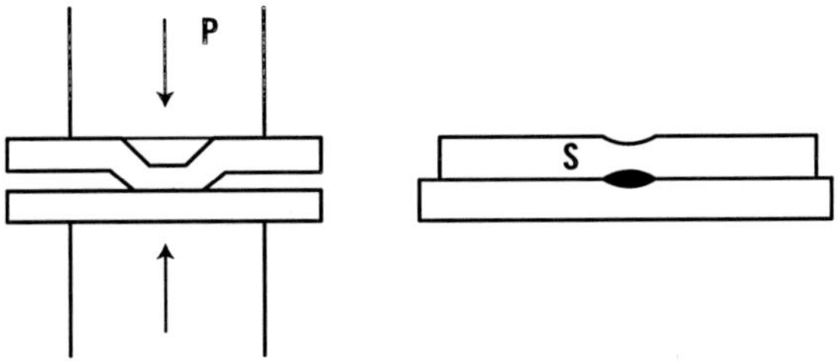

- **Solapado por roldanas o de costura**: en este caso, los electrodos son roldanas (tienen forma de ruedas). En este procedimiento, los electrodos aplican la fuerza y la corriente al mismo tiempo y, además, arrastran en su giro parte de los materiales base. Éste es el método más utilizado junto con el solapado por puntos.

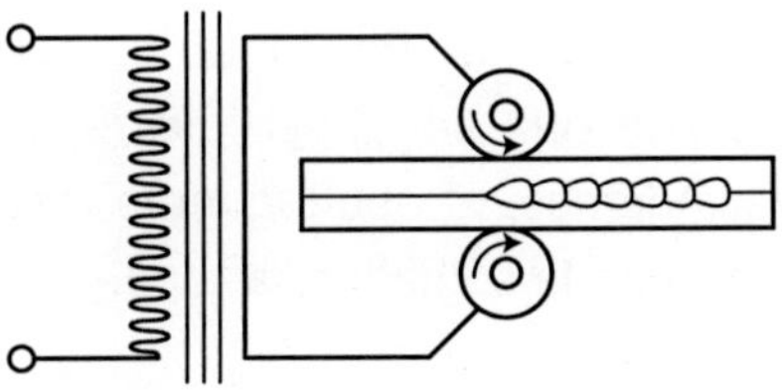

- **Soldadura a tope**: los materiales de base se sitúan mediante mordazas con los extremos a soldar enfrentados a tope. En este caso, las mordazas constituyen los electrodos. Éstas han de estar fabricadas con un material conductor. Tras hacer pasar la corriente, y al ejercer la presión, se produce un ensanchamiento de la zona soldada debido a que el material base fluye hacia el exterior. Para la realización correcta de este procedimiento y obtener un buen resultado, las superficies de contacto deben ser paralelas y estar muy limpias.

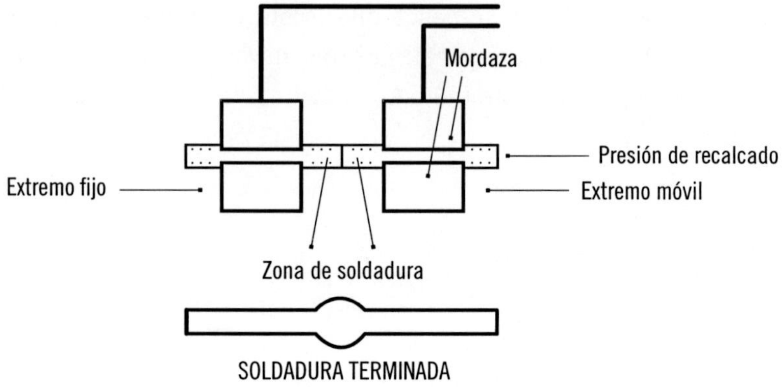

- **Soldadura a tope por chispa**: el procedimiento es similar al de la soldadura a tope. Lo único que varía es que la fuerza aplicada durante la fase de posicionamiento es muy pequeña y, por tanto, el contacto de las superficies a soldar sólo se produce en determinados puntos. La corriente de soldadura se concentra en estos puntos provocando su rápida fusión y bastantes chispas. Así se consigue calentar el material de forma más rápida y consumiendo menos energía. Al fluir el metal líquido hacia el exterior se expulsan los óxidos, inclusiones gaseosas y escorias. Por tanto, es destacable que en este caso no es necesario que las superficies a soldar sean paralelas ni estén limpias. Además, el abultamiento resultante en la zona soldada es menor que en la soldadura a tope.

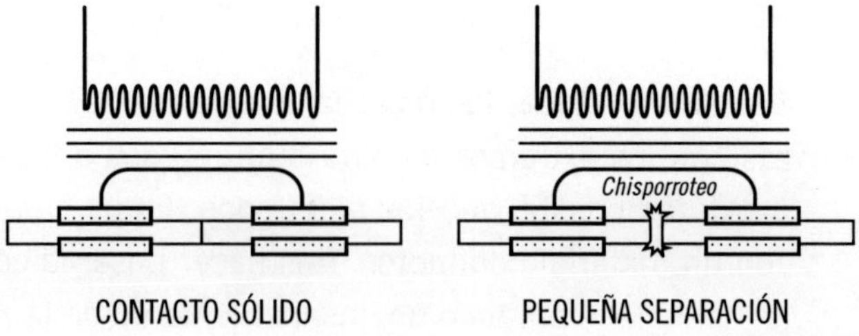

Soldadura por arco eléctrico

En el procedimiento de soldadura por arco eléctrico se aprovecha la energía calorífica producida por el arco eléctrico entre un electrodo y el metal base para fundir tanto el metal base como el de aportación. La corriente eléctrica utilizada es de baja tensión y elevada intensidad. El electrodo suele ir revestido con un fundente para controlar mejor el arco.

Se puede utilizar corriente continua o alterna. Cuando se utiliza corriente continua, la polaridad puede ser directa o indirecta. La polaridad directa se da cuando el electrodo está conectado al polo negativo. En este caso, la temperatura de la pieza será mayor que la temperatura del electrodo. La pieza evacua de forma más rápida el calor, existe mayor penetración y se evita que el electrodo se ponga al rojo.

Cuando el electrodo está conectado al polo positivo, la polaridad es inversa. En este caso, la temperatura de la pieza es menor que la temperatura del electrodo, la penetración es menor y, por tanto, la deformación también es menor. Es importante conocer que el aluminio sólo se puede soldar con polaridad inversa.

Cuando se utiliza corriente alterna, siempre se suelda con la misma polaridad. El metal base y el de aportación han de ser iguales o muy similares puesto que han de tener las mismas características, pero el metal de aportación tiene que tener mayor resistencia que el metal base. En este caso, la temperatura de la pieza y la del electrodo es la misma, los valores de penetración y deformación son intermedios, el arco es menos estable y los equipos más baratos. Siempre que se utilice corriente alterna, hay que usar necesariamente electrodos revestidos.

En cuanto a los equipos que se emplean para realizar la soldadura por arco eléctrico, existen tres:

- **Transformador**. Es un dispositivo que modifica los valores de tensión e intensidad de la corriente eléctrica, suministra corriente alterna (CA). Es el que tiene menos potencia.
- **Rectificador**. Es un aparato que deja pasar la corriente en un solo sentido, convierte la corriente alterna (CA) en corriente continua (CC).

- **Convertidor**. Está formado por un motor y un generador de corriente, suministra corriente continua (CC).

Es importante saber que el diámetro adecuado del electrodo cambia en función del espesor del material a soldar y del tipo de soldadura a realizar. La intensidad también debe ser la adecuada, de acuerdo con el diámetro del electrodo, para obtener el resultado esperado en el tiempo correcto. Los electrodos se comercializan en los siguientes diámetros: 1.5 mm, 2 mm, 2.5 mm, 3.25 mm, 4 mm y 5 mm.

Recuerde

En el procedimiento de soldadura por arco eléctrico se aprovecha la energía calorífica producida por el arco eléctrico entre un electrodo y el metal base para fundir tanto el metal base como el de aportación.

Ahora vamos a hablar de forma breve sobre las funciones del revestimiento de los electrodos:

- **Función eléctrica**. El revestimiento consigue la estabilidad del arco. Es especialmente importante cuando se trabaja con corriente alterna, puesto que el arco se apaga y se enciende en cada periodo.
- **Función física**. Facilita el soldeo en diversas posiciones, funciona como protección contra el aire y dirige el arco, siendo la velocidad de consumo del revestimiento menor a la de consumo del alma metálica del electrodo.
- **Función metalúrgica**. Mejora las características mecánicas al aportar elementos, reduce la velocidad de enfriamiento debido a su efecto aislante, disminuye los defectos y funciona como desoxidante.

Existen siete tipos de electrodos en función de su revestimiento. Algunas de sus características son las que se detallan a continuación:

- Ácidos. Desprenden abundante escoria negra que es fácil de separar. El cordón de soldadura, que se obtiene, es liso y fácil de ver. El rendimiento gravimétrico es del 95%. Poseen alto contenido en hidrógeno.
- Celulósicos. Desprenden poca escoria que se separa con facilidad. El cordón de soldadura que se obtiene es rugoso. El rendimiento es del 90%. Poseen alto contenido en hidrógeno. La materia prima de este tipo de revestimiento, es decir, la celulosa, se obtiene de la pulpa de la madera. Los electrodos con este revestimiento producen una gran cantidad de gases y humo al realizarse la soldadura.
- De rutilo. La escoria que producen es globular y fácil de eliminar. El aspecto del cordón de soldadura que se obtiene es bueno. El rendimiento es del 90 al 100%. Poseen alto contenido en hidrógeno. Estos electrodos son de fácil manejo y son poco sensibles a la humedad.
- Básicos. Producen poca escoria. El aspecto del cordón de soldadura que se obtiene es bueno. El rendimiento de este tipo de revestimiento es muy bueno, del 110%. Pueden producir mordeduras, es decir, que se coma parte del metal base. Poseen un contenido en hidrógeno muy bajo. Tienen una alta resistencia y son muy higroscópicos (absorben la humedad). Son difíciles de manejar puesto que sueldan a temperaturas muy altas, hay que utilizarlos en caliente y no pueden pesar mucho.
- De gran rendimiento o de contacto. Tienen un rendimiento muy alto, entre el 130% y el 240%. No contienen hidrógeno.

- De gran penetración. No contienen hidrógeno. El revestimiento puede tener un espesor de pasada de hasta 15 mm, por lo que se usan para grandes espesores. El revestimiento tiene el doble de diámetro que otros.
- De autocontacto. No contienen hidrógeno, pero contienen mucho hierro en polvo. Esto provoca que salte el revestimiento con facilidad.

Soldadura por arco bajo gas con electrodo no consumible (TIG)

Se trata de una soldadura homogénea de atmósfera controlada. Con este método se consiguen soldaduras de alta calidad y elevada pureza, sin defectos y con un buen acabado superficial.

El procedimiento de soldadura utiliza como fuente de energía el arco eléctrico que salta entre el electrodo no consumible y la pieza a soldar. Mientras, un gas inerte protege el baño de fusión. Este proceso no produce escorias.

El material de aportación, cuando sea necesario, se aplicará a través de varillas. Este material de aportación debe ser de composición química similar a la del material base.

La misión del electrodo no consumible en el proceso es mantener el arco sin aportar material al baño de fusión. Por ello, para evitar su desgaste, debe poseer una alta temperatura de fusión. Por este motivo, cuando se utiliza corriente continua, el electrodo se suele conectar al polo negativo (polaridad directa) puesto que el calor generado en el extremo es inferior y permanece más frío que si se conectara al polo positivo. Se emplean tres tipos de electrodos: tungsteno (W), tungsteno aleado con torio o tungsteno aleado con circonio. Los diámetros disponibles en el mercado son: 1 mm, 1.6 mm, 2 mm, 2.4 mm, 3.2 mm, 4 mm, 4.8 mm, 5 mm y 6.4 mm. Siendo los más utilizados los de 1.6, 2.4 y 3.2 mm.

En cuanto al gas protector, puede utilizarse argón, helio o una mezcla de argón y helio. El argón es más económico que el helio, posee una densidad muy elevada y tiene baja conductividad térmica. Por otro lado, la conductividad térmica del helio es mayor que la del argón, por lo que la penetración es menor. Con el helio se obtienen cordones de soldadura anchos, uniformes y realizados a gran velocidad. Al utilizar una mezcla de helio y argón se obtienen características intermedias.

Este proceso se ha automatizado para algunas fabricaciones en serie, pero normalmente se hace de forma manual. Este procedimiento manual requiere mano de obra altamente especializada y cualificada.

Este tipo de soldadura puede emplearse en todo tipo de uniones y posiciones, así como en materiales muy diversos. Se utiliza en piezas de poco espesor, hasta 6 u 8 mm. Se emplea en aceros inoxidables, aluminio, níquel y sus aleaciones. También se utiliza para soldar metales sensibles a la oxidación, como el titanio y el circonio.

Recuerde

La soldadura por arco bajo gas con electrodo no consumible (TIG) es una soldadura homogénea de atmósfera controlada.

Soldadura por arco bajo gas con electrodo consumible (MIG/ MAG)

Las soldaduras MIG y MAG son soldaduras homogéneas de atmósfera controlada. En este proceso, el arco se establece entre un electrodo de hilo continuo y la pieza a soldar. Se protege de la atmósfera circundante con un gas inerte (MIG) o con un gas activo (MAG).

El procedimiento puede hacerse de forma semiautomática o manual, de forma automática o de forma robotizada.

A continuación, se recogen las características principales de la soldadura bajo gas. Entre sus **ventajas** encontramos las siguientes:

- Reduce el tiempo y el coste del proceso.
- No requiere especialización de operarios puesto que el soldador sólo tiene que vigilar la posición de la pistola y mantener la velocidad de avance, comprobando que la alimentación del hilo y del gas protector son correctas.

- Alto rendimiento de soldeo.
- No produce escoria, permitiendo la visión del baño y el control de los defectos.

Aunque la soldadura por arco bajo gas también posee algunos **inconvenientes**:

- Hay que realizar la soldadura en ambientes tranquilos.
- La gama de materiales de aporte es limitada.
- Si no se aplica correctamente, presenta una cierta tendencia a provocar falta de fusión.
- El defecto de porosidad es frecuente.

El electrodo consiste en un hilo macizo desnudo que se alimenta de forma continua y se convierte en material de aportación. La composición del electrodo debe ser similar a la del material base. Al elegir el material del electrodo debemos tener en cuenta la naturaleza del gas protector también. Los electrodos suelen estar recubiertos de cobre para favorecer el contacto eléctrico con la boquilla, disminuir rozamientos y proteger los electrodos de la oxidación.

El proceso de soldadura debe llevarse a cabo siempre utilizando corriente continua, ya que los electrodos están desnudos. Normalmente se realiza con polaridad inversa para que el arco sea más estable y existan menos salpicaduras.

En la naturaleza del gas de protección influye la cantidad de energía aportada, el tipo de transferencia, la penetración, la velocidad de soldeo, el aspecto del cordón, y la probabilidad de proyecciones y mordeduras.

A continuación, se especifican los gases de protección utilizados en la soldadura MIG y algunas de sus características:

- Argón. Tiene bajo potencial de ionización, es idóneo para pequeños espesores y se usa en aluminio, cobre, níquel y titanio.
- Argón + oxígeno. El oxígeno actúa sobre la tensión superficial. Con esta mezcla de gases se mejora la penetración.
- Helio. Posee una elevada conductividad, produce poca penetración y provoca cordones amplios.

Sin embargo, en la soldadura MAG se utilizan otros gases de protección:

- Dióxido de carbono. Es más económico que el argón, tiene carácter oxidante, mayor penetración y genera arcos energéticos.
- Argón + dióxido de carbono. Se utiliza en chapas finas, produce una mejor visibilidad del baño, mejor aspecto del cordón, menos proyecciones y es fácil de regular.

Hay que destacar, que los gases utilizados en la soldadura MAG son, en general, más económicos que los utilizados en la soldadura MIG.

Recuerde

El proceso de soldadura debe llevarse a cabo siempre utilizando corriente continua ya que los electrodos están desnudos.

Las semejanzas y diferencias entre la soldadura MIG y la soldadura MAG se reflejan de forma clara en la siguiente tabla:

Característica	MIG	MAG
Gas	Inerte	Activo
Generador	Corriente continua	Corriente continua
Metal a soldar	Acero inoxidable, cobre y aluminio	Aceros al carbono

Continúa en página siguiente >>

<< Viene de página anterior

Característica	MIG	MAG
Espesores	Medios y gruesos	Todos
Posiciones del soldeo	Las fáciles	Todas
Visibilidad	Buena	Regular
Humos	Poco molestos	Nocivos (óxido de carbono)

Aunque el gas utilizado en la soldadura MIG sea más caro que el de la soldadura MAG, la soldadura MIG se está utilizando bastante en las carrocerías de los automóviles desde que se usan aleaciones de aluminio en su fabricación.

8. Elementos emisores de calor

Los emisores solares térmicos son los aparatos de calefacción actualmente mejor desarrollados para la mayor parte de las viviendas, bien sea como sistema principal de calefacción o como complementario. Están diseñados para garantizar el máximo ahorro energético en la generación de calor proporcionando el mayor rendimiento con el menor consumo.

El uso de los emisores térmicos está más indicado para viviendas con unas necesidades de aporte calorífico moderado, bien sea por localización geográfica, por el alto aislamiento de la construcción o bien por el escaso tamaño de las superficies a calentar. En superficies muy grandes es recomendable su uso combinado con otros sistemas de calefacción.

Al existir una gran variedad de modelos en función de sus dimensiones, es fácil encontrar el emisor que mejor se adapte a las dimensiones de cada habitación.

Los emisores térmicos dan una respuesta rápida a la demanda de calor. Son muy versátiles y mantienen las estancias calientes durante las horas que más se necesita.

Generan un calor limpio que no reseca el ambiente porque no consumen oxígeno y es un sistema especialmente recomendado para personas con problemas respiratorios. No producen olores ni ensucian las paredes. Además, son muy seguros pues su superficie no alcanza una temperatura excesiva y reparten el calor de forma uniforme.

8.1. Radiadores

Una instalación de calefacción por agua caliente con radiadores significa:

- **Alta eficiencia**: porque garantizan el máximo aprovechamiento de las nuevas generaciones de calderas y bombas de calor trabajando a baja temperatura.
- **Facilidad de instalación**: tanto en obra nueva como en rehabilitación y reformas.
- **Facilidad de mantenimiento**: por ser elementos visibles y tener acceso directo.
- **Facilidad de control**: permiten un control individual de la temperatura en cada una de las estancias.
- **Menor coste de instalación**: por ser la opción más versátil y económica para reposición en viviendas existentes, a sistemas de calefacción de alta eficiencia y porque requiere menos tiempo de instalación, menos recursos de mano de obra y menor número de componentes adicionales.
- **Mayor ahorro de energía**: por su baja inercia térmica y su facilidad de regulación.

Los radiadores juegan un papel fundamental en la eficiencia y confort de una instalación de calefacción.

- **Un posicionamiento bajo ventana es primordial**: instalados bajo ventana, los radiadores aportan la mejor solución a las nuevas exigencias de confort y ahorro de energía:

- Compensación del efecto "pared fría".
- Ganancia de 0,5° C sobre la temperatura de consigna, gracias a la mejor distribución de calor en toda la estancia.

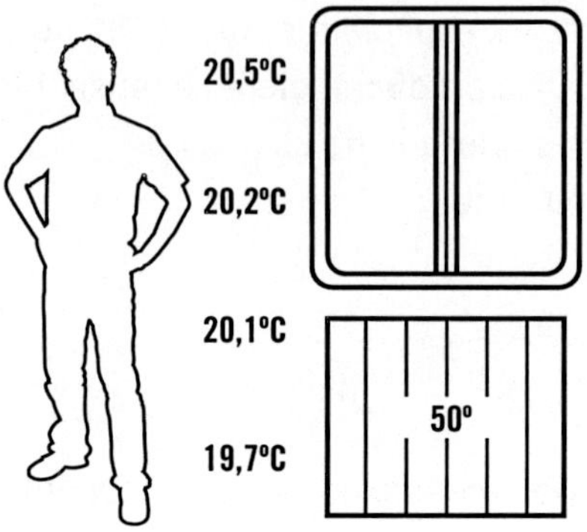

Recuerde

Los emisores solares térmicos son los aparatos de calefacción actualmente mejor desarrollados para la mayor parte de las viviendas, bien sea como sistema principal de calefacción o como complementario.

- **Uso de válvulas termostáticas**: Aporta confort térmico y ahorro energético, hasta un 15%, puesto que la temperatura de cada estancia es siempre constante. Son de obligado cumplimiento según RITE (I.T.E 1.2.4.3.2).
- **Adecuado dimensionamiento**: Por su baja inercia térmica, los radiadores con válvulas termostáticas permiten adaptarse rápidamente a los aportes gratuitos de calor (temperatura exterior, número de personas en la sala, segunda vivienda, etc.).

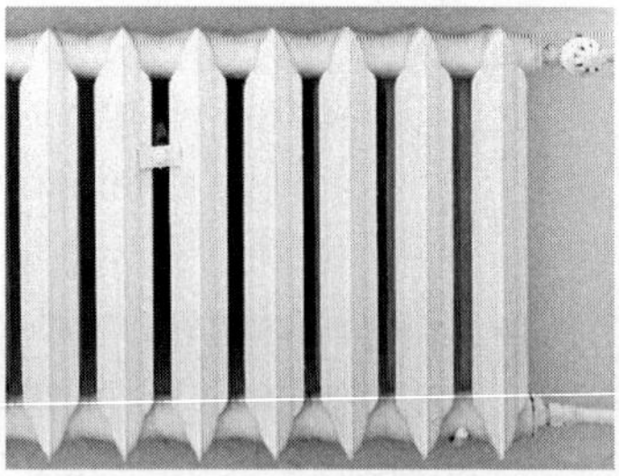

- **Rápida adaptación a cambios de temperatura**: en función de la temperatura media de ida y retorno y de la temperatura ambiente se puede determinar la emisión de cada radiador (ver datos técnicos catálogo de fabricantes). Ejemplo: Ida a 45° y retorno 35 °. (Temperatura media 40°). A la vista de estos rendimientos de una caldera de condensación, se comprende el alto rendimiento, incluso en temperaturas de retorno elevadas, lo que fomenta utilizar este tipo de caldera sin cambiar los radiadores instalados.
- **Gran diversidad de posibilidades de instalación**: la extensa gama de radiadores disponibles en el mercado permite la total adaptación a cualquier espacio o diseño de la estancia.
- **Amplia gama de materiales**: aluminio, chapa de acero, tubo de acero, hierro fundido, etc.
- **Respeto al medio ambiente**: construido con materiales 100% reciclables.
- **Confort estético**: amplia adaptación a cualquier ambiente: toalleros, radiadores verticales, decorativos, etc. El confort térmico no está reñido con el diseño más actual.

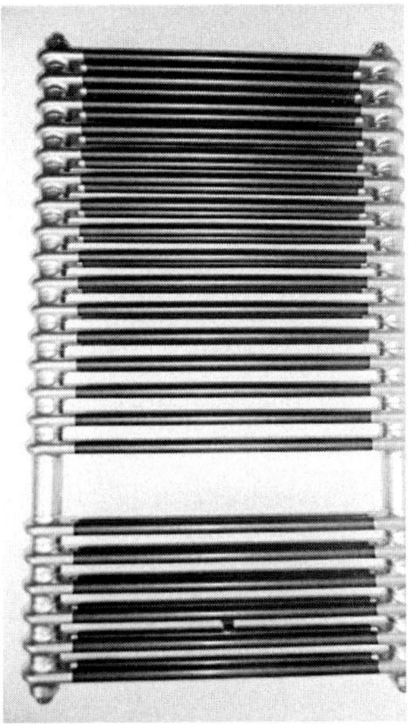

8.2. Suelo radiante

Otro elemento instalado en muchos hogares y que emite calor es el suelo radiante. Este elemento consiste en una tubería empotrada en la capa de mortero que discurre por toda la superficie del local a calefactar. Esta tubería conduce agua caliente (a baja temperatura respecto a otros sistemas de calefacción) producida por una caldera o por colectores solares.

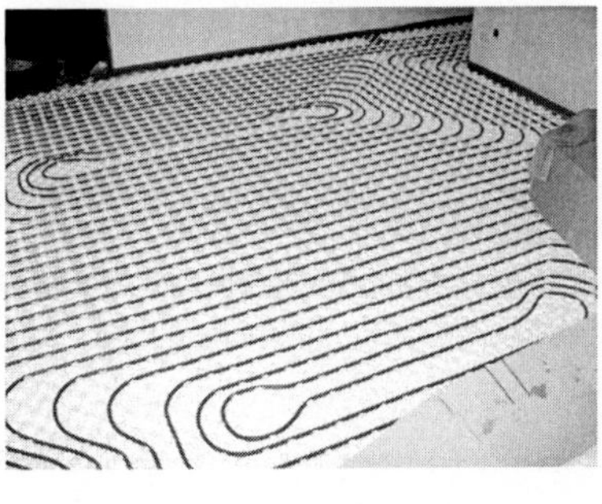

El agua cede calor al suelo a través de la tubería y el suelo, a su vez, lo transmite al ambiente del edificio.

Lejos de ser una novedad, se utilizaban sistemas similares, aunque menos sofisticados, ya en el siglo XII antes de Cristo. En España, en la Edad Media, se utilizaba un sistema de suelo radiante rudimentario que consistía en hacer circular aire y gases calientes por unos conductos situados por debajo del pavimento. Estos gases emanaban de un hogar ubicado bajo el suelo. Generalmente, se utilizaba paja como combustible. El sistema dispensaba un bienestar tal que se decía que la gente que lo disfrutaba "estaba en la gloria". Ahora podemos entender por qué este sistema se llamaba las glorias.

La aparición de las tuberías de polietileno reticulado ha revolucionado el mundo del suelo radiante (como también el mundo de la calefacción en general y de la fontanería).

Gracias a las tuberías plásticas, se ha reducido considerablemente el tiempo de montaje, optimizando a la vez la calidad y el rendimiento de la instalación. Hoy en día, no es concebible una calefacción por suelo radiante sin las tuberías plásticas dadas sus grandes ventajas, tanto económicas como técnicas, respecto a las tuberías metálicas.

Dos grandes factores han sido de suma importancia para que se desarrolle la calefacción por suelo radiante en toda Europa:

- La crisis del petróleo en los años 70, que obligó a buscar nuevas técnicas para un mayor ahorro energético (la calefacción es una de las actividades de mayor consumo de energía).
- La tendencia de los arquitectos a diseñar unos grandes espacios despejados, acogedores y con muchos ventanales. La combinación perfecta para este tipo de construcciones es, sin duda alguna, instalar un suelo radiante.

Recuerde

El suelo radiante consiste en una tubería empotrada en la capa de mortero que discurre por toda la superficie del local a calefactar.

Ventajas del suelo radiante

Distribución ideal de la temperatura

Para las personas, existe una distribución ideal de la temperatura en un local. Es conveniente conseguir una mayor temperatura en el suelo que en el techo, ya que el calor en los pies produce bienestar, mientras que un fuerte calor al nivel de la cabeza se traduce en malestar.

El suelo radiante es el sistema que más se acerca a la calefacción ideal. En los otros tipos de calefacción, la temperatura del suelo es inferior a la del techo, lo que provoca una acumulación del calor donde menos se necesita.

Estética

Con el suelo radiante desaparecen de la vivienda los radiadores, que hasta ahora limitaban las posibilidades de decoración del hogar y que suponen un foco donde se acumula polvo y cuyos huecos resultan siempre tan difíciles de limpiar.

Libertad de elección de suelos

Con el suelo radiante se puede elegir para la vivienda el tipo de suelos que más guste y, con cualquiera se tendrá una agradable sensación de confort.

Ecológico

Dada la baja temperatura requerida, la instalación de suelo radiante se puede combinar con sistemas de paneles solares u otras energías alternativas.

Temperatura uniforme en toda la vivienda

Con la calefacción por suelo radiante, se obtiene una temperatura uniforme en toda la superficie de la vivienda, desapareciendo así las zonas frías y calientes características de la calefacción por radiadores.

Mayor bienestar

La calefacción por suelo radiante elimina el efecto de paredes frías y permite respirar un aire más fresco, con el consiguiente aumento de la sensación de bienestar.

El suelo radiante mantiene el grado natural de humedad del ambiente.

A través de diferentes ensayos, se ha demostrado que para una persona la sensación de calor depende tanto de la temperatura de las paredes (Tp) como de la temperatura ambiente (Ta).

En la medida en que las paredes estén más frías, será necesario aumentar la temperatura del aire para conseguir la misma sensación de calor.

La calefacción por suelo radiante es también el sistema de calefacción más confortable por su grado de cumplimiento de la normativa actual. Para garantizar una adecuada sensación de bienestar, el Reglamento de Instalaciones de Calefacción, Climatización y Agua Caliente Sanitaria, en su IT.IC.02, impone la condición de que la temperatura resultante de los locales, medida en su centro y a 1,50 m. del suelo, esté comprendida entre 18° C y 22° C y que, además de la temperatura resultante a 1,80m. del suelo no habrá de ser superior en más de 2° C, ni inferior en más de 4° C, a la temperatura a nivel del suelo.

En el caso de la calefacción por suelo radiante, la temperatura media superficial no sobrepasará los 29° C. El suelo radiante es seguramente el sistema de calefacción que más se ajusta a esta normativa.

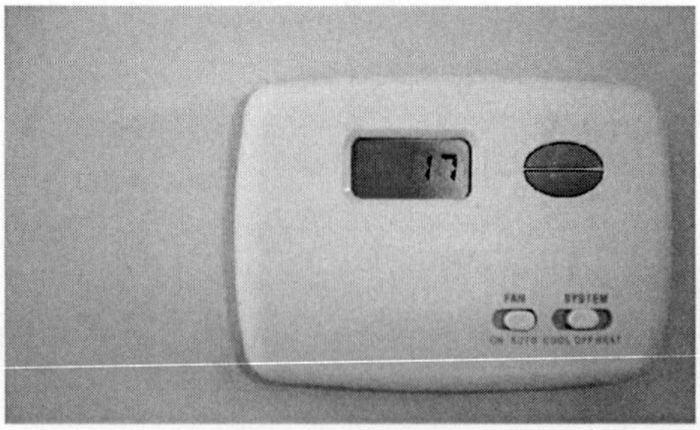

El aislamiento termoacústico incorporado al suelo evita el paso de ruidos, por lo cual mejora la calidad y el confort de la construcción.

Recuerde

La calefacción por suelo radiante elimina el efecto de paredes frías y permite respirar un aire más fresco con el consiguiente aumento de la sensación de bienestar.

Promueve la salud

La uniformidad de las variables temperatura y humedad a lo largo del espacio de un local permite un funcionamiento normal del mecanismo de regulación de la temperatura corporal.

Al no resecar el ambiente, desaparecen los problemas respiratorios debidos a la calefacción.

Muchos detractores del suelo radiante hicieron hincapié en que era causante de alteraciones del sistema circulatorio. Respetando la temperatura media superficial de 29° C que dicta el Reglamento de Calefacción (IT.IC.02.1.), no se produce ningún problema de mala circulación. Además, los edificios de nueva construcción cumplen la normativa en materia de aislamiento térmico, por lo cual, en la práctica un suelo radiante bien diseñado no sobrepasará nunca los 29° C de temperatura superficial.

Según el Dr. Heinrich Rossman, Doctor Jefe del Hospital de Distrito de Mainburg, en los sistemas de calefacción en hospitales es muy importante encontrar un compromiso entre los aspectos técnicos e higiénicos y de salud. Según él, las principales ventajas de la calefacción por suelo radiante en un centro hospitalario son:

- En la calefacción por suelo radiante, el radiador es el mismo pavimento. La limpieza del suelo incluye, por lo tanto, la del radiador.

- La pequeña diferencia de temperatura entre el suelo y el ambiente evita que se levante el polvo y, por lo tanto, la propagación de agentes contaminantes.
- La calefacción por suelo radiante, al conseguir un reparto homogéneo del calor en todo el pavimento, tiene un efecto preventivo sobre los resfriados.

La calefacción que ahorra energía

Contrariamente a los sistemas de calefacción por radiadores, que necesitan una temperatura media del agua de 80° C, en los circuitos de calefacción por suelo radiante es suficiente una temperatura media del agua de 40-45° C. Al trabajar a baja temperatura, se reducen las pérdidas de calor en las conducciones generales, tuberías que enlazan la fuente de calor con los circuitos, y se puede producir el agua caliente mediante cualquier fuente de calor (bomba de calor, calderas de alto rendimiento o paneles solares).

Recuerde

Dada la baja temperatura requerida, la instalación de suelo radiante se puede combinar con sistemas de paneles solares u otras energías alternativas.

9. Sistema de aislamiento térmico

9.1. Cálculo de aislamiento

Un buen aislamiento térmico mantendrá la vivienda a una temperatura confortable durante todo el año y proporcionará un ahorro económico, tanto en aire acondicionado como en calefacción.

Si el aislamiento de la casa es bueno, ésta se mantendrá igual de agradable en verano que en invierno. Este aislamiento debe presentarse en tejados, muros y ventanas, porque tan importante como disponer de un buen sistema de calefacción y aire acondicionado es proteger la vivienda contra los rigores del clima.

Una casa bien aislada reduce las pérdidas de calor y frío, lo que permite mantener una temperatura de confort de 25° C en verano y 20° C en invierno, con menor consumo energético. Ahorrando así energía y, consecuentemente, ahorrando en la factura del gas, la electricidad o el combustible que utilice en casa.

GASTO DE ENERGÍA EN CASA

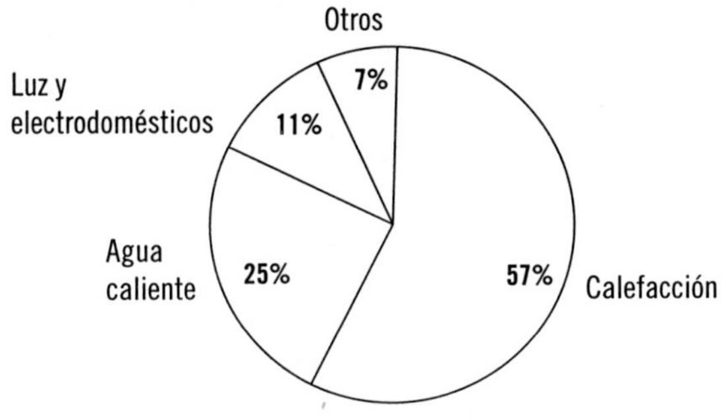

Fuente: Comisión Europea

Pasos para aislar un hogar

Aislar los muros

La fachada de un edificio constituye el elemento constructivo más importante: es el principal factor de impermeabilización y aislamiento térmico de la vivienda.

La concepción de los muros ha evolucionado considerablemente en el último siglo: de los muros gruesos construidos a partir de un solo material (piedra o ladrillo) se ha pasado a otros más finos realizados con diferentes materiales, uno de los cuales es un aislante.

A continuación, veremos cómo debería estar construido un muro de la fachada de una vivienda normal:

- Pared exterior (cara vista de la fachada) de ladrillo cerámico macizo de 12cm de espesor.
- Trasdosado del muro realizado con enfoscado de mortero de cemento de entre 3 y 4cm de espesor.
- Cámara de aire con un mínimo de 10cm de espesor, donde iría el material aislante.
- Tabique de cámara de ladrillo hueco simple de 4cm de espesor.
- Revestimiento interior (o enlucido) de yeso de 1cm de espesor.
- Pintura, papel, tela, etc.

La capacidad de aislamiento de un material depende esencialmente de la cantidad de aire que encierre dentro de él, y es que el aire, cuando permanece inmóvil, es un aislante muy eficaz. Esta capacidad de aislamiento viene definida por su conductividad térmica, expresada como λ (w/m °C), que varía en función del tipo de material empleado. Cuanto menor sea su valor, mejor aislará.

Los materiales aislantes más comunes son la lana mineral y los paneles sintéticos. Los materiales naturales, fabricados a partir de fibras de celulosa, de madera o de lino, son más caros y se emplean menos.

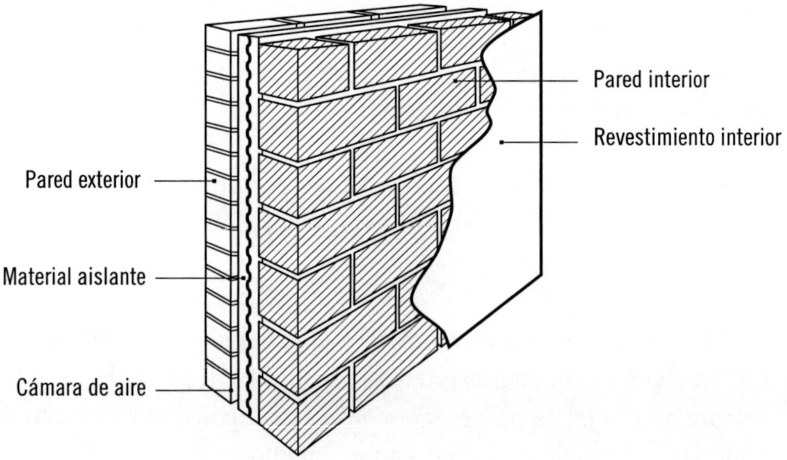

A continuación, puede observarse un muro perfectamente aislado:

Si el muro de la vivienda no se construyó siguiendo las pautas que se han visto anteriormente y no está bien aislado, siempre cabe la posibilidad de reformarlo desde dentro. Ahora bien, recurrir al aislamiento interior implica necesariamente una pérdida de espacio útil.

Para aislar desde dentro los muros, se debe colocar un panel de material aislante sobre unos listones apoyados en la pared. El hueco entre la pared y la capa aislante hará la función de cámara de aire. También se puede pegar el panel aislante directamente sobre la pared. Luego, no habrá más que volver a cubrir el material aislante con el revestimiento interior original y una capa de pintura.

Recuerde

El aire, cuando permanece inmóvil, es un aislante muy eficaz.

A continuación, puede observarse un muro aislado desde dentro:

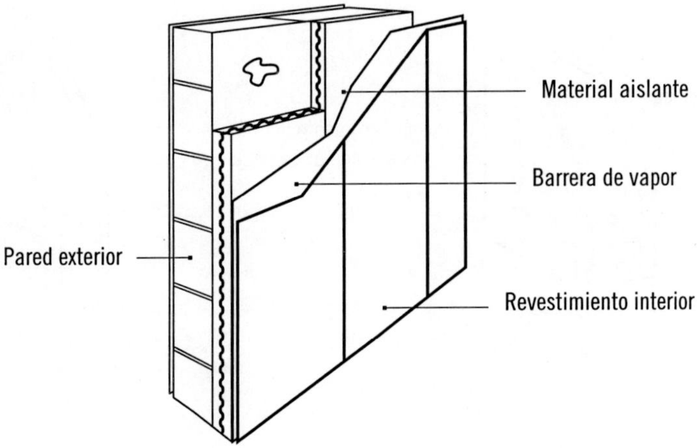

Aislar las ventanas

El doble acristalamiento es otro elemento indispensable para conseguir un buen aislamiento térmico del hogar, sobre todo cuando se trata de viviendas situadas en regiones frías. La eficacia del aislamiento depende tanto del tipo de cristal empleado como de la carpintería de la ventana sobre la que vaya colocado.

Doble cristal y una adecuada carpintería:

Llamamos doble acristalamiento a dos hojas de cristal separadas por una capa de aire o un gas especial con un alto poder aislante. Existen multitud de combinaciones posibles: se puede modificar el espesor de los cristales, el espacio que los separa y el gas que llena ese espacio (aire, argón, Kriptón, etc.), se pueden tratar los cristales mediante el depósito de capas metálicas especiales para favorecer el aislamiento contra el frío y para evitar, en la medida de lo posible, la entrada de la radiación solar, y también se pueden reforzar los cristales contra el ruido o la rotura, de tal manera que el doble cristal sea a la vez aislante térmico, acústico y de seguridad. Respecto a la carpintería que rodea la ventana, le aconsejamos que utilice la madera o el PVC. El aluminio no es una buena solución: este material tiene una conductividad demasiado alta que permite el paso del frío o del calor según la estación del año.

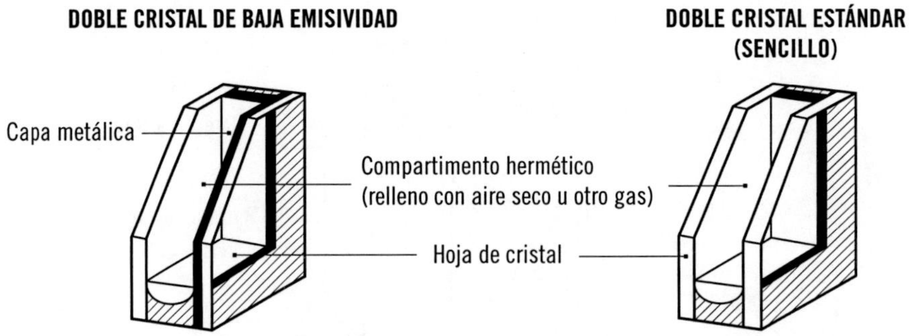

Aislar el tejado

Al igual que hemos visto en los muros, el tejado también debe llevar un material aislante entre las superficies de construcción.

Si el tejado ya estuviese construido y careciese de capa aislante, entonces la solución más cómoda sería pegar dicha capa en la parte interior del techo y cubrirla luego con el revestimiento interior original y una capa de pintura, si hubiese cámara de aire, más sencillo aún: sujetar la capa de material aislante sobre el suelo de la cámara.

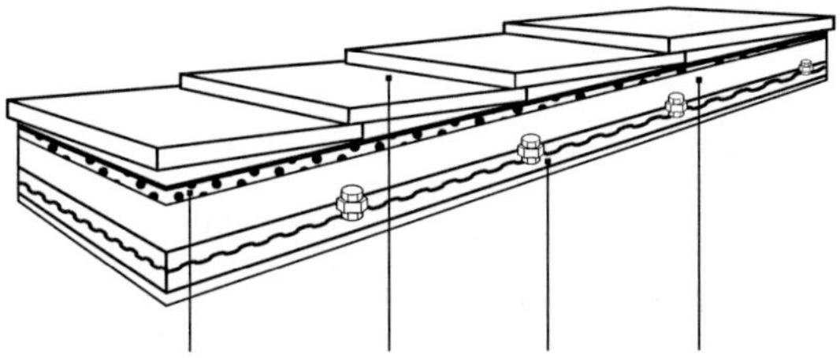

Recuerde

El doble acristalamiento es otro elemento indispensable para conseguir un buen aislamiento térmico del hogar, sobre todo cuando se trata de viviendas situadas en regiones frías.

Aislamiento térmico de las tuberías

En la mayoría de los casos habrá que aislar convenientemente tanto el circuito primario como el secundario, quedando a expensas de las condiciones particulares de cada instalación.

El RITE establece el grosor mínimo del aislamiento de las tuberías en función de la temperatura máxima de fluido que circula por su interior y el diámetro de la canalización de acuerdo con la siguiente tabla:

Fuido interior caliente				
Diámetro exterior [1] mm	Temperatura del fluido [2] °C			
	40 a 65	66 a 100	101 a 150	151 a 200
D < 35	20	20	30	40
35 < D a 60	20	30	40	40
60 < D a 90	30	30	40	50
90 < D a 140	30	40	50	50
140 < D	30	40	50	60

[1] Diámetro exterior de la tubería sin aislar
[1] Se escoge la temperatura máxima en la red

El RITE establece que, cuando los componentes estén aislados al exterior, el espesor indicado en las tablas anteriores será incrementado, como mínimo, en 10mm para fluidos calientes.

Estos espesores mínimos son válidos para materiales de aislamiento con una conductividad térmica λ igual a 0,040 W/(mK) a 20° C.

Para materiales de aislamiento con una conductividad λ diferente de W/ (mk), el RITE indica la siguiente expresión para el cálculo del espesor mínimo e:

$$e = \frac{D_i}{2}\left[\mathrm{EXP}\left(\frac{\lambda}{0{,}04} \times \ln \frac{D_i + 2 \times e_{ref}}{D_i}\right) - 1\right]$$

Donde:

E = espesor mínimo del aislamiento, en mm.
e_{ref} = espesor mínimo del aislamiento según tabla.
D_i = diámetro interior del aislamiento, en mm.
Λ = conductividad térmica del material de aislamiento, en W/(mK).
EXP = significa función exponencial del número neperiano e (2,7183).

10. Protecciones de captadores, tuberías y accesorios

10.1. Imprimaciones

La imprimación, mejora la adherencia, proporciona una resistencia a la corrosión y aporta resistencia a los impactos mecánicos.

En general, las imprimaciones se utilizan para ofrecer una buena adherencia al resto de los productos de pintura y proporcionar la protección adecuada frente a la corrosión.

A continuación, veremos varios tipos de las imprimaciones más usadas en materiales férreos:

Imprimación de minio

Características generales

Imprimación característica para el tratamiento de sustratos férricos y de laminación. Posee un excelente comportamiento frente a la oxidación.

Precisa de una preparación esmerada y limpieza del sustrato en cuanto a grasas y elementos contaminantes para que pueda humectar perfectamente la superficie a tratar.

Usos recomendados

Carpintería metálica, estructura ligera y, eventualmente, máquina herramienta.

En general, para elementos férricos sobre los que tiene una muy buena adhesión en atmósferas secas o moderadamente húmedas.

Otras características

Esta imprimación posee un buen poder humectante de la superficie, por lo que es un buen anticorrosivo frente a las corrientes galvánicas.

Debe ser tratada con posterioridad pero no antes de 72 horas de la aplicación con un acabado preferentemente Alcídico que selle perfectamente la superficie imprimada.

Recuerde

La imprimación, mejora la adherencia, proporciona una resistencia a la corrosión y proporciona resistencia a los impactos mecánicos.

Instrucciones de uso

Seguir las indicaciones que se indican a continuación para obtener las máximas prestaciones de producto en cuanto a resistencia mecánica y química. Prestar especial atención a las condiciones ambientales.

Preparación de superficies

Como ya se ha indicado, con una limpieza y desengrase puede ser suficiente pero se recomienda un cepillado abrasivo.

Equipo de aplicación

- Aerográfico: dilución de 3-5% con el disolvente recomendado.
  - Orificio/presión, boquilla: 0,50-0,66mm/ 4-6 atmosf.
  - Emplear regulador de presión para aire y producto.
- Airless: dilución de 0-3% con disolvente recomendado.
  - Orificio/presión, boquilla; 0,60-1,00mm/140-160 at.
  - Emplear manguera de 3/8" para producto.
  - Bomba de presión, 28-1.
- Brocha/rodillo: aplicación a viscosidad de suministro. En ambos casos utilizar elementos de pelo corto. No retocar.

Condiciones ambientales / tiempos de secado y curado

Temp. del aire de 5 a 35° C	Al tacto: 30' (10° C) 20' (20° C)
Temp. del material de 10 a 35° C	Manip.: 3 h (10° C) 2 h (20° C)
Temp. del soporte de10 a 35° C	Total : 48 h (10° C) 24 h (20° C)

La humedad relativa debe estar por encima del 50% a 25° C.

La temperatura de la superficie estará 3° C por encima del punto de rocío.

Los tiempos de curado son proporcionalmente más cortos a mayores temperaturas.

Procedimiento de aplicación

1. Limpieza del equipo antes de la aplicación, con disolvente.
2. Agitar el producto hasta total homogeneización.
3. Añadir el 5% de disolvente agitando durante 5 minutos.

4. Aplicar pasadas paralelas solapando un 50% la anterior.
5. Reforzar con doble espesor, esquinas, cantos vivos, salientes etc.
6. Controlar el espesor con galga dentada. Siendo 100 mic húmedas, 50 secas.
7. Pequeños defectos como cráteres y burbujas, repasar con pincel.
8. Producto inflamable. No utilizar en recintos cerrados.
9. Utilizar equipo de protección personal.
10. Limpieza final de los equipos.

Imprimaciones anticorrosivas con pinturas de cromato de cinc-óxido de hierro

Son las aplicadas sobre superficies de acero expuestas al interior o al exterior en ambiente marino, rural o industrial poco o medianamente contaminante. Tienen un tiempo de secado sensiblemente inferior a las imprimaciones de minio de plomo.

Condiciones generales

- La aplicación de la pintura de cromato de cinc-óxido de hierro podrá ser realizada con brocha o por pulverización, debiendo realizarse de acuerdo con las indicaciones del fabricante.
- Cuando se aplique por pulverización, el operador deberá ir equipado con una capucha con alimentación de aire independiente y el personal no protegido deberá quedar alejado de la pistola o pulverizador por lo menos treinta metros (30 m.).
- El espesor mínimo de la pintura seca será de cuarenta micras (0,04 mm.).
- Cuando la superficie a proteger sea acero nuevo y se prepare mediante chorreado abrasivo, se conseguirá, al menos, el grado Sa2 definido en la norma SIS 055900. Cuando se prepare la superficie mecánicamente, se conseguirá, al menos, el grado St3 de la citada norma.
- A continuación, se indica el comportamiento de los sistemas de pintura con imprimaciones de cromato de cinc-óxido de hierro bajo diferentes condiciones de exposición de la estructura de acero.

Recuerde

Las imprimaciones anticorrosivas con pinturas de cromato de cinc-óxido de hierro, son las aplicadas sobre superficies de acero expuestas al interior o al exterior en ambientes marino, rural o industrial poco o medianamente contaminante.

Condiciones de exposición	Uso
Rural	Recomendable
Industrial	Recomendable
Marino	Recomendable
Inmersión en agua	No recomendable
Inmersión en agua marina	No recomendable
Alternativa de lámina de agua	No recomendable
Humedad y condensación	No recomendable
Químicas de mediana intensidad	Recomendable
Enterrada	No recomendable
Interior, seco	Recomendable

El PCTP definirá el tipo de pinturas de acabado que se aplicarán sobre la imprimación con pinturas de cromato de cinc-óxido de hierro. Pinturas compatibles con esta imprimación son, entre otras, las pinturas y esmaltes sintéticos y las pinturas grasas.

Medición y abono

La imprimación con pinturas de cromato de cinc-óxido de hierro no será de abono directo, salvo prescripción en contrario en el PCTP, por considerarse incluida en el precio de los elementos metálicos.

Cuando así lo especifique el PCTP, la imprimación con pintura de cromato de cinc-óxido de hierro se medirá y abonará por metros cuadrados (m^2) de superficie realmente ejecutada.

10.2. Protección catódica

La protección catódica es una técnica de control de la corrosión que está siendo aplicada cada día con mayor éxito en el mundo entero, pues cada día se hacen necesarias nuevas instalaciones de conductos para transportar petróleo, productos terminados, agua, así como para tanques de almacenamientos, cables eléctricos y telefónicos enterrados y otras instalaciones importantes.

En la práctica, se puede aplicar protección catódica en metales como acero, cobre, plomo, latón, y aluminio, contra la corrosión en todos los suelos y en casi todos los medios acuosos. De igual manera, se puede eliminar el agrietamiento por corrosión bajo tensiones por corrosión, corrosión intergranular, picaduras o tanques generalizados.

Como condición fundamental, las estructuras componentes del objeto a proteger y del elemento de sacrificio o ayuda deben mantenerse en contacto eléctrico e inmerso en un electrolito.

Aproximadamente, la protección catódica presenta sus primeros avances en el año 1824, año en que Sir. Humphrey Davy recomienda la protección del cobre de las embarcaciones, uniéndolo con hierro o zinc, habiéndose obtenido una apreciable reducción del ataque al cobre, a pesar de que se presentó el problema de ensuciamiento por la proliferación de organismos marinos, habiéndose rechazado el sistema por problemas de navegación.

En 1850, y después de un largo período de estancamiento, la marina canadiense, mediante un empleo adecuado de pinturas con antiorganismos y anticorrosivos, demostró que era factible la protección catódica de embarcaciones con mucha economía en los costos y en el mantenimiento.

Procedimiento

Al unir eléctricamente dos metales de distinto potencial electroquímico, estando ambos rodeados del mismo electrolito (tierra, agua de mar, agua dulce, etc.) se establecerá entre ellos una pila galvánica, en la que el metal con carácter más electronegativo (ánodo) cederá electrones al metal más electropositivo, protegiéndose éste a expensas de la corrosión del primero.

En la serie electroquímica de los metales, vemos que el hierro y el acero podrán ser protegidos conectándolo a piezas de aluminio, zinc y magnesio, cuyas piezas se denominarán **ánodos de sacrificio**, ya que se irán disolviendo, a expensas de suministrar la corriente de electrones necesaria, para mantener al acero en estado de inmunidad.

Este suministro constante de electrones puede hacerse también desde una fuente de corriente eléctrica continua, la cual tendrá su polo negativo conectado a la estructura del acero, que pretendemos proteger y el polo positivo conectado a un conductor eléctrico, sumergido en el mismo medio, a distancia conveniente de la estructura.

Con esta disposición, la corriente eléctrica continua pasará, desde el conductor (ánodo) a la estructura, a través del electrolito estableciéndose así la misma pila de protección que en el caso anterior. A este último procedimiento se le denomina **corriente impresa**.

Los dos procedimientos para atenuar o evitar la corrosión, protección catódica y recubrimientos, son complementarios.

Los recubrimientos, por si solos, no son suficientes para evitar la corrosión, por lo que deben ser complementados con un sistema de protección catódica. Cuanto mejor sea un recubrimiento y mejor aplicado esté, necesitará menor cantidad de corriente para ser protegido catódicamente.

La elección de uno de los métodos de Protección Catódica, ánodos de sacrificio o corriente impresa, dependerá de factores tales como el tamaño de la estructura a proteger, la forma de su superficie, la naturaleza del medio, la disponibilidad de corriente eléctrica, la proximidad de otras estructuras que puedan influir sobre la que nos ocupa, o bien, que nuestro equipo pueda influir sobre estructuras ajenas próximas, aspectos económicos, etc.

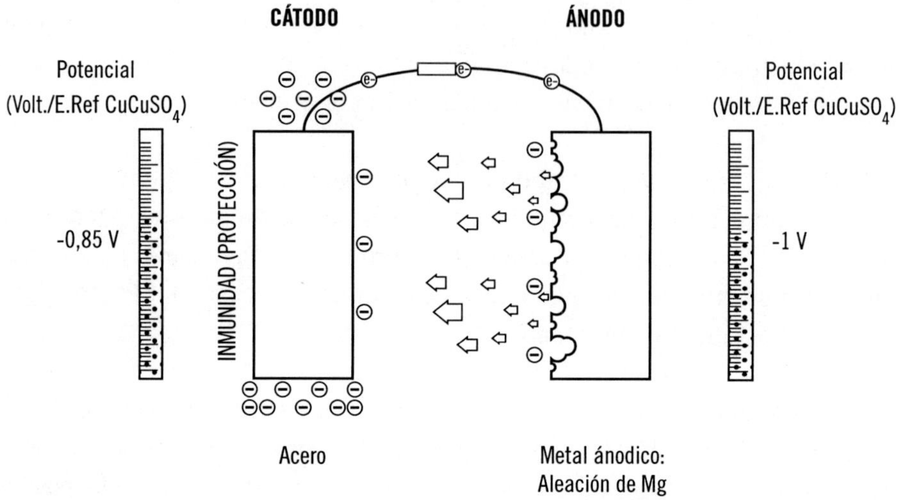

11. Corrosión e incrustación en tuberías

11.1. Problemática de las incrustaciones

Incrustación es la deposición de materiales extraños, más o menos adherentes, en diversas partes de las captaciones de agua, bien en el filtro, bien en el propio acuífero.

Las incrustaciones pueden ser duras o frágiles, actuando muchas veces a modo de cemento (p. ej., formación de carbonatos). A veces se trata de lodos o rellenos pastosos o gelatinosos (p. ej., óxidos de hierro o colonias de bacterias).

La presencia de incrustaciones generalmente se asocia a un descenso de los caudales específicos (caudal por metro de descenso del nivel de agua).

Las incrustaciones pueden afectar por ejemplo a las tuberías de agua de un pozo:

- La zona filtrante de los pozos, como consecuencia producen una redución de la superficie efectiva de entrada de agua.
- El propio acuífero. Rellenan sus poros y disminuyen su permeabilidad. Tuberías. Disminuyen la sección. Si se producen sobre la propia pared del pozo, en principio no afectan a la explotación del mismo (pueden molestar o impedir el montaje y desmontaje de la bomba), pero si lo hacen en la tubería de impulsión, aumentan las pérdidas de carga del bombeo.

En un pozo que bombea a un ritmo de 100 m^3/h, la disminución de la dureza del agua en sólo una parte por millón debido al paso por la rejilla, supone la precipitación de 2,4 kg diarios de carbonato cálcico. Afortunadamente, solo parte de ese carbonato se precipita sobre la rejilla, pero una parte considerable puede hacerlo en zonas próximas o en el sistema de bombeo. Las incrustaciones pueden llegar a colmatar totalmente la rejilla en sus inmediaciones, hasta algunos centímetros de espesor, y parcialmente hasta varios decímetros.

Tipos de incrustaciones

Carbonato cálcico CO_3Ca

El carbonato cálcico forma las incrustaciones más frecuentes. Generalmente, su origen se asocia a una pérdida de anhídrido carbónico por el agua.

Las aguas subterráneas suelen estar saturadas en carbonato cálcico en disolución debido a la presencia de anhídrido carbónico disuelto. La cantidad de anhídrido carbónico disuelto depende de la proporción del mismo en el aire en contacto con el agua y de la temperatura. Como las aguas al infiltrarse lo hacen a través de terrenos no saturados que con frecuencia tienen contenidos en anhídrido carbónico muy superiores al de la atmósfera (hasta 20 veces superior), pueden disolver cantidades notables de carbonato. Al estar estas aguas a presiones inferiores a las que tenían en el terreno, o al entrar en contacto con la atmósfera, pierden anhídrido carbónico con la consiguiente sobresaturación en carbonatos. Si las condiciones son apropiadas, el exceso de carbonato cálcico (en menor medida el carbonato magnésico, que es más soluble) se puede precipitar en forma de pequeños aglomerados fangosos o depositarse en capas duras y estratificadas sobre las superficies sólidas, formando incrustaciones.

Un aumento de la temperatura es un factor importante en las conducciones (mucho menos en los pozos) y lleva también a una sobresaturación en carbonatos con la consiguiente posibilidad de incrustaciones. La mezcla de aguas diferentes, puestas en contacto por pozos que atraviesan varios acuíferos, puede ser también origen de incrustaciones.

Recuerde

Incrustación es la deposición de materiales extraños, más o menos adherentes, en diversas partes de las captaciones de agua, bien en el filtro, bien en el propio acuífero.

Hierro $Fe(OH)_3$ y $Fe(OH)_2$

Con frecuencia, las aguas llevan cantidades notables de hierro (algunas partes por millón en ión ferroso), generalmente asociado a ambientes geoquímicos reductores, que puede precipitar por oxidación al tomar contacto con el aire, perder anhídrido carbónico o variar la velocidad del agua. Puede precipitarse óxido de hierro hidratado (frecuentemente férrico, aunque a veces también puede ser ferroso, formando un fango negro) o más fácilmente hidróxido férrico (marrón rojizo) o ferroso (incoloro), más o menos pastosos o gelatinosos y, en ocasiones, muy voluminosos.

Este precipitado voluminoso ocupa los poros reduciendo de forma considerable la permeabilidad de la formación.

A veces, su presencia pasa inadvertida en las muestras de terreno, ya que fácilmente se destruye su tenue trama.

En ocasiones, el hierro puede provenir de la corrosión del tubo del pozo y precipitarse después en otro punto o incluso "in situ", dando origen a la simultaneidad de corrosión e incrustación.

Las bacterias del hierro, principalmente las de los géneros Gallionella, Cremothrix y Leptothrix, pueden dar precipitados voluminosos de compuestos férricos a partir del ión ferroso, los cuales reducen drásticamente la permeabilidad, además de atrapar otras partículas insolubles. Las condiciones más favorables para su desarrollo son:

- Aguas freáticas aerobias, principalmente a poca profundidad bajo el nivel del agua.
- Aguas subterráneas relativamente frías (menos de 18,5° C). No se desarrollan con temperaturas superiores a 24° C.
- Aguas con elevado contenido en Fe (por encima de 1 ppm) y Mn.
- Aguas poco salinas, con residuo seco menor de 1000 ppm. No se desarrollan en aguas salinas o con elevados contenidos en sulfatos.

Magnesio CO_3 Mg y Manganeso CO_3 Mn

Tienen igual comportamiento que el hierro, dando óxido negro o marrón oscuro o un gel de $Mn(OH)_4$. Normalmente no crean graves problemas ya que se presentan en cantidades muy pequeñas.

Yeso

Salvo en casos excepcionales de aguas muy sulfatadas, no es normal encontrar incrustaciones de yeso en los pozos, ya que su solubilidad es alta y, aunque disminuye al aumentar la temperatura, no son de esperar cambios importantes de ésta en los pozos.

La precipitación de yeso es más favorable en tuberías, especialmente de refrigeración.

Sílice

Tampoco son frecuentes las incrustaciones duras de sílice, ya que los cambios de temperatura en el pozo son despreciables. No obstante, este tipo de incrustaciones puede aparecer con aguas sobresaturadas o aparecer como silicatos atrapados en las incrustaciones carbonatadas.

Generalmente, la sílice aparece atrapada en otras incrustaciones y no es de precipitación química.

Cómo evitar el problema

Los procesos de incrustaciones y/o corrosión pueden prevenirse determinando previamente el carácter incrustante, agresivo y/o corrosivo del agua frente a los componentes de la instalación.

Los procesos de incrustaciones calcáreas pueden tratarse mediante sistemas de descalcificación con resinas de intercambio iónico, mediante dosificación de inhibidores de incrustaciones y/o mediante equipos físicos.

11.2. Tipos de agua

El agua que usamos para consumo propio proviene de los ríos, pero en una planta especial se le hace pasar capas de arena y es purificada por acción del cloro, eliminándose así todos los microbios.

Agua salada

Agua en la que la concentración de sales es relativamente alta (más de 10000 mg/l). Es la que se puede encontrar en los océanos y mares de la Tierra. Es salada por la concentración de sales minerales disueltas que contiene, un 55‰ (5.5%) como media, entre las que predomina el cloruro sódico, también conocido como sal de mesa. El océano contiene un 97.25% del total de agua que forma la hidrosfera.

El agua de mar presenta una elevada conductividad eléctrica, a la que contribuyen la polaridad del agua y la abundancia de iones disueltos. La conductividad varía sobre todo con la temperatura y la salinidad, y su medición permite, una vez controlada la temperatura, conocer la salinidad.

Agua salobre

Agua que contiene sal en una proporción significativamente menor que el agua marina. La concentración del total de sales disueltas está generalmente comprendida entre 1000 y 10.000 mg/l. Este tipo de agua no está contenida entre las categorías de agua salada y agua dulce.

Técnicamente, se considera agua salobre la que posee entre 0,5 y 30 gramos de sal por litro, expresados más frecuentemente como de 0,5 a 30 partes por mil.

El agua salobre es típica de los estuarios y resulta de la mezcla del agua del río correspondiente con el agua del mar. También se encuentra agua salobre de origen fósil en ciertos acuíferos asociados con rocas salinas. Se puede obtener a partir de la mezcla de agua dulce y agua de mar. Pero salobre cubre un rango de salinidad y no es una condición definida con precisión. Es característico del agua salobre que su salinidad pueda variar considerablemente a lo largo del tiempo y del lugar.

Agua dulce

Se trata de un agua natural con una baja concentración de sales, o generalmente considerada adecuada, previo tratamiento, para producir agua potable.

El agua dulce que todos los seres vivos necesitan para crecer y desarrollarse representa sólo el 3 % del agua de todo el planeta. Además, se encuentra desigualmente distribuida, concentrándose más del 90 por ciento de la misma en los casquetes polares, glaciares y masas de hielo.

Se calcula que en la Tierra hay unos 1.400 millones de km^3 de agua, pero solamente el 3% de esa agua es agua dulce, es decir 42 millones de km^3.

Recuerde

El agua que usamos para consumo propio proviene de los ríos, pero en una planta especial se le hace pasar capas de arena y es purificada por acción del cloro, eliminándose así todos los microbios.

Agua dura

Agua que contiene un gran número de iones positivos. La dureza está determinada por el número de átomos de calcio y magnesio presentes. El jabón generalmente se disuelve malamente en las aguas duras.

En química, el agua dura es aquella que posee una dureza superior a 120 mg $CaCO_3$/l, es decir, que contiene un alto nivel de minerales, en particular sales de magnesio y calcio. Son éstas las causantes de la dureza del agua, y el grado de dureza es directamente proporcional a la concentración de sales metálicas.

Es un agua que no produce espuma con el jabón. El agua dura forma un residuo grisáceo con el jabón que a veces altera el color de la ropa sin poder lavarla correctamente, forma una dura costra en las ollas y en los grifos y, algunas veces, tiene un sabor desagradable. El agua dura contiene iones que forman precipitados con el jabón o por ebullición.

El agua dura puede volver a ser blanda con el agregado de carbonato de sodio o potasio, para precipitarlo como sales de carbonatos, o por medio de intercambio iónico con salmuera en presencia de zeolita o resinas sintéticas.

La dureza del agua tiene una distinción compartida entre dureza temporal (o de carbonatos) y dureza permanente (o de no-carbonatos).

La dureza temporal se produce por carbonatos y puede ser eliminada al hervir el agua o por la adición de cal (hidróxido de calcio). Mientras que la dureza permanente no puede ser eliminada al hervir el agua, es usualmente causada por la presencia del sulfato de calcio y magnesio y/o cloruros en el agua, que son más solubles mientras sube la temperatura.

Agua blanda

Agua sin dureza significativa. El agua blanda puede definirse como agua con menos de 0,5 partes por mil de sal disuelta. Los cuerpos de agua dulce incluyen lagos, ríos, glaciares, cuerpos de agua subterránea. La fuente de agua dulce es la precipitación de la atmósfera en forma de lluvia o nieve.

El agua blanda se caracteriza por tener una concentración de cloruro de sodio ínfima y una baja cantidad de iones de calcio y magnesio.

Las aguas blandas son potables; las aguas duras, no.

Bajo el efecto del sol, el agua de ríos, lagos, océanos, plantas y árboles se evapora. Esta evaporación forma nubes que se precipitan en forma de lluvia, granizo o nieve. Una parte de las precipitaciones se filtra en el suelo y el agua se vuelve dura tras atravesar rocas calcáreas.

El ablandamiento (la extracción de cal del agua) ofrece muchas ventajas. El agua blanda resulta más agradable tanto para la piel como para el cabello y protege a los aparatos y a las tuberías que atraviesa. Proporciona mayor comodidad personal y evita la calcificación de las instalaciones, sobre todo de aquellas destinadas al agua caliente.

Recuerde

El agua blanda puede definirse como agua con menos de 0,5 partes por mil de sal disuelta.

Aguas negras

Agua de abastecimiento de una comunidad después de haber sido contaminada por diversos usos. Puede ser una combinación de residuos, líquidos o en suspensión, de tipo doméstico, municipal e industrial, junto con las aguas subterráneas, superficiales y de lluvia que puedan estar presentes.

Definen un tipo de agua que está contaminada con sustancias fecales y orina, procedentes de desechos orgánicos humanos o animales. Su importancia es tal que requiere sistemas de canalización, tratamiento y desalojo. Su tratamiento nulo o indebido genera graves problemas de contaminación. A las aguas negras también se les llama aguas servidas, aguas residuales, aguas fecales, o aguas cloacales. Son residuales, habiendo sido usada el agua, constituyen un residuo, algo que no sirve para el usuario directo, son negras por el color que habitualmente tienen, y cloacales porque son transportadas mediante cloacas (del latín cloaca, alcantarilla), nombre que se le da habitualmente al colector. Algunos autores hacen una diferencia entre aguas servidas y aguas residuales, en el sentido en que las primeras solo provendrían del uso doméstico y las segundas corresponderían a la mezcla de aguas domésticas e industriales. En todo caso, están constituidas por todas aquellas aguas que son conducidas por el alcantarillado e incluyen, a veces, las aguas de lluvia y las infiltraciones de agua del terreno.

Todas las aguas naturales contienen cantidades variables de otras sustancias en concentraciones que varían de unos pocos mg/litro en el agua de lluvia a cerca de 35 mg/litro en el agua de mar. A esto, hay que añadir, en las aguas residuales, las impurezas procedentes del proceso productor de desechos, que son los propiamente llamados vertidos. Las aguas residuales pueden estar contaminadas por desechos urbanos o bien proceder de los variados procesos industriales.

La composición y su tratamiento pueden diferir mucho de un caso a otro, por lo que en los residuos industriales es preferible la depuración en el origen del vertido que su depuración conjunta posterior.

Por su estado físico se puede distinguir:

- Fracción suspendida: desbaste, decantación, filtración.
- Fracción coloidal: precipitación química.
- Fracción soluble: oxidación química, tratamientos biológicos, etc.

La coloidal y la suspendida se agrupan en el ensayo de materias en suspensión o Sólidos Suspendidos Totales (SST).

Aguas grises

Son aguas domésticas residuales compuestas por agua de lavar procedente de la cocina, cuarto de baño, aguas de los fregaderos, y lavaderos.

Las aguas grises se distinguen de las aguas cloacales contaminadas con desechos del retrete, llamadas aguas negras, porque no contienen bacterias escherichia coli. Las aguas grises son de vital importancia, porque pueden ser de mucha utilidad en el campo del regadío ecológico.

Las aguas grises generalmente se descomponen más rápido que las aguas negras y tienen mucho menos nitrógeno y fósforo. Sin embargo, las aguas grises contienen algún porcentaje de aguas negras, incluyendo patógenos de varias clases.

Las aguas grises recicladas de la bañera o tina de baño pueden ser utilizadas en los retretes, lo que ahorra grandes cantidades de agua. La pionera en la creación de depuradoras de aguas grises fue una empresa española llamada Ecoaigua, que lleva 15 años investigando sistemas de reaprovechamiento de aguas usadas. Sin embargo, las aguas grises sin tratar no pueden ser utilizadas para la descarga del excusado, ya que generan malos olores y manchas si se dejan más de un día.

Aguas residuales

Son fluidos residuales en un sistema de alcantarillado, es decir, el gasto o agua usada por una casa, una comunidad, una granja, o industria que contiene materia orgánica disuelta o suspendida.

El tratamiento de aguas residuales (o agua residual, doméstica o industrial, etc.), es un proceso de tratamiento de aguas que a su vez incorpora procesos físicos, químicos y biológicos, los cuales tratan y remueven contaminantes físicos, químicos y biológicos del agua efluente del uso humano. El objetivo del tratamiento es producir agua ya limpia (o efluente tratado) o reutilizable en el ambiente y un residuo sólido o fango también convenientes para los futuros propósitos o recursos. Es muy común llamarlo depuración de aguas residuales para distinguirlo del tratamiento de aguas potables.

Las aguas residuales son generadas por residencias, instituciones y locales comerciales e industriales. Esto puede ser tratado dentro del sitio en el cual es generado (por ejemplo: tanques sépticos u otros medios de depuración) o recogido y llevado mediante una red de tuberías y eventualmente bombas a una planta de tratamiento municipal. Los esfuerzos para colectar y tratar las aguas residuales domésticas de las descargas están típicamente sujetas a regulaciones y estándares locales, estatales (regulaciones y controles). Recursos industriales de aguas residuales, a menudo requieren procesos de tratamiento especializado.

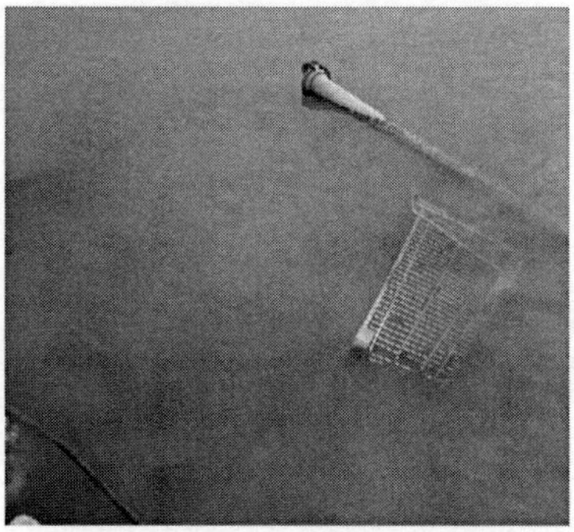

Típicamente, el tratamiento de aguas residuales es alcanzado por la separación física inicial de sólidos de la corriente de aguas domésticas o industriales, seguido por la conversión progresiva de materia biológica disuelta en una masa biológica sólida usando bacterias adecuadas, generalmente presentes en estas aguas. Una vez que la masa biológica es separada o removida, el agua tratada puede experimentar una desinfección adicional mediante procesos físicos o químicos. Este efluente final puede ser descargado o reintroducidos de vuelta a un cuerpo de agua natural (corriente, río o bahía) u otro ambiente (terreno superficial o subsuelo) etc. Los sólidos biológicos segregados experimentan un tratamiento y neutralización adicional antes de la descarga o reutilización apropiada.

Estos procesos de tratamiento son típicamente referidos a un:

- Tratamiento primario (asentamiento de sólidos).

- Tratamiento secundario (tratamiento biológico de sólidos flotantes y sedimentados).
- Tratamiento terciario (pasos adicionales como lagunas, micro filtración o desinfección).

Resumen

El tratamiento de aguas residuales es un proceso de tratamiento de aguas que a su vez incorpora procesos físicos, químicos y biológicos, los cuales tratan y remueven contaminantes físicos, químicos y biológicos del agua efluente del uso humano.

Otros tipos de agua

- **Aguas residuales municipales**: residuos líquidos, originados por una comunidad, formados posiblemente por aguas residuales domésticas o descargas industriales.
- **Agua bruta**: agua que no ha recibido tratamiento de ningún tipo, o agua que entra en una planta para su posterior tratamiento.
- **Aguas muertas**: aguas en estado de escasa o nula circulación, generalmente con déficit de oxígeno.
- **Agua alcalina**: agua cuyo pH es superior a 7.
- **Agua capilar**: agua que se mantiene en el suelo por encima del nivel freático debido a la capilaridad.
- **Agua de adhesión**: agua retenida en el suelo por atracción molecular, formando una película en las paredes de la roca o en las partículas del suelo.
- **Agua de desborde**: agua que se inyecta a través de una fisura en una capa de hielo.
- **Agua de formación**: agua retenida en los intersticios de una roca sedimentaria en la época en que ésta se formó.
- **Agua de gravedad**: agua en la zona no saturada que se mueve bajo la influencia de la fuerza de gravedad.

- **Agua de suelo**: agua que se encuentra en la zona superior del suelo o en la zona de aireación cerca de la superficie del terreno, de forma que puede ser cedida a la atmósfera por evapotranspiración.
- **Agua disfórica**: agua pobre en nutrientes y que contiene altas concentraciones de ácido húmico.
- **Agua estancada**: agua inmóvil en determinadas zonas de un río, lago, estanque o acuífero.
- **Agua fósil**: agua infiltrada en un acuífero durante una antigua época geológica bajo condiciones climáticas y morfológicas diferentes de las actuales y almacenada desde entonces.
- **Agua freática**: agua subterránea que se presenta en la zona de saturación y que tiene una superficie libre.
- **Agua funicular**: agua presente en los mayores poros que rodea las partículas del suelo formando, en los puntos de contacto con dichas partículas, anillos que se fusionan entre ellos.
- **Agua primitiva**: agua proveniente del interior de la tierra, que no ha existido antes en forma de agua atmosférica o superficial.
- **Agua magmática**: agua impulsada hasta la superficie terrestre desde gran profundidad, por el movimiento ascendente de rocas ígneas intrusivas.

- **Agua metamórfica**: agua expulsada de las rocas durante el proceso de metamorfismo.
- **Agua vadosa**: cualquier agua que aparece en la zona no saturada.
- **Agua subterránea**: agua que puede ser encontrada en la zona saturada del suelo, zona que consiste principalmente en agua. Se mueve lentamente desde lugares con alta elevación y presión hacia lugares de baja elevación y presión, como los ríos y lagos.

- **Agua superficial**: toda agua natural abierta a la atmósfera, concerniente a ríos, lagos, reservorios, charcas, corrientes, océanos, mares, estuarios y humedales.

12. Sistemas de protección superficial internos y externos

12.1. Protección contra heladas

En un sistema presurizado que vaya a trabajar en condiciones de riesgo de heladas, la solución más común es trabajar en el circuito primario con mezcla de anticongelante y agua en una proporción que asegure el no llegar a la temperatura de congelación de la mezcla. El riesgo que se corre con esta solución es que si se llegara a condiciones superiores a las previstas, se destruirían elementos de la instalación que estuvieran a la intemperie, como las tuberías o los captadores solares.

Paro total de la instalación en invierno

En los establecimientos veraniegos, donde es usual el almacenaje invernal de todo el equipamiento, los paneles solares pueden también desmontarse fácilmente como el resto.

Calentamiento de los captadores (resistencia eléctrica o recirculación)

En el interior del acumulador existe una resistencia, la cual se activa cuando hay peligro de congelación a la vez que la bomba, y ésta hace circular el agua caliente por los colectores, evitando así el peligro de congelación.

Uso de anticongelante

En zonas en las que existe riesgo de heladas (temperaturas mínimas por debajo de 0° C) se recomienda que el fluido caloportador lleve una concentración de anticongelante necesaria para proteger la instalación 5° C por debajo de la mínima histórica.

El anticongelante a utilizar deberá tener las siguientes propiedades:

- Soportar hasta 160º C sin deteriorarse.
- No corrosivo con materiales que componen el circuito.
- Compatible con otros anticongelantes.
- Preferiblemente con color para detectar fugas.

Uno de los más usados en estos sistemas es el **glicol**.

El uso de una solución de glicol etilénico como protección anticongelante durante paros en invierno es un método sencillo y eficaz que evita la congelación del sistema.

El uso de glicol etilénico en el agua del sistema tiene los siguientes efectos:

- La mezcla de agua y glicol produce calor específico inferior, por consiguiente, se reduce la potencia de los intercambiadores de calor (unidades interiores, enfriadora de líquido). Dicha reducción debe compensarse, en parte, aumentando el flujo.
- La mezcla de agua y glicol tiene una densidad (peso) y viscosidad (fricción interna) superiores al agua corriente, esto significa que aumenta la pérdida de carga total causada por el líquido de transferencia térmica. El tamaño de la bomba debe aumentarse con relación a las bombas que se utilizan en los sistemas corrientes de agua.

% peso de glicol etilénico	Temperatura congelación	Factor de corrección		
		Capacidad de refrigeración	Caudal de agua Kf	Pérdida de carga Kp
0	0ºC	1,000	1,000	1,00
10	-4ºC	0,990	1,015	1,07
20	-10ºC	0,980	1,035	1,16

Continúa en página siguiente >>

<< Viene de página anterior

% peso de glicol etilénico	Temperatura congelación	Factor de corrección		
		Capacidad de refrigeración	Caudal de agua Kf	Pérdida de carga Kp
30	-17ºC	0,965	1,075	1,17
35	-20ºC	0,955	1,110	1,33
40	-25ºC	0,950	1,140	1,40
50	-37ºC	0,930	1,215	1,55

Recuerde

En un sistema presurizado que vaya a trabajar en condiciones de riesgo de heladas, la solución más común es trabajar en el circuito primario con mezcla de anticongelante y agua en una proporción que asegure el no llegar a la temperatura de congelación de la mezcla.

La mezcla de agua y glicol tiene un coeficiente de expansión más elevado que el agua corriente, por consiguiente, el tanque de expansión debe ser aproximadamente un 25% superior en tamaño que para agua corriente. Por regla general, se utiliza un valor del 5% del volumen total el circuito de agua para aplicaciones con esta mezcla.

Prevenir la congelación de las tuberías exteriores

Debe evitarse el congelamiento del agua en el interior de los canales porque esto daría lugar al daño de los paneles. Se sugieren dos métodos:

- **Vaciado de la instalación** (para paneles instalados sobre superficies inclinadas al menos un 40%). Vaciar al menos toda la parte de la instalación, paneles y tuberías, expuestas al exterior. Para un drenaje total asegurarse que el aire pueda entrar desde la parte alta y que no haya recodos de los paneles, tuberías contrapendiente u obstrucciones en las cuales permanezca el agua. El vaciado no se asegura para pendientes inferiores al 40%.
- **Soluciones de agua y cloruro de sodio** (en particular, para paneles instalados horizontalmente o con pendiente insuficiente). La instalación no va vacía, sino inmersa en una solución de cloruro de sodio (en la forma comercial de sal gorda marina de cocina o de uso agrario, más económico). Utilizando sal comercial, de pureza desconocida, las temperaturas de congelación serán más elevadas. La cantidad de sal necesaria se calcula a partir del volumen de agua total contenido en la instalación (paneles + tuberías exteriores), es preciso aumentar la cantidad teórica en un 10%. El cloruro de sodio no es perjudicial para los paneles solares. Sin embargo, el resto de la instalación debe estar construida con materiales compatibles.
- Otro método utilizado en zonas de bajas temperaturas en invierno para prevenir las heladas es **el sistema drain back**. Se trata de un sistema solar de circulación forzada con drenaje del liquido caloportador o vaciado del circuito primario a un sistema de acumulación normalmente abierto. Cuando la bomba del primario se para, los captadores se vacían de líquido. De esta forma no hay peligro de heladas ni de sobrecalentamientos. Suelen ser equipos domésticos para ACS de acumulaciones relativamente pequeñas, 150, 200 o 300 l. Muy utilizado en piscinas. Al sólo haber aire en la instalación que se encuentra a la intemperie, la instalación no corre ningún riesgo de helada por mucho que se sobrepasen las condiciones extremas previstas, asegurando al 100% el riesgo de rotura por helada.

12.2. Protección contra sobrecalentamientos

Cuando se diseña una instalación de energía solar térmica, se debe hacer una estimación de la energía sobrante en los meses más favorables, de manera que no se alcancen condiciones extremas en el circuito primario por exceso de esta energía sobrante.

El problema de un exceso de energía sobrante con respecto a lo calculado inicialmente puede ser debido a diversas causas, como un menor consumo de lo previsto en los meses más favorables, debido normalmente a la ausencia por vacaciones, unos datos climatológicos erróneos de partida, variaciones en las condiciones extremas previstas inicialmente, etc. Este exceso de energía normalmente se traduce en un aumento de temperatura del fluido del circuito primario y, por lo tanto, al tratarse de un circuito cerrado, un aumento de la presión.

Normalmente, el aumento de temperatura del circuito no suele ser el principal problema, siempre y cuando se utilicen materiales preparados para trabajar con alta temperatura. El problema suele ser el aumento de la presión del circuito, ya que al llegar a las presiones límite de los elementos de seguridad, estos van a ir haciendo que el circuito vaya perdiendo anticongelante y se produzca una pérdida de rendimiento de la instalación. Incluso se corre el riesgo de rotura de elementos del circuito, como las bombas al trabajar en vacío.

Se suele dar en instalaciones fuera de servicio durante algún tiempo. Puede ocurrir en instalaciones donde la demanda de ACS se interrumpe. Se puede producir más fácilmente si se utiliza agua. Se recomienda el uso de líquidos orgánicos que aguantan hasta 180° C.

En un sistema drain-back (comentado anteriormente en la protección frente a heladas), al coger altas temperaturas, no habrá los problemas de exceso de presión que tienen los sistemas presurizados, ya que el aire se comprimirá y ningún elemento de la instalación sufrirá los aumentos de presión. Los sistemas drain-back no trabajan con vasos de expansión, al no tener problemas de presión ni purgadores.

Recuerde

Cuando se diseña una instalación de energía solar térmica, se debe hacer una estimación de la energía sobrante en los meses más favorables, de manera que no se alcancen condiciones extremas en el circuito primario por exceso de esta energía sobrante.

Sistema en protección por sobrecalentamiento

Cuando en el acumulador se alcanza la temperatura máxima programada, la bomba se para, el aire pasa al captador y el nivel de fluido caloportador desciende hasta el nivel de llenado. Una vez que descienda la temperatura en el acumulador (p.ej: un consumo de A.C.S), el sistema arrancará de nuevo volviendo al estado de funcionamiento normal.

Tradicionalmente se ha resuelto este problema sobredimensionando el acumulador, almacenando más agua caliente que la demandada por la instalación. A pesar de todo no se puede garantizar que no haya sobrecalentamiento en las instalaciones con el consiguiente deterioro de los distintos elementos de la instalación, sobre todo si se producen periodos en los que no se ocupe la vivienda.

Un sistema que resuelve con toda garantía este problema, consiste en vaciar el campo de captación solar en el caso de que no se necesite calor en el acumulador.

Este sistema, además, aporta una mayor seguridad al poder controlar la temperatura del agua caliente sanitaria, incluso se evita el riesgo de formación de bacterias como la legionela.

13. Resumen

Las herramientas más características para el montaje de circuitos y componentes hidráulicos de instalaciones térmicas son, entre otras, la llave inglesa, la llave fija, el taladro, el destornillador, andamios, escaleras, arneses, soplete, curvador, cortatubo, papel de lija, aglutinante y guantes.

Para definir una instalación de ACS, una vez elegido el sistema de producción y diseñado su trazado, habrá que calcular el equipo de producción de ACS, que incluye el productor de calor y el acumulador en su caso, y la red de distribución de ACS, que incluye en su caso la red de retorno.

Se llama coeficiente de pérdidas de calor, K, a la cantidad de calor que transmite la unidad de superficie (1 m^2) de un material de construcción en la unidad de tiempo. Este coeficiente de transmisión de calor tiene en cuenta todas las pérdidas de calor por conducción, convección y radiación.

En el cálculo de pérdida de carga en los circuitos, habrá que tener en cuenta el dimensionado, la pérdida de carga lineal en las tuberías y la pérdida de carga aislada en las tuberías.

Se necesita adquirir familiaridad con los tubos y sus accesorios no solamente para realizar dibujos de tubería, sino porque el tubo se utiliza como material en la instalación.

La soldadura es una unión continua y homogénea de materiales con o sin aplicación directa de calor y con o sin adición de material de aportación.

La soldadura es una unión continua y homogénea de materiales con o sin aplicación directa de calor y con o sin adición de material de aportación. Entre ellos están los radiadores y el suelo radiante.

Un buen aislamiento térmico mantendrá la vivienda a una temperatura confortable durante todo el año y proporcionará un ahorro económico, tanto en aire acondicionado como en calefacción.

Ejercicios de repaso y autoevaluación

1. La soldadura blanda por capilaridad consiste:

a. En la unión de dos tubos de cobre que encajan perfectamente uno en el otro por medio de estaño.
b. En la unión de dos tubos de acero que encajan perfectamente uno en el otro por medio de estaño.
c. En la unión de dos tubos de acero galvanizado que encajan perfectamente uno en el otro por medio de estaño.
d. Ninguna de las opciones anteriores es correcta.

2. ¿Qué tipo de herramienta utilizaremos si queremos doblar tubos para un solo diámetro y va indicado en dicha herramienta?

a. Curvatubos múltiple.
b. Conformadora de salvatubos.
c. Tenazas curvatubos.
d. Curvadora manual 90°.

3. Entre qué diámetros de tubos suele trabajar el curvatubos de cobre rígido.

a. 9 – 15 mm Ø.
b. 10 – 30 mm Ø.
c. 8 – 28 mm Ø.
d. 20 – 40 mm Ø.

4. ¿Qué herramienta utilizamos para eliminar las rebabas que puedan quedar en un tubo?

a. Papel de lija.
b. Cortatubos.
c. Curvatubos de cobre rígido.
d. Llave inglesa.

5. La llave inglesa es una herramienta que sólo se usa para aflojar o apretar tuercas:

☐ Verdadero
☐ Falso

6. Señale cuál de las siguientes opciones es una medida de seguridad a la hora de utilizar un taladro:

a. No utilizar ropa holgada o muy suelta. Se recomiendan las mangas cortas.
b. Utilizar ropa de algodón.
c. Utilizar calzado de seguridad.
d. Todas las respuestas anteriores son correctas.

7. La cuña o vástago del destornillador es:

a. El mango.
b. El cuerpo.
c. La cuña es una parte de la llave inglesa.
d. Ninguna de las opciones son correctas.

8. Los andamios son estructuras provisionales con las que se puede hacer:

a. Puentes.
b. Pasarelas.
c. Plataformas sostenidas.
d. Todas las respuestas anteriores son correctas.

9. Una escalera es una extensible de dos o tres tramos (mixta de una doble y extensible), si es una escalera:

a. Escalera transformable.
b. Escalera extensible.
c. Escalera doble de tijera.
d. Escalera mixta con rótula.

10. Los tramos horizontales tendrán siempre una pendiente mínima del 1% en el sentido de la circulación. ¿De acuerdo a qué apartado de la sección HE4 nos referimos ?

a. De acuerdo con el apartado 3.4.5.2
b. De acuerdo con el apartado 3.3.6.2
c. De acuerdo con el apartado 3.3.5.2
d. De acuerdo con el apartado 3.2.5.2

11. A las instalaciones de suministro en el interior de los edificios, se les limita la velocidad a un intervalo entre...

a. ... 0,50 y 2,00 m/s en tuberías metálicas.
b. ... 0,40 y 2,00 m/s en tuberías metálicas.
c. ... 0,30 y 2,00 m/s en tuberías PVC.
d. ... 0,20 y 2,00 m/s en tuberías PVC.

12. ¿A partir de qué temperatura no se admitirá la presencia de componentes de acero galvanizado?

a. a 40 º C.
b. a 60 º C.
c. a 80º C.
d. a 90º C.

13. Rellene los huecos:

El tubo estándar _____________ de acero o de hierro dulce o forjado hasta de _____ pulg. de diámetro se designa por su diámetro interno _____________, el cual difiere algo del diámetro interno real. Se encuentran en uso común tres tipos de tubo: estándar, _____________ o reforzado y doblemente _____________.

14. Un tubo para conducir líquidos, gases o vapores, servicio para temperatura o presión elevadas, o ambas cosas, es un tubo...

a. ... estándar.
b. ... de presión.
c. ... para conductos.
d. ... para pozos de agua.

15. Relacione los siguientes símbolos con sus definiciones.

a. NPT
b. NPTF
c. NPS
d. NPSC
e. NPSI
f. NPSF
g. NPSM

1. Rosca recta para tubo.
2. Rosca recta interna intermedia para tubo (de sellado o cierre en seco).
3. Rosca recta de tubo para juntas mecánicas.
4. Rosca cónica para tubo.
5. Rosca recta para tubo, en coples o acoplamiento.
6. Rosca recta interna para tubo (de sellado o cierre en seco).
7. Rosca cónica para tubo (de sellado o cierre en seco).

16. Si el metal de aportación empleado en un tipo de soldadura tiene un punto de fusión inferior a 450° C, estamos hablando de la soldadura...

a. ... blanda.
b. ... homogénea.
c. ... por fusión.
d. ... heterogénea.

17. El punteado se puede realizar...

a. ... con la ayuda de espaciadores soldados sobre la cara del bisel.
b. ... con la ayuda de grapa externa o interna.
c. ... directamente sobre el hombro o talón.
d. Todas las respuestas anteriores son correctas.

18. El electrodo usado para el pase de relleno debe ser...

a. ... E-7018 de 1/8".
b. ... E-7028 de 1/9".
c. ... E-7038 de 1/8".
d. ... E-7048 de 1/9".

19. El control de calidad de una soldadura normalmente se realiza por medio de radiografía industrial, la cual debe ser evaluada por el inspector de apoyo técnico de la producción.

☐ Verdadero
☐ Falso

20. Si se requiere preparar la junta a soldar con corte con plasma, se debe cortar dejando una tolerancia de...

a. ... 3/32" máximo.
b. ... 3/33" mínimo.

c. ... 3/32" mínimo.
d. ... 3/33" máximo.

21. ¿Qué nivel de soldadura corresponde a las normas elaboradas para los ayudantes o los auxiliares y personal de apoyo en el área de la soldadura?

a. Nivel 1.
b. Nivel 2.
c. Nivel 3.
d. Nivel 4.

22. EL SMAW se refiere...

a. ... al proceso de soldadura manual por arco eléctrico con electrodo revestido, o soldadura eléctrica.
b. ... a todas las tareas y operaciones encaminadas a la obtención de una soldadura sana libre de defectos.
c. ... a los aspectos que se pueden variar durante la soldadura y que no afectan el resultado final definido en el procedimiento calificado.
d. Todas las respuestas anteriores son correctas.

23. En una vivienda normal, la pared exterior (cara vista de la fachada), de ladrillo cerámico macizo, debe tener...

a. ... 10cm de espesor.
b. ... 11cm de espesor.
c. ... 12cm de espesor.
d. ... 13cm de espesor.

24. En la mayoría de los casos sólo habrá que aislar convenientemente el circuito primario, quedando a expensas de las condiciones particulares de cada instalación.

☐ Verdadero
☐ Falso

25. La imprimación, empeora la adherencia, pero proporciona una resistencia a la corrosión y proporciona resistencia a los impactos mecánicos.

☐ Verdadero
☐ Falso

26. ¿En qué equipo de aplicación de imprimación se recomienda utilizar elementos de pelo corto?

a. Aerográfico.
b. Brocha.
c. Airless.
d. En todas las anteriores.

27. El agua cuyo pH es superior a 7 se denomina...

a. ... agua de adhesión.
b. ... agua capilar.
c. ... agua alcalina.
d. ... agua bruta.

28. ¿Qué temperatura deberá soportar el anticongelante sin deteriorarse?

a. 130º C.
b. 140º C .
c. 150º C.
d. 160º C.

Capítulo 5

Montaje de máquinas y equipos en instalaciones térmicas

Contenido

1. Introducción

En este capítulo podremos analizar, pieza a pieza el montaje de las máquinas y equipos necesarios en las instalaciones solares térmicas.

Así, entre otras cosas, podremos estudiar desde los tipos de intercambiadores hasta el cálculo de bombas de recirculación, desde el equilibrado hidráulico del montaje hasta la regulación de diferentes tipos de quemadores.

2. Tipos de intercambiadores

2.1. Serpentín

Consiste en un tubo de cobre, acero inoxidable o acero vitrificado arrollado en espiral y que a su vez se encuentra sumergido en el acumulador. Este tubo contiene el fluido caliente proveniente de los captadores solares, es el encargado de realizar el intercambio de calor a través de la superficie externa del tubo. Para tener mayor superficie de intercambio, se recomienda aumentar la longitud del tubo, ya que su sección es normalmente pequeña. Otros métodos para facilitar la transferencia de calor serán la colocación de aletas sobre el tubo o el empleo de tubos rugosos en vez de lisos, pero estos métodos tienen más problemas que el aumento de longitud, debido a que si se producen deposiciones calcáreas sobre el intercambiador, será más fácil limpiar el de mayor longitud que los otros. Dichas deposiciones deben evitarse ya que pueden llegar a reducir la capacidad de transferencia de calor del intercambiador. Por ejemplo, una capa de 2mm de espesor cubriendo el tubo, reduciría en un 20% la capacidad de transferencia de calor.

Se recomienda instalar verticalmente el serpentín en la parte inferior del acumulador solar y las conexiones deben realizarse de manera que el fluido caliente procedente de los captadores solares circule en sentido descendente a través del intercambiador. Este tipo de intercambiadores se utilizan en instalaciones solares de tamaño pequeño o medio.

Recuerde

El intercambiador tipo serpentín consiste en un tubo de cobre, acero inoxidable o acero vitrificado arrollado en espiral y que a su vez se encuentra sumergido en el acumulador.

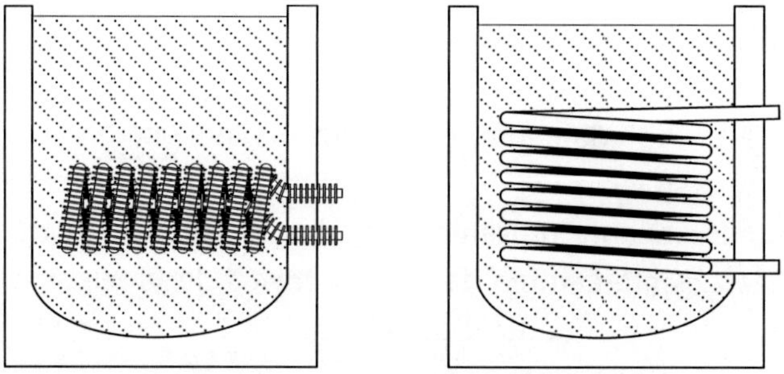

Intercambiadores de tipo serpentín aleteando (izquierda) y liso (derecha)

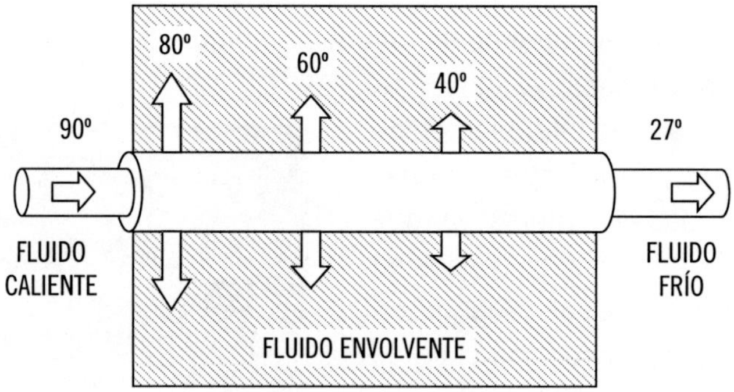

2.2. Doble envolvente

El acumulador consta de una capa cilíndrica concéntrica alrededor del mismo. El fluido que procede de los captadores circula entre el acumulador y la capa concéntrica, y el calor es transferido al agua acumulada en el interior del acumulador a través de la superficie interna del mismo. Este tipo de intercambiadores se usa principalmente en instalaciones de tamaño reducido, siendo muy recomendables en las instalaciones por termosifón, ya que tienen muy poca pérdida de carga. En circuitos donde se alcancen presiones elevadas en el circuito primario no son recomendables, ya que la capa concéntrica que rodea el acumulador tiene más posibilidades de deterioro.

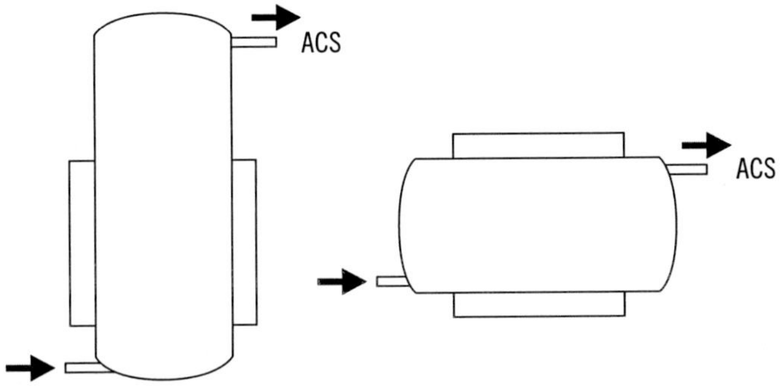

2.3. Exterior

Se diferencia entre los intercambiadores de placa y los de carcasa y tubo. En ambos casos, los dos fluidos (frío y caliente) entre los que tienen lugar el intercambio de energía en forma de calor circulan al mismo tiempo. Los fluidos de una instalación, frío y caliente, pueden circular en el mismo sentido o en sentido contrario, recomendándose la utilización de modelos funcionando en contracorriente. También se recomienda aislar adecuadamente este tipo de intercambiadores para reducir las pérdidas térmicas.

Recuerde

La doble envolvente se usa principalmente en instalaciones de tamaño reducido, siendo muy recomendables en las instalaciones por termosifón, ya que tienen muy poca pérdida de carga.

Intercambiadores de placas

Los intercambiadores de placas consisten en un conjunto de placas apiladas de material metálico, que se mantienen unidas mediante presión en un bastidor y selladas por medio de una junta, de manera que se forman una serie de pasillos conectados entre sí, por los que circula el correspondiente fluido. Cada placa tiene cuatro orificios de forma que a través de dos de ellos circula el fluido frío o el fluido caliente. Las juntas de estanquidad, que hacen de cierre por presión entre las placas, fijan la dirección de circulación de estos fluidos a través de las placas. El material con el que se construyen las placas depende de las propiedades de los fluidos que circulan a través de ellas. Se diferencian varios tipos de intercambiadores: en el primero, las placas se encuentran soldadas entre sí, se llama de modelo soldado, y en los segundos, las placas están ajustadas mediante juntas herméticas y unidas a través de pernos, se denominan de modelo atornillado. Los modelos soldados solamente están disponibles para determinados tamaños, y suelen ser de menor coste que los atornillados. Los intercambiadores exteriores se emplean normalmente en instalaciones solares que tengan volúmenes de acumulación superiores a 1000-1500 litros. Este límite ha descendido significativamente en los últimos años, debido a la relación eficiencia/coste de estos intercambiadores, la cual ha mejorado considerablemente. Los más utilizados en instalaciones solares con intercambiadores exteriores son los intercambiadores de placas en contracorriente.

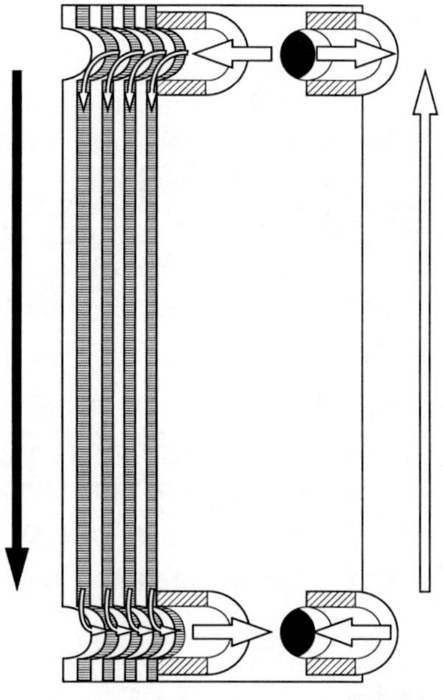

Intercambiador de placas

Intercambiadores de carcasa y tubo

Constan de un haz de tubos por el interior de los cuales circula uno de los fluidos que intercambia calor. Este haz se encuentra en el interior de una carcasa, circulando el otro fluido por el espacio comprendido entre el haz de tubos y la carcasa. Presentan la ventaja de incorporar menor pérdida de carga que los intercambiadores de placas, ya que las secciones de paso son relativamente grandes.

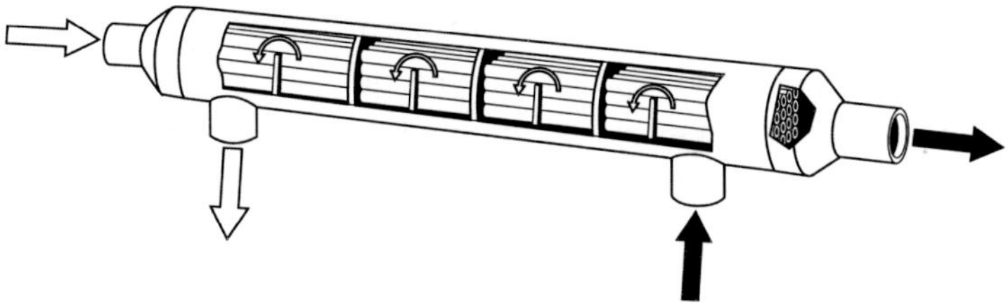

Intercambiador de carcasa y tubos

Principales características de los intercambiadores externos

- Mayor capacidad de transferencia de calor que los intercambiadores incorporados en el acumulador. También destacan por su mayor facilidad de limpieza y reparación.
- Con un único intercambiador, tienen la capacidad de cargar térmicamente varios acumuladores. Al no necesitar emplear un intercambiador por cada acumulador se reduce el coste global de la instalación.
- Requieren la instalación de una bomba adicional en el secundario del intercambiador.
- Los intercambiadores de placas presentan altas pérdidas de carga.
- Para pequeñas potencias térmicas habitualmente resultan de mayor coste que los intercambiadores incorporados en el acumulador.

Recuerde

Los intercambiadores de carcasa y tubo constan de un haz de tubos por el interior de los cuales circula uno de los fluidos que intercambia calor.

3. Cálculo de bombas de recirculación

Si el circuito de captadores está dotado con una bomba de circulación, la caída de presión se debería mantener aceptablemente baja en todo el circuito.

Siempre que sea posible, las bombas en línea se montarán en las zonas más frías del circuito, teniendo en cuenta que no se produzca ningún tipo de cavitación y siempre con el eje de rotación en posición horizontal.

En instalaciones superiores a 50 m² se montarán dos bombas idénticas en paralelo, dejando una de reserva, tanto en el circuito primario como en el secundario. En este caso se preverá el funcionamiento alternativo de las mismas, de forma manual o automática.

En instalaciones de climatización de piscinas, la disposición de los elementos será la siguiente: el filtro ha de colocarse siempre entre la bomba y los captadores, y el sentido de la corriente ha de ser bomba-filtro-captadores, para evitar que la resistencia de éste provoque una sobrepresión perjudicial para los captadores, prestando especial atención a su mantenimiento. La impulsión del agua caliente deberá hacerse por la parte inferior de la piscina, quedando la impulsión de agua filtrante en superficie.

Los materiales de la bomba del circuito primario serán compatibles con las mezclas anticongelantes y, en general, con el fluido de trabajo utilizado.

La potencia eléctrica parásita para la bomba no debería exceder los valores dados en la siguiente tabla:

Sistema	Potencia eléctrica de la bomba
Sistema pequeño	50 W o 2% de la mayor potencia calorífica que pueda suministrar el grupo de captadores
Sistemas grandes	1% de la mayor potencia calorífica que puede suministrar el grupo de captadores

La potencia máxima de la bomba especificada en el cuadro anterior excluye la potencia de las bombas de los sistemas de drenaje con recuperación, que sólo es necesario para rellenar el sistema después de un drenaje.

La bomba permitirá efectuar de forma simple la operación de desaireación o purga.

Recuerde

Si el circuito de captadores está dotado con una bomba de circulación, la caída de presión se debería mantener aceptablemente baja en todo el circuito.

4. Cálculo de vasos de expansión

4.1. Tipos de vasos de expansión

El **vaso de expansión cerrado** funciona por compresión, de una cámara de gas (aire), contenida en el interior del mismo, separado del agua de la instalación por una membrana flexible. De esta forma, el agua contenida en la instalación no tiene ningún punto de contacto con la atmósfera. Al aumentar el agua de la instalación por el efecto del aumento de la temperatura, se produce una sobrepresión en el circuito, que es absorbida, por el depósito o vaso de expansión. Al disminuir la temperatura, el volumen del agua se reduce y el depósito devuelve el agua a la instalación.

Ventajas de los vasos de cerrados respectos a los vasos de expansión abiertos:

- Fácil montaje.
- No absorben oxigeno.

- Eliminan la necesidad de colocar conductos de seguridad.
- Se eliminan las pérdidas de agua por evaporación.

Recuerde

El vaso de expansión cerrado funciona por compresión, de una cámara de gas (aire), contenida en el interior del mismo, separado del agua de la instalación, por una membrana flexible, de esta forma, el agua contenida en la instalación no tiene ningún punto de contacto con la atmósfera.

4.2. Cálculo de los vasos de expansión

$$V_t = V \cdot C_e \cdot C_p$$

Donde:

Vt = volumen total del vaso de expansión.
V = contenido total de agua en el circuito.
Ce= coeficiente de dilatación del fluido.
Cp= coeficiente de presión del gas.

Calculamos la V

Contenido total de agua en el circuito estará compuesta por:

- Agua de los colectores.
- Agua de las tuberías.
- Agua del radiador.

También existe otra forma de poder hallar el volumen de agua del circuito de forma aproximada:

$$V = \frac{Q \times 15}{1000}$$

Donde:

Q es la potencia de los colectores en Kcal/h.

Calculo del C_e

Para este fin tenemos la ecuación que nos da el coeficiente de expansión.

$$C_e = (3{,}24\ t^2 + 102{,}13\ t - 2708{,}3)\ 10^{-6}$$

Una vez sustituidas la t por el valor de la tabla, quedan los siguientes coeficientes de la tabla:

Temperatura en °C	Ce	Ce en %
30 °C	0,00328	0,328
40 °C	0,00656	0,656
50 °C	0,0105	1,05
60 °C	0,0151	1,51
70 °C	0,0204	2,04
80 °C	0,0262	2,62
90 °C	0,0328	3,28
100 °C	0,0400	4

Cálculo del C_p

Para este cálculo se presenta la problemática, siguiente:

- Vaso de expansión cerrado con diafragma.
- Vaso de expansión cerrado sin diafragma.

Vaso de expansión cerrado con diafragma

$$C_p = \frac{P_M}{P_M - P_m}$$

Siendo:

P_M = Presión máxima.

P_m = Presión mínima.

La presión máxima = presión de tarado (fabricante) – presión atmosférica.

La presión mínima = presión estática = presión manométrica + presión atmosférica.

La presión debida al tarado del vaso de expansión suele ser de 3 atm.

Vaso de expansión cerrado sin diafragma

$$Cp = \frac{P_m \cdot P_M}{P_i (P_{M - Pm})}$$

Siendo:

Pi = es la presión inicial cuyo valor aproximado es 1 atmósfera. Por tanto, la fórmula se puede simplificar quedando de esta manera:

$$Cp = \frac{P_m \cdot P_M}{P_M \cdot P_m}$$

Aplicación práctica

Tenemos un vaso de expansión cerrado a 20 m de altura con un campo de captadores que proporcionan 40000 Kcal/h. No disponemos de datos para evaluar el contenido de agua en el circuito. Las temp. de ida y retorno son 90° y 70° respectivamente. La presión de los captadores o presión de tarado es de 3 Atm.

Calcular el vaso de expansión con diafragma y sin diafragma.

Consideramos la presión atmosférica = 1Atm.

Suponemos un contenido de agua en el circuito de 15L. Por 1000 Kcal/h.

P. manométrica = 2

$$\frac{40000 \times 15}{1000} = 600 \text{ L}$$

$$\text{Temp. media} = \frac{\text{Tida} + \text{Tret}}{2} = \frac{90^\circ + 70^\circ}{2} = 80^\circ \text{ C}$$

Continúa en página siguiente >>

<< Viene de página anterior

SOLUCIÓN

Según tabla a 80° C corresponde un coeficiente de expansión de 0,0262

P. max = P. colector + P. atmosférica = 3 + 1 = 4 Atm.

P. estatica = P. manométrica + P. atmosférica = 2 +1 = 3 Atm.

Nota: la P. estática = P. mínima

$$Cp = \frac{PM}{PM - Pm} = \frac{4}{4 - 3} = \frac{4}{1} = 4$$

El vaso de expansión con diafragma será igual:

Vt = V • Ce • Cp

Vt = 600 X 0,0262 X 4 = 62,88 L.

El vaso de expansión cerrado del circuito de captadores deberá estar dimensionado de tal forma que, incluso después de una interrupción del suministro de potencia a la bomba de circulación del circuito de captadores justo cuando la radiación solar sea máxima, se pueda restablecer la operación automáticamente cuando la potencia esté disponible de nuevo.

Cuando el medio de transferencia de calor pueda evaporarse bajo condiciones de estancamiento, hay que realizar un dimensionado especial del volumen de expansión. Además de dimensionarlo como es usual en sistemas de calefacción cerrados (la expansión del medio de transferencia de calor completo), el depósito de expansión deberá ser capaz de compensar el volumen del medio de transferencia de calor en todo el grupo de captadores completo incluyendo todas las tuberías de conexión entre captadores más un 10%.

Recuerde

Cuando el medio de transferencia de calor pueda evaporarse bajo condiciones de estancamiento, hay que realizar un dimensionado especial del volumen de expansión.

5. Tipos de válvulas

5.1. Válvulas de seguridad

Permiten limitar la presión máxima de trabajo y, por tanto, se utilizan para proteger los componentes de una instalación, evitando que se supere la presión máxima de trabajo de estos. Al alcanzarse la presión de tarado o presión de apertura de la válvula (siempre inferior a la máxima de trabajo que soporta el componente) la válvula de seguridad permite el escape de fluido al exterior, reduciéndose por tanto la presión en el circuito.

El tipo más corriente de válvula limitadora de presión es una **válvula de asiento** (normalmente de ángulo) en la que el obturador permanece cerrado por la acción de un muelle o de un contrapeso. Cuando la presión del fluido alcanza un valor prefijado, se produce la apertura del obturador, que no cierra mientras la presión no descienda una cierta cantidad bajo dicho valor.

Características

Al abrir la válvula, el fluido descarga directamente a la atmósfera (válvulas de escape libre), o a través de una tubería (válvulas de escape conducido).

Para el trabajo adecuado de una válvula de seguridad, se recomienda que la presión de trabajo no exceda del 90% de la presión de apertura. En el caso de las líneas de descarga de bombas y compresores, debido a las pulsaciones de presión, hay que aumentar la diferencia entre ambas presiones, para evitar actuaciones erróneas de la válvula.

La presión en la descarga de una válvula de seguridad puede ser constante (por ejemplo, cuando se descarga a la atmósfera) o variable (debido a la salida del propio fluido, o a la presión ya existente en la línea de descarga).

Aplicaciones

Se utiliza para limitar la presión o la temperatura de flujos de gases, vapores o líquidos. Para liberar grandes cantidades de flujo se emplean los llamados discos de rotura.

Han de observarse las normas siguientes:

- No debe existir ninguna válvula de cierre entre el equipo y la válvula de seguridad.
- La válvula de seguridad ha de instalarse lo más cerca posible del equipo.
- Debe ser accesible y poderse accionar manualmente.
- El caudal que pueda desahogar la válvula debe de ser tal que la presión en el equipo no sobrepase el 10% de la masa.
- El ajuste de la válvula tiene que ser protegido para que nadie pueda alterarlo sin conocimiento.
- Debe desahogar a sitio seguro para evitar que ocasione daños.
- Suele colocarse una válvula de seguridad en aquellos servicios que la presión se eleve por encima de 0,5 kilos centímetro cuadrado, sobre la presión normal del servicio.

Clasificaciones

Se pueden clasificar en:

Según su accionamiento

- **De muelle o resorte**

Para su funcionamiento manual van provistas de una palanca. Suelen ser ligeras. Como desventaja tiene:

- La fuerza del resorte no permanece constante sino que aumenta conforme trabaja la válvula.
- El material del resorte envejece y hay que volver a regular la válvula.
- Cuando se calienta para dejar salir el vapor, la fuerza del resorte disminuye.

- **De contrapeso**

Suelen ser típicas de instalaciones terrestres y estacionarias, ya que son muy sensibles a los problemas vibratorios y a los golpes. Suelen ser muy voluminosas y pesadas, aunque son fáciles de probar, levantando el contrapeso.

Según la carrera

- **De pequeña carrera (alivio)-Relief**

Para pequeños caudales a desahogar.

- **De gran carrera (seguridad)-Safery**

Para grandes caudales a desahogar.

Suelen emplearse para vapor o gases. La carrera es 1/3 del diámetro del platillo. Suelen situarse en lugares donde la acumulación del vapor o del gas suele ser rápida. A veces es necesario disponer varias válvulas. Estas válvulas funcionan cuando el vapor desahogado se proyecta sobre un segundo platillo, el cual es levantado por la acción del choque del fluido.

Según el medio de apertura

Accionado directamente

- **Válvula comandada por válvula o medios auxiliares**

Suelen recibir la orden de abrir o cerrar a través de una válvula auxiliar de seguridad.

Suelen componerse de cilindro de trabajo (que va accionado por la válvula auxiliar) recorte y freno de aceite. Como hay que evitar la condensación de vapor en el tubo de unión entre la válvula auxiliar y la de seguridad, tendrá una caída de 1200.

Las válvulas auxiliares suelen estar sometidas a frecuentes averías. Estos sistemas se pueden clasificar en dos grupos. En el primero, el vapor que pasa a través de la válvula de seguridad auxiliar mantiene cerrada la válvula de seguridad principal, mientras que la presión del sistema se mantenga por debajo de la presión máxima. En el segundo, la válvula de seguridad no da paso al vapor a la válvula principal, mientras la presión en el sistema sea inferior a la máxima.

Normalmente, en las instalaciones solares térmicas, se utilizan **válvulas de resorte**. Son válvulas de asiento en las que, cuando la tensión del muelle (de acero especial para muelles) es superior a la presión del fluido, el obturador y el vástago (ambos de acero inoxidable) al reposar sobre el asiento, impiden el escape del fluido. Cuando la tensión del muelle es vencida por la presión alcanzada en el fluido, el obturador y el vástago se desplazan hacia arriba, permitiendo la salida de fluido al exterior a través de la conexión lateral.

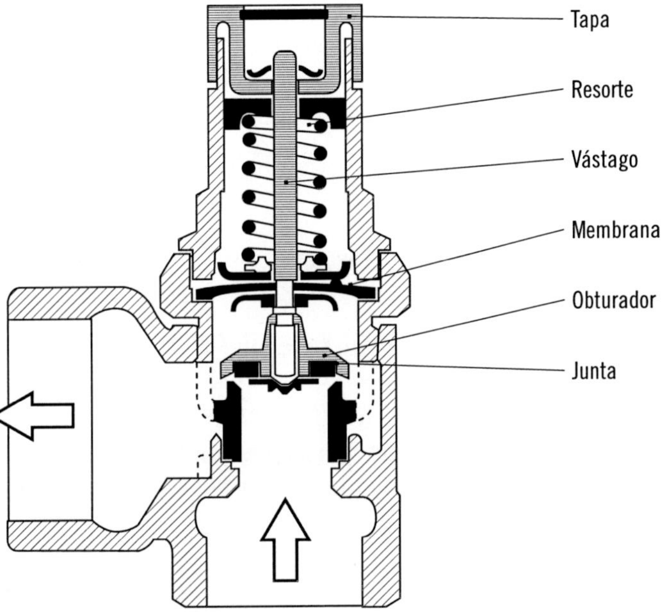

La descarga de la válvula puede realizarse de forma directa a la atmósfera (válvulas de escape libre) o a través de una tubería (válvulas de escape conducido). En este último caso, la conexión lateral debe tener la salida roscada.

La presión de tarado de una válvula de resorte se puede regular modificando la tensión del muelle, si bien esta actuación no resulta recomendable ya que existen en el mercado válvulas taradas prácticamente a cualquier presión.

Se ha de diferenciar entre la presión nominal (máxima presión a la que puede trabajar correctamente la válvula) y la presión de tarado (presión máxima a la que se permite trabajar la válvula en una instalación). La presión de tarado es siempre igual o inferior a la presión nominal.

Recuerde

Normalmente, en las instalaciones solares térmicas, se utilizan válvulas de resorte. Son válvulas de asiento en las que, cuando la tensión del muelle (de acero especial para muelles) es superior a la presión del fluido, el obturador y el vástago (ambos de acero inoxidable) al reposar sobre el asiento, impiden el escape del fluido.

5.2. Válvulas de dos y tres vías, etc.

Son válvulas de distribución, y su utilización permite el paso del fluido linealmente o en ángulo recto. Con esto se logra bloquear determinados circuitos, consiguiendo la canalización del fluido hacia el punto que interese, en orden a una prioridad de temperaturas, presiones, utilización, etc. Su mando puede ser manual o automático. En este último caso se denominan motorizadas.

- **De dos vías**

La válvula abre o cierra el paso de fluido a través de ésta.

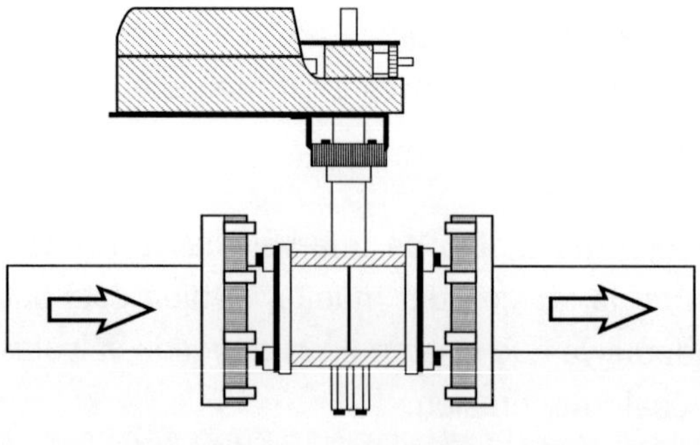

- **De tres vías**

Existen varios casos.

En el primero, el fluido entra a través de las dos tomas A y B, y sale por una sola salida AB.

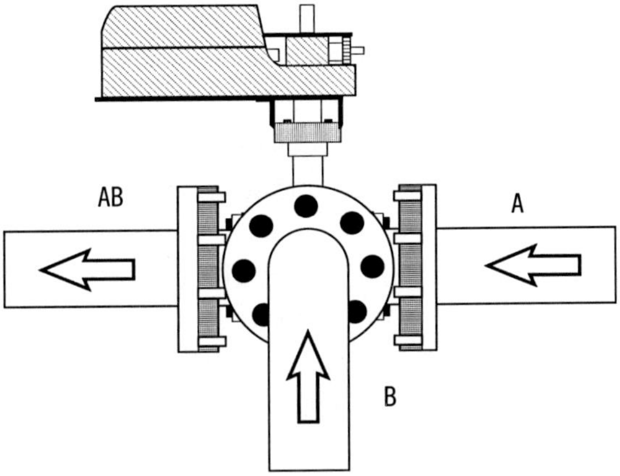

En el segundo caso, el fluido entra a través de la toma AB y sale por dos salidas A y B.

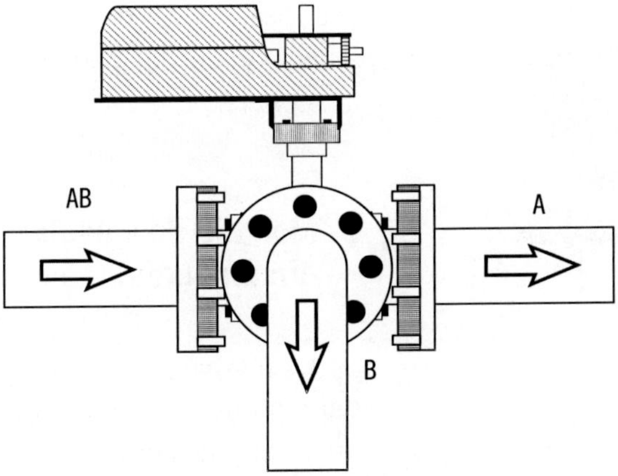

Válvula de zona motorizada

Las válvulas de zona motorizadas permiten cortar automáticamente el flujo de líquido caloportador en las instalaciones de climatización e hidrosanitarias. Las altas prestaciones hidráulicas de estas válvulas, unidas al tamaño reducido y a la facilidad de uso, las hacen particularmente idóneas para instalaciones de calefacción por zonas, en aplicaciones domésticas y pequeñas instalaciones para controlar el caudal de agua caliente y fría. Pueden conectarse como válvulas de desvío o mezcladoras en sistemas centralizados de calefacción o refrigeración. Gracias a su obturador cilíndrico, la válvula permite desviar el caudal independientemente de la presión diferencial entre las distintas vías. Dicho obturador puede adoptar dos posiciones de funcionamiento según la alimentación del pequeño motor eléctrico que lo acciona.

Recuerde

Las válvulas de dos y tres vías, son válvulas de distribución, y su utilización permite el paso del fluido linealmente o en ángulo recto.

Las válvulas de dos vías motorizadas están diseñadas para controlar la zona On-Off de sistemas domésticos. Gracias a su obturador cilíndrico, la válvula permite interceptar el caudal independientemente de la presión diferencial entre las vías. Este obturador puede adoptar dos posiciones de funcionamiento según la alimentación del pequeño motor eléctrico que lo acciona.

Válvula de dos vías motorizadas

6. Montaje de válvulas, bombas y circuladores

Lo primero, a la hora de realizar el montaje del circuito hidráulico, es saber que los materiales empleados varían en función del fluido utilizado. Siempre estos productos deben cumplir con la normativa vigente de aplicación al tipo de instalación considerada.

Para instalar las tuberías debemos tener en cuenta una serie de factores como son:

- Permitir espacio suficiente para realizar operaciones de montaje de aislamiento, pintura, etc.
- Seleccionar los tramos de tubería de la menor longitud posible. En particular, los tramos de tuberías por los que circula el fluido más caliente han de ser los más cortos para minimizar las pérdidas térmicas.
- Facilitar la realización de operaciones de purga (adecuada accesibilidad).
- Asegurar que el sistema puede ser vaciado completamente (colocación de válvulas de corte para poder aislar partes o componentes de la instalación para facilitar el mantenimiento).
- En tramos de tubería de recorrido largo (aproximadamente a partir de 5m), instalar curvaturas que permitan soportar las dilataciones térmicas.
- Proporcionar el aislamiento adecuado.

Operaciones para la instalación de las tuberías, cuando no exista una preinstalación:

- En instalaciones donde los captadores vayan ubicados en la cubierta, se pueden utilizar los conductos de ventilación o conductos de chimenea.
- La instalación a través de la cámara existente entre el forjado y la cubierta inclinada, siempre y cuando ésta sea accesible.
- La instalación a través de la fachada (en particular, este tipo de montaje debe guardar estética o la apariencia con el edificio, para lo que al menos debe presentar un trazado uniforme con las líneas principales del edificio).

Recuerde

En instalaciones donde los captadores vayan ubicados en la cubierta se pueden utilizar los conductos de ventilación o conductos de chimenea.

6.1. Elementos que componen el circuito hidráulico

Válvula de esfera

Este tipo de válvula posee una pequeña resistencia al flujo. Existen dos tipos diferentes en cuanto a su forma de acoplamiento a la tubería: soldada o roscada.

La válvula soldada presenta la ventaja de utilizar menos componentes hidráulicos en el acoplamiento con la tubería.

Su forma de acoplamiento se realiza soldando la tubería directamente a la válvula.

Montaje

1. Preparar las piezas, tubería, válvula, etc.
2. Acoplar la tubería en la válvula.
3. Con la válvula en posición abierta y un trapo húmedo envuelto sobre el cuerpo de la válvula, evitamos dañar la esfera y prensa del calor de la soldadura.
4. El aporte de calor se realiza en dirección a la tubería.
5. Una vez realizada la soldadura, apretar con una llave fija la tuerca de la prensa de la válvula.

El acoplamiento de la válvula roscada se realiza utilizando diferentes componentes: machones, entronques, racores, etc.

Este tipo de válvula se utiliza para:

- El vaciado del circuito hidráulico, tanto del primario como del secundario, vaciado de acumuladores, captadores, etc.
- El llenado del circuito primario (llenado manual).

- Independizar componentes de la instalación en caso de avería, etc.

Recuerde

La válvula de esfera puede ser de dos tipos diferentes en cuanto a su forma de acoplamiento a la tubería: soldada o roscada.

Válvula de retención

Estas válvulas son de no retorno, impidiendo el retroceso del fluido a través de ellas, mediante un mecanismo accionado por el mismo fluido, abriéndose en el sentido normal del flujo y cerrándose al sentido inverso de éste. Se suelen emplear para controlar el sentido del flujo en las tuberías. Se pueden clasificar atendiendo primero al modo de instalarse en la línea. Otra manera es considerar el dispositivo de cierre.

Según su posición en el servicio

- **Válvulas de retención horizontal**. Suelen instalarse en líneas horizontales.
- **Válvulas de retención vertical**. Suelen instalarse en líneas verticales.
- **Válvulas de retención angular**. Suelen ser instaladas en la unión de líneas verticales y horizontales, viniendo a ahorrar la colocación de codos, con su consiguiente reducción de pérdida de carga.

Según el dispositivo de cierre

- **Válvulas de retención de obturador oscilante (clapeta)**. Tienen como particularidad la poca resistencia que ofrecen al paso del fluido, ya que no reducen el paso ni cambian el sentido del flujo, suelen instalarse en posición horizontal o vertical, y es necesario montarlas de modo que el fluido ejerza una presión por la parte inferior de la clapeta. Suele ser la válvula más usada en conducciones de líquidos, intercalándose con válvulas de compuerta.

- **Válvulas de retención de obturador ascendente**. El movimiento del obturador es vertical, y también debido a la presión del fluido sobre él, actuando siempre por la parte inferior. El obturador es guiado por un cilindro o contacto largo y estanco preferentemente centrado, situado en la tapa de la válvula. Al igual que las válvulas de asiento, al cambiar la dirección del fluido, aumenta la pérdida de carga. Al ser su cierre por gravedad, limita su utilización a líneas horizontales, y acompañadas de válvulas de asiento. Este tipo de válvulas suelen usarse en servicios de alta presión, donde tenemos una alta velocidad de flujo. También pueden usarse colocándole un resorte que la obligue a cerrar.
- **Válvula de retención de bola**. En este caso, el obturador o clapeta es una bola. Deben situarse de tal manera que la dirección del asiento sea vertical. Al igual que la anterior, también introduce pérdidas de carga en la línea.
- **Válvulas de retención y cierre**. Suelen ser válvulas para emplearse como retención o cierre. Para ello, cuando el volante está abierto, la válvula funciona como retención, ya que el obturador no está fijo en el vástago o husillo y se desliza en él debidamente guiado, pero al tener el volante en posición cerrada, el husillo presionará el obturador impidiéndole todo movimiento. De ahí, que se denomine de cierre.
- **Válvulas de pie**. Trabajan a muy poca presión, además de tener que situarse muy cerca de las bombas. Suelen, por lo general, llevar incorporado un filtro.
- **Válvulas silenciosas**. Suelen ser una variante de las de clapeta oscilante, realizándose el giro por uno o dos ejes, los cuales sitúan a la clapeta en posición flotante sobre el fluido en su posición abierta. Tiene como ventaja que reduce las pérdidas de carga y su cierre es sin golpe.
- Existe un tipo especial de válvulas de retención oscilantes, conocido como **válvulas de mal tiempo**. Están diseñadas según normas DIN, se instalan siempre en posición vertical y su clapeta se mantiene cerrada hasta una presión determinada del fluido, por la acción de un contrapeso. La clapeta lleva unida una lámina de cuero que apoya sobre su asiento.

- También hay válvulas cuyo obturador es una esfera, que ajusta sobre su asiento en el cuerpo y asciende, dejando paso libre, empujada por el flujo, descendiendo por la acción de la gravedad y cerrando el paso cuando se detiene la circulación del flujo ascendente.
- Por último, existe un tipo de obturador muy similar al de la válvula de mariposa, en el que el disco está partido por un diámetro y ambas mitades se pliegan y juntan dejando el paso libre al flujo, circulando en una dirección, en la dirección contraria las dos mitades se disponen en un mismo plano, transversalmente al eje de la tubería, e impiden la circulación del flujo.

Válvula de seguridad

Válvula de conexión roscada. Existen dos tipos de conexión:

- Válvula de conexión roscada hembra.
- Válvula de conexión roscada macho.

Montaje

La válvula de seguridad tiene que ser montada de tal manera que la parte de evacuación no esté obstruida por conductos, tapones, etc. Esta parte de evacuación se conducirá por medio de tubería a sumidero, o a una zona donde la descarga no produzca daños materiales. La ubicación de la válvula de seguridad dentro de la instalación solar será en:

- Acumulador solar.
- Entrada de red.
- Batería de captadores solares.

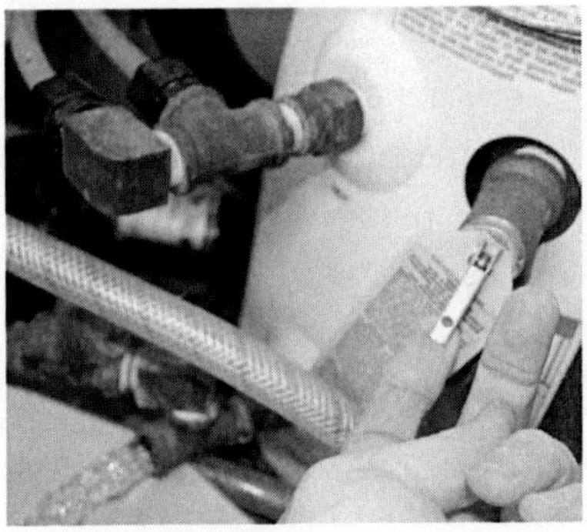

La presión de tarado de las válvulas colocadas en acumuladores, captadores, etc. no debe exceder de la presión máxima soportada por los componentes.

Válvula termostática

Para evitar quemaduras en los puntos de consumo, se instala esta válvula termostática en la tubería de salida del acumulador solar que, mezclada con la tubería de agua fría, consigue la temperatura prefijada en su cabezal, deseada para consumo. Este cabezal debe estar prefijado en torno a 50° C.

Funcionamiento

Si el agua en el acumulador solar tiene mayor temperatura que la prefijada en el cabezal de la válvula, ésta actúa agregando agua fría, consiguiendo así el agua a la temperatura prefijada en el cabezal. Se recomienda que se instale un termómetro después de la válvula mezcladora.

Recuerde

La válvula termostática evita quemaduras en los puntos de consumo instalándose en la tubería de salida del acumulador solar que, mezclada con la tubería de agua fría, consigue la temperatura prefijada en su cabezal, deseada para consumo.

Válvula de llenado automático

Su conexión con la tubería es roscada, igual que la válvula de esfera. Si el manómetro de la válvula marcara una presión por debajo de la de diseño, se deberá mirar la válvula de llenado automático, dajándola regulada a la presión de diseño.

Montaje

La válvula de llenado automático se colocará en línea con la tubería que comunicará el circuito secundario con el primario, y en paralelo con la válvula de llenado manual.

Válvula reductora de presión

Su conexión con la tubería es roscada.

Montaje

La válvula se suele colocar en línea en la tubería de alimentación de agua fría del acumulador. Su función dentro de la instalación solar es reducir la presión de red hacia la instalación.

Válvula de regulación

Este tipo de válvula en cuanto a su forma de acoplamiento a la tubería es roscada.

Montaje

La válvula se suele colocar en línea en la tubería de impulsión de las bombas de primario y secundario. Su función dentro de la instalación solar es regular el caudal de la bomba (produciendo una variación en la pérdida de carga de la instalación).

Bomba de circulación

Su acoplamiento con la tubería se realiza utilizando racores, machones, entronques, etc. La bomba de circulación puede ser de tipo en línea y su montaje se realiza con el eje de rotación en posición horizontal con la superficie del suelo.

La ubicación dentro de la instalación solar se realizará preferentemente en la parte más fría del circuito hidráulico.

En la instalación se colocarán válvulas de corte en la impulsión y la aspiración, para poder quitarse fácilmente en caso de avería. La bomba estará provista de un juego de racor para realizar la manipulación de la misma.

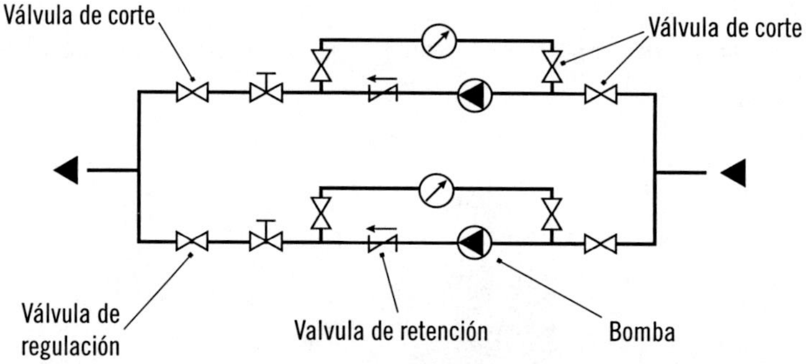

La bomba debe estar provista de un sistema de purga o desaireación que se ha de emplear en el momento de la puesta en marcha de la instalación. La bomba debe instalarse de forma que no se generen tensiones mecánicas. En caso de utilizarse en circuitos de agua caliente sanitaria ha de ser resistente a la corrosión.

Vaso de expansión

El vaso de expansión se encarga de absorber las variaciones de presión en un circuito producidas por las variaciones de temperatura del fluido circulante.

Vaso de expansión cerrado

El vaso de expansión del circuito primario se colocará preferentemente en la tubería de aspiración de la bomba del primario, de la cual debe suspenderse una tubería no aislada en la que se ubicará el vaso. El motivo de su ubicación en la aspiración es para reducir la carga térmica de la membrana.

La membrana del vaso de expansión será resistente a temperaturas altas y a esfuerzos alternativos. Dependiendo del tamaño del vaso, pueden suspender directamente de la tubería o han de estar apoyados sobre el suelo.

Purgador

El purgador se encarga de expulsar el aire del circuito hidráulico. Los purgadores manuales o automáticos son los que se suelen usar en las instalaciones solares. Por su forma de ser colocados en la instalación, se suele utilizar la rosca y la soldadura, en purgadores manuales, y la rosca, en purgadores automáticos.

El purgador automático suele colocarse en captadores, acumuladores, tuberías, etc.

Recuerde

La bomba de circulación debe estar provista de un sistema de purga o desaireación que se ha de emplear en el momento de la puesta en marcha de la instalación.

Si realizamos el montaje en tuberías, tanto de trazado vertical como horizontal, además del purgador deberemos emplear separadores de aire montados en línea con dicha tubería. Si montamos el purgador en los captadores se suele emplear el automático acompañado de un botellín de desaire.

En un purgador manual podemos distinguir: la válvula de esfera, la tubería de cobre, y el pequeño material de acoplamiento. Este purgador muchas veces es fabricado en la misma obra.

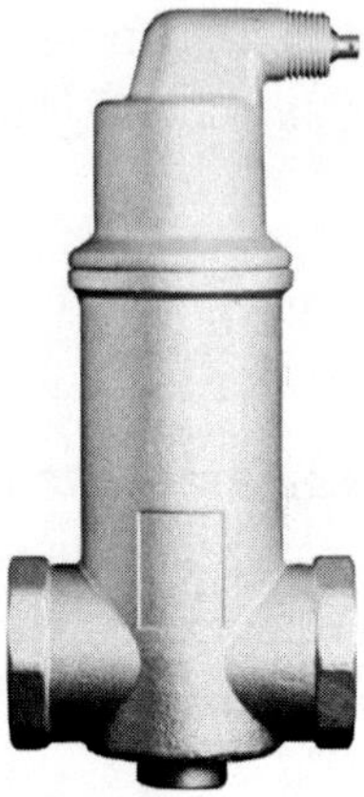

7. Montaje de máquinas y equipos

7.1. Técnicas y operaciones de ensamblado, asentamiento, alineación y sujeción

Instrumentos de medida

Sirven para tener controlado en todo momento el estado y funcionamiento de una instalación. La instalación de estos aparatos se realiza normalmente a través de roscas.

Manómetro

Este instrumento de medida nos informa de la presión de la instalación en cada instante. Siempre es recomendable tenerlo instalado tanto en el circuito primario como en el secundario, en el acumulador, en la entrada de red, etc. Así tendremos más puntos controlados.

Para poder controlar la diferencia de presiones existente entre la aspiración y la impulsión de la bomba de circulación, es necesario colocar el manómetro en un baipás que se le realiza a al bomba. Para obtener esta medida, es necesario disponer de dos válvulas de corte tanto en la aspiración como en la impulsión. Con la curva característica de la bomba y los valores del manómetro podemos adquirir el caudal de circulación.

Para adquirir medidas correctas se recomienda usar manómetros con glicerina, ya que no se cristalizan y, por lo tanto, no se distorsiona la aguja.

Termómetros

Estos instrumentos de medida de la temperatura se deben colocar en el acumulador, a la salida de consumo y en la entrada y retorno solar.

Caudalímetros

Son los que nos informan sobre el caudal existente en la instalación. Dependiendo del caudal a medir se pueden instalar en las tuberías de impulsión de los circuitos primario y/o secundario, en la tubería de entrada de agua fría de red, etc.

Recuerde

Los instrumentos de medida sirven para tener controlado en todo momento el estado y funcionamiento de una instalación.

Filtros de suciedad

El uso de estos filtros se realiza en los sistemas pequeños. Su empleo se recomienda para los sistemas cuya instalación se haya realizado con soldaduras fuertes, ya que las partículas desprendidas en las tuberías por la fusión de los componentes aportados pueden dañar bombas, válvulas de seguridad, válvulas mezcladoras, etc.

El filtro de suciedad no debe esconderse bajo el aislamiento térmico para que pueda ser encontrado fácilmente, y debe estar accesible para realizar las labores de mantenimiento.

Su montaje se realizará en línea en la tubería de aspiración de las bombas y la entrada de agua fría al acumulador solar. El tipo de filtro a utilizar en estas instalaciones deberá ser por decantación.

Conexión del intercambiador

El intercambiador, a priori, si se dimensiona correctamente no debe presentar problemas especiales. Es de los elementos más importantes de la instalación.

La instalación del intercambiador permite adicionalmente utilizar componentes con presión de trabajo inferior a la de red y fluidos de trabajo con aditivos.

Intercambiador de serpentín

El intercambiador se coloca en la parte más inferior del acumulador solar, ya que ésta es la parte más fría del acumulador.

La constitución más frecuente de este tipo de intercambiadores es la constituida por uno o más tubos en espiral. La tubería que proviene del captador solar se conecta a la boquilla superior y la tubería de retorno que va hacia los captadores en la boquilla más baja. Es decir, el fluido de trabajo circula en contracorriente a las capas de temperatura en la que se encuentra el acumulador, mejorando así la transferencia de calor.

En el caso de utilización de acumuladores de acero, las conexiones atornilladas del intercambiador deben estar aisladas para evitar corrosiones, es decir, no debe existir ningún contacto metálico entre el acumulador de acero y el intercambiador de cobre.

Montaje:

En la mayoría de los casos, los acumuladores están provistos de boca de registro o de una boca de acoplamiento al intercambiador. Una vez introducido el intercambiador en su posición, se debe prestar atención a la colocación de las juntas de sellado, cuando se proceda al apretado de los tornillos o tuercas que se utilizan para la fijación del mismo con el acumulador.

Para la conexión del circuito hidráulico con el intercambiador se utilizarán los siguientes componentes: válvulas de corte y racor cónico, para facilitar la sustitución o reparación. En el caso de intercambiadores de acero se han de utilizar manguitos dieléctricos.

Intercambiador de placas

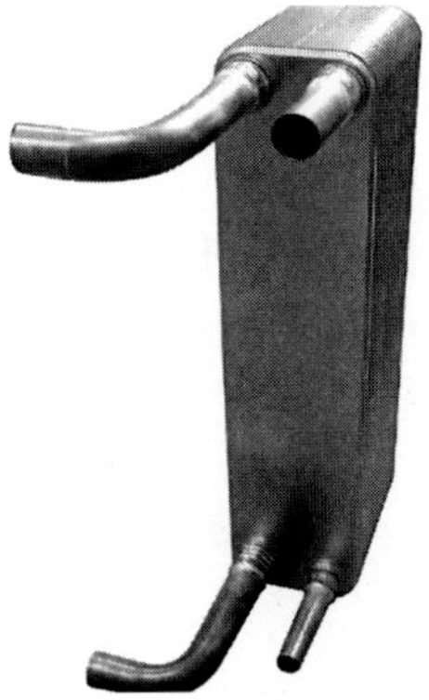

Se ha utilizado habitualmente en instalaciones de gran tamaño, si bien la reducción continua de su coste está consiguiendo que se emplee cada vez con más frecuencia en instalaciones de menor tamaño.

A la hora de montar el intercambiador, se suele utilizar para su alojamiento la sala donde se encuentre el acumulador solar. El aislamiento del intercambiador es muy importante. Para unir las bocas situadas en el bastidor del intercambiador se usan racores cónicos. En todas las tuberías de conexión se han de incorporar válvulas de corte que permitan independizar el intercambiador en caso de reparación o avería.

Recuerde

El intercambiador, a priori, si se dimensiona correctamente no debe presentar problemas especiales.

Instalación del acumulador

La ubicación de acumuladores pequeños no implica, en general, problemas. El lugar casi siempre elegido para la instalación de los acumuladores de gran tamaño es el sótano, en aquellas viviendas que lo poseen, o en la sala de caldera (planta baja). Sin embargo, esto conduce, en edificios de varias plantas, a circuitos hidráulicos largos, costes de instalación más elevados y un mayor aumento de pérdidas térmicas.

En la mayoría de los casos, están colocados en la cubierta, siempre y cuando ésta sea una cubierta horizontal transitable. En este tipo de instalación se debe cuidar la capacidad de carga que soporta la cubierta horizontal, por eso es importante reforzar la parte baja donde se ubique el acumulador.

En otros casos, existe la imposibilidad de colocar los acumuladores en los habitáculos deseados por no tener acceso o altura suficiente (puertas pequeñas, sótanos bajos, etc.) En estas situaciones, las posibles soluciones son la utilización de acumuladores horizontales, el conexionado entre varios acumuladores (serie o paralelo) o fabricar los acumuladores a medida. Esta última alternativa presenta el inconveniente de aumentar los costes de forma significativa.

Protección catódica

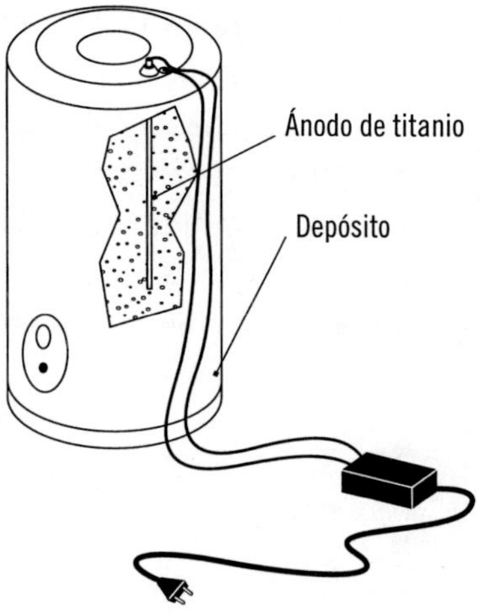

En las zonas donde la agresividad de las aguas es especialmente elevada, debe instalarse en el acumulador un sistema de protección catódica.

Los acumuladores pueden ser equipados con el sistema de protección catódica permanente, el cual es totalmente automático y libre de mantenimiento. Se compone básicamente de un ánodo de titanio montado convenientemente en la placa de conexiones, y en su caso, en la placa lateral, dependiendo del modelo de acumulador. Este ánodo está conectado a un potenciostato que regula automáticamente la entrada de corriente a través de los conductores.

Se deben utilizar exclusivamente los cables originales sin alargarlos ni acortarlos, ya que en caso contrario se corre el riesgo de corrosión a causa de una posible inversión de la polaridad. Instálese para ello una base de enchufe cerca del acumulador.

El ánodo de protección entra en funcionamiento cuando el acumulador está lleno de agua. Cuando no contiene agua, el piloto de control parpadea en rojo.

Recuerde

En las zonas donde la agresividad de las aguas es especialmente elevada, debe instalarse en el acumulador un sistema de protección catódica.

Si el piloto está en color verde, indica que el acumulador recibe corriente protectora. Si el piloto no está encendido o parpadea en rojo, es preciso comprobar las conexiones, los contactos y la alimentación de la red.

En los acumuladores que se instalan verticalmente, cuando se prevea que los periodos de extracción de agua vayan a ser superiores a tres meses, se recomienda un purgador automático a la salida de agua caliente.

Si el acumulador está instalado horizontalmente, se recomienda extraer agua del mismo como mínimo una vez cada tres meses.

El potenciostato y los cables de conexión no deben desconectarse, salvo para vaciar el acumulador.

No se puede desconectar el sistema de protección durante los periodos de ausencia.

Se ha de comprobar ocasionalmente el funcionamiento del piloto de control.

Aislamiento del acumulador

La calidad del aislamiento térmico influye significativamente en el funcionamiento adecuado del acumulador.

Para el aislamiento en acumuladores se emplean entre otros el poliuretano rígido y el poliuretano flexible.

Poliuretano rígido

El poliuretano rígido es uno de los materiales aislantes más eficientes y de mayor durabilidad. Su baja conductividad térmica y su estructura de celdas cerradas, más la innovación en su aplicación, lo posicionan como uno de los principales productos en aislamiento térmico y ahorro de energía. Sus múltiples formas de aplicación permiten su uso como aislante en todas las áreas de la construcción y refrigeración, tanto industrial como comercial. Este proceso se realiza con la mezcla de dos componentes para la fabricación de espuma rígida de poliuretano de células cerradas. El sistema ha sido desarrollado para su aplicación como aislamiento en el relleno de todo tipo de elementos de forma irregular y complicada (termos eléctricos, acumuladores, depósitos, etc.), y, en general, en todo tipo de aplicaciones donde sea necesario realizar la mezcla de forma manual.

Las dos formas de aplicación son por atomización o spray, generalmente aplicado in situ, e inyección, con la cual se fabrican cubiertas de techo, planchas, paneles, tabiques y muros aislados.

En caso de la aplicación por spray, sus ventajas son varias siendo las más destacables que: es un producto de fácil aplicación, forma un manto monolítico evitando la presencia de puentes térmicos, tiene buena adherencia sobre prácticamente cualquier superficie, buena rigidez estructural, baja absorción de humedad, etc.

Poliuretano flexible:

Este proceso se realiza con una manta de poliuretano flexible. El sistema ha sido desarrollado para su aplicación como aislamiento en acumuladores pequeños, y en muy pocos casos en acumuladores grandes.

Conexión con la entrada de agua fría de la red

Estas conexiones se realizan siempre en la parte baja del acumulador. Se aconseja hacerla mediante el siguiente conjunto de elementos:

- Válvula de retención: este elemento proporciona el paso del fluido en un sentido.
- Válvula de corte: este elemento para el paso de fluido.
- Válvula de seguridad: este dispositivo limita la presión máxima.
- Válvula reductora de presión: dispositivo que permite disminuir la presión de red en un circuito.
- Vaso de expansión: dispositivo que permite absorber las variaciones de presión en un circuito.

Las válvulas de seguridad nunca podrán estar instaladas en la tubería de cobre detrás de la válvula de corte ni de la de retención, y además, el escape de la válvula deberá estar conducido a sumidero. Para reducir las pérdidas de agua a través de la válvula de seguridad durante un periodo prolongado de parada del sistema, es recomendable instalar un vaso de expansión de membrana de calidad alimentaria.

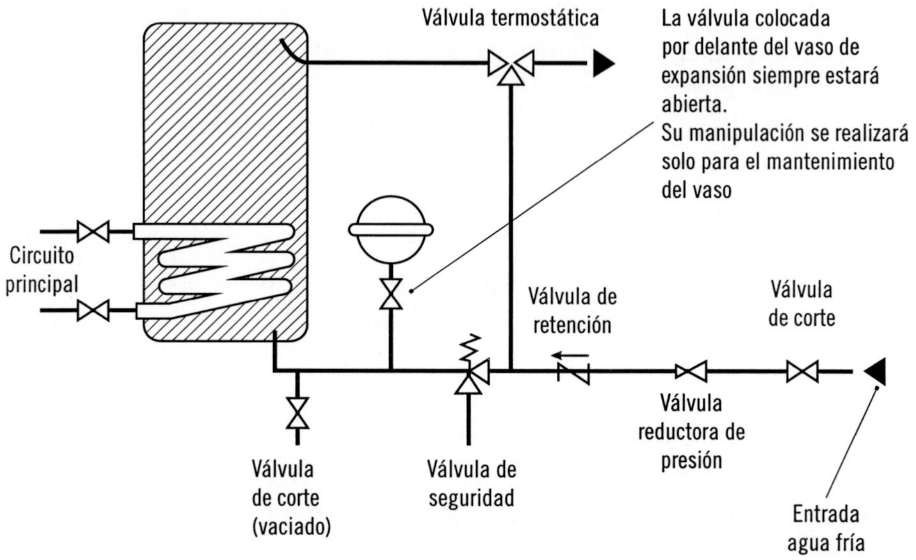

Conexión del agua caliente con la instalación convencional

Para realizar esta operación, se recomienda vaciar primero toda el agua que contiene el acumulador por la parte superior del mismo. Las conexiones de las tuberías con el sistema se pueden realizar de varias formas dependiendo del tipo de tuberías que se disponga y de si se dispone o no de un sistema de energía auxiliar.

- **Conexión con la tubería de agua caliente, sin sistema de energía auxiliar**: este tipo de conexiones se hacen colocando en la salida una válvula mezcladora. Así se evitan las posibles quemaduras en los puntos de consumo.

- **Conexión con la tubería de agua caliente, si dispone de sistema de energía auxiliar**: para realizar estas conexiones debemos de tener muy en cuenta el tipo de condiciones que se den.

Si se tiene un sistema de recirculación éste se conectará al sistema de energía de apoyo y, en casos muy particulares, se conectará al acumulador solar. El funcionamiento del circuito de recirculación ha de estar controlado con el fin de evitar que éste funcione continuamente. Así se reducen las pérdidas térmicas. La tubería de retorno del circuito de recirculación se conectará en la mitad inferior del acumulador auxiliar.

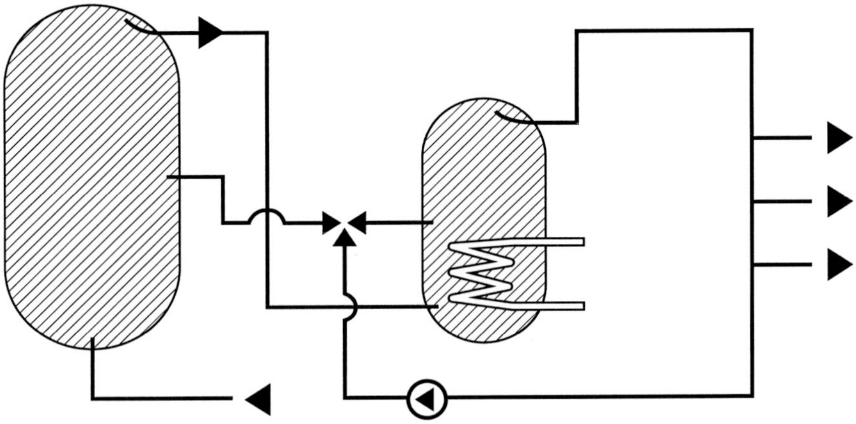

- **Conexión con la tubería de agua caliente, teniendo en cuenta el tipo de tubería convencional existente**: cuando debemos conectar, a tuberías de acero galvanizado o de materiales con baja capacidad de soportar altas temperaturas, una instalación solar, se le deben instalar válvulas termostáticas a la salida del acumulador solar o del auxiliar para prevenir el daño que se le pudiera realizar a la protección de la tubería.

Recuerde

Para conectar el agua caliente con la instalación convencional se recomienda vaciar primero toda el agua que contiene el acumulador por la parte superior del mismo.

Instalación y conexión de sensores

La correcta instalación de los sensores es una de las condiciones más importantes que establecen el correcto funcionamiento del sistema.

Sensor del captador

Se utiliza un vaina de inmersión, en la que introduciremos el sensor, y esta vaina se introduce en el punto más caliente de los captadores. El sitio apropiado es en la salida de agua caliente, y siempre en sentido contrario a la dirección del fluido de trabajo.

Al poner los cables, se debe asegurar que no estén en contacto con las tuberías de agua caliente. Si la longitud del cable del sensor de temperatura es insuficiente para llegar al control diferencial, deben extenderse con un cable apantallado de sección mínima de 0,75 mm^3.

Sensor del acumulador

Dicho sensor se debe instalar en la parte inferior del acumulador. Para ello, también nos ayudamos de una vaina de inmersión, la cual la introducimos en una de las bocas del acumulador. Dicha vaina debe tener unos 30cm de longitud aproximadamente.

Si tenemos acumuladores en cuyo interior se encuentra el intercambiador en forma de serpentín, el sensor lo colocaremos entre las zonas de entrada y salida del acumulador. Si se diera el caso de que el acumulador no tuviera bocas suficientes, se podría colocar en la tubería de agua fría o en la pared del acumulador, utilizando en esta última opción sondas de contacto.

Los cables de la sonda no se pueden poner unidos con los de alimentación de corriente 220/380 V, estos deben instalarse bajo tubo en canalizaciones independientes de las de corriente, ya que los campos electromagnéticos influirán en los valores medidos de forma que se registrarían datos incorrectos.

Sistema de control

Debemos de protegerlo de los agentes atmosféricos. El embornamiento de los conductores de señal se realizará con terminales o puntas estañadas.

8. Equilibrado hidráulico de instalaciones

A partir del caudal unitario por m^2 del captador, de su superficie y del número que haya, podremos calcular el caudal del circuito primario. En la Sección HE 4, del DB HE del CTE, se indica que "el caudal del fluido portador se determinará de acuerdo con las especificaciones del fabricante como consecuencia del diseño de su producto. En su defecto, su valor estará comprendido entre 1,2 l/s y 2 l/s por cada 100 m^2 de red de captadores. En las instalaciones en las que los captadores estén conectados en serie, el caudal de la instalación se obtendrá aplicando el criterio anterior y dividiendo el resultado por el número de captadores conectados en serie". Esto nos indica claramente la importancia de la visión global a la hora de proyectar el circuito, porque la toma de decisiones aisladas, como la de conexión de los captadores, influye en el conjunto.

Esta condición es algo superior a la establecida en la ITE 10.1.3.2, del Reglamento de Instalaciones Térmicas en los Edificios, la cual establece que "el caudal del fluido portador se determinará en función de la superficie total de colectores instalados. Su valor estará comprendido entre 1,2 l/s y 1,6 l/s por cada 100 m^2 de área de colectores (43,2 l/hm^2 y 57,6 l/hm^2). En las instalaciones en las que los colectores estén conectados en serie, el caudal de la instalación se obtendrá aplicando el criterio anterior y dividiendo el resultado por el número de colectores conectados en serie".

Si tomamos, para captadores en paralelo, un valor medio de 1,4 l/s por cada 100 m^2 de red de captadores, estaremos en una cantidad apropiada para conseguir una transferencia adecuada de la energía captada, y es el que se utiliza de base para los cálculos normalmente, salvo otra indicación concreta del fabricante acerca del caudal recomendado para su captador.

El caudal que circula por una batería de captadores en paralelo es el resultado de la suma de caudales que circulan por cada uno de los captadores, porque la conexión distribuye el fluido de forma independiente en cada captador. Sin embargo, una conexión en serie mantiene el caudal constante, siendo el mismo fluido el que atraviesa todos los captadores que componen la fila, aumentando su temperatura en cada paso, aunque con un rendimiento menor.

Recuerde

A partir del caudal unitario por m^2 del captador, de su superficie y del número que haya, podremos calcular el caudal del circuito primario.

El caudal se calcula con la siguiente fórmula:

$$Q = Q_{captador} \cdot A \cdot N$$

Donde:

Q = caudal total del circuito primario, en l/h

$Q_{captador}$ = caudal unitario del captador, en l/ (hm^2)

A = superficie de un captador solar, en m^2

N = número de captadores en paralelo, entendiendo que el caudal de una serie equivale a un único captador

Tal cómo indica la Sección HE 4, del DB HE del CTE, debe concebirse un circuito hidráulico de por sí equilibrado. Si no fuera posible, el flujo debe ser controlado por válvulas de equilibrado.

Recuerde

El caudal que circula por una batería de captadores en paralelo es el resultado de la suma de caudales que circulan por cada uno de los captadores.

Para conseguir que las instalaciones de fontanería tengan la presión necesaria en todos sus puntos, es preciso un equilibrado hidráulico.

Para conseguir un control hidráulico de la instalación es preciso tener en cuenta que:

- El caudal diseñado por el proyectista debe llegar correctamente a las unidades terminales correspondientes (derivaciones, colectores, puntos de agua, etc.).
- La presión diferencial debe ser adecuada para la válvula y mantenerse constante, es decir, no variar bruscamente.
- Los caudales deben ser acordes a todos los ramales de la instalación.

La diferencia de caudales entre las distintas fases de la instalación origina subcaudales, que pueden disminuir el rendimiento de la misma.

Para equilibrar una instalación se debe:

- Mantener iguales las longitudes de los diferentes ramales o circuitos en instalaciones centrales (evitar retornos directos).
- Las pérdidas de carga de cada ramal deben ser iguales.
- No sobre o infradimensionar el caudal de diseño.
- Utilizar válvulas de equilibrado en caso necesario.

El equilibrado hidráulico no sólo evitará la producción de subcaudales, ruidos y excesivas presiones diferenciales, sino que producirá un aumento de rendimiento de la bomba de la instalación (evitando el sobredimensionamiento) y contribuirá a un mayor ahorro energético.

Las válvulas de control se fabrican con una capacidad determinada para cada dimensión. Rara vez el tamaño de la válvula elegida corresponde al requerimiento real. Hay que asegurarse de elegir la más grande cuando el caudal requerido está entre dos diámetros.

Hay dos sistemas diferentes en función del tipo de válvula utilizado: **caudal variable**, donde se utilizan válvulas de dos vías, y **caudal constante**, utilizando válvulas de tres vías. El caudal constante ha de ser ajustado de una u otra forma.

- **Sistemas de dos vías:** deben asegurar el caudal correspondiente a cada demanda de potencia. Sin embargo, cuando la demanda aumenta, la válvula se abrirá y dejará pasar más caudal. En consecuencia, deberá tener la suficiente autoridad para esta situación. Si se quiere estar seguro de esto, se debe elegir un método de equilibrado que no en la calidad de control de la válvula.

  Hay tres métodos que se utilizan en estas circunstancias:

  - Pre-ajuste.
  - Limitador automático de caudal.
  - Control de la presión diferencial.

- **Caudal constante**: Una válvula de tres vías puede afectar al circuito primario o secundario, dependiendo de cómo esté diseñada la instalación.

  El método de pre-ajuste funcionará bien en estos sistemas. El caudal deseado puede ajustarse si conocemos el caudal de diseño y la presión disponible. El coste de los componentes (válvula de equilibrado) es bajo, mientras que el coste del ajuste es más alto.

9. Sistemas de energía auxiliar o de apoyo

Estos sirven para complementar la contribución solar suministrando la energía necesaria para cubrir la demanda prevista, garantizando la continuidad del suministro de agua caliente en los casos de escasa radiación solar o demanda superior a la prevista.

La Sección HE 4 del DB HE del CTE establece que:

1. Para asegurar la continuidad en el abastecimiento de la demanda térmica, las instalaciones de energía solar deben disponer de un sistema de energía convencional auxiliar.
2. Queda prohibido el uso de sistemas de energía convencional auxiliar en el circuito primario de captadores.
3. El sistema convencional auxiliar se diseñará para cubrir el servicio como si no se dispusiera del sistema solar, pero sólo entrará en funcionamiento cuando sea estrictamente necesario y de forma que se aproveche lo máximo posible la energía extraída del campo de captación.
4. El sistema de aporte de energía convencional auxiliar con acumulación o en línea siempre dispondrá de un termostato de control sobre la temperatura de preparación que en condiciones normales de funcionamiento permitirá cumplir con la legislación vigente en cada momento referente a la prevención y control de la legionelosis.
5. En el caso de que el sistema de energía convencional auxiliar no disponga de acumulación, es decir, sea una fuente instantánea, el equipo será modulante, es decir, capaz de regular su potencia de forma que se obtenga la temperatura de manera permanente con independencia de cuál sea la temperatura del agua de entrada al citado equipo.
6. En el caso de climatización de piscinas, para el control de la temperatura del agua se dispondrá una sonda de temperatura en el retorno de agua al intercambiador de calor y un termostato de seguridad dotado de rearme manual en la impulsión que enclave el sistema de generación de calor. La temperatura de tarado del termostato de seguridad será, como máximo, 10° C mayor que la temperatura máxima de impulsión.

Los equipos individuales de producción son hoy en día muy variados. Los diferentes tipos de equipos vienen dados por la producción instantánea o por acumulación, así como por el tipo de energía, además de por la cuantía de las demandas y, por lo tanto, la capacidad calorífica de los equipos, aunque el esquema general es igual en todos ellos: de la red de agua fría hay una derivación hacia un aparato, y aquí estriban las diferencias, donde se calienta el agua, obteniéndose ACS. A partir de este equipo de producción surge la red de distribución de ACS, que normalmente discurrirá paralela a la de agua fría, hasta abastecer los distintos locales húmedos y sus aparatos. También se derivan hasta los acumuladores en forma de serpentín, calentando así el interior del acumulador.

Recuerde

Los sistemas de energía auxiliar o de apoyo sirven para complementar la contribución solar suministrando la energía necesaria para cubrir la demanda prevista, garantizando la continuidad del suministro de agua caliente en los casos de escasa radiación solar o demanda superior a la prevista.

Independientemente de la tipología de sistema convencional utilizado, es muy importante la posición relativa de éste, las distintas opciones que se pueden encontrar son:

- **Inmerso en el acumulador solar**: para esta configuración existen dos posibilidades en función del tipo de energía convencional utilizada, que son la resistencia eléctrica (de menor eficiencia en tanques monovalentes) o el gas natural, GLP, gasóleo, etc., mediante otro serpentín sumergido en la parte superior del acumulador (mayor eficiencia en tanques bivalentes esbeltos, en los que la estratificación se mantenga, de manera que la caldera sólo debe poder actuar sobre el 50% del volumen del tanque).

- **En serie con el acumulador solar**: con esta configuración, el sistema de energía convencional ha de ser modulante por temperatura y resistir entradas de agua precalentada entre 60-70 ° C de temperatura. El rendimiento es el más alto, ya que no afecta a la temperatura de entrada a los colectores, además de poder modular el consumo de energía convencional en función de la temperatura de entrada a la caldera mural, lo que implica mayor eficiencia.
- **En paralelo con el acumulador solar**: es la tipología más usual en sistemas domésticos termosifónicos, con un conexionado menos eficiente ya que no se aprovecha el agua precalentada solar, sería un todo-nada. Estas calderas no aceptan agua precalentada.
- **Inmerso en acumulador en serie con acumulador solar**: con esta configuración se puede aprovechar el precalentamiento del agua solar (aún no a la temperatura de consumo) con el consiguiente ahorro energético, y con un conexionado más eficiente. El acondicionamiento del acumulador convencional se realizará con caldera de gas, gasóleo, GLP o incluso con resistencia eléctrica (menor eficiencia).

Se pueden considerar varios sistemas convencionales de producción de ACS:

Calentadores instantáneos de agua a gas

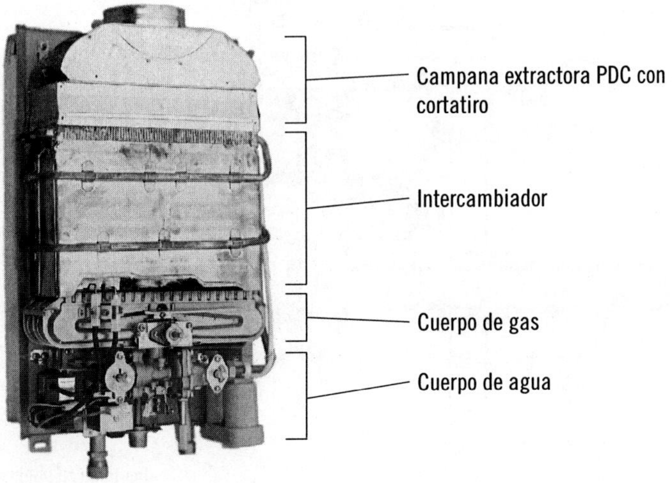

Funcionamiento

El funcionamiento de los aparatos de gas del mercado se basa en la detección del paso de agua fría en el cuerpo de agua al deformarse una membrana elástica (neopreno o silicona) que actúa sobre mecanismos que transmiten acciones sobre otros elementos.

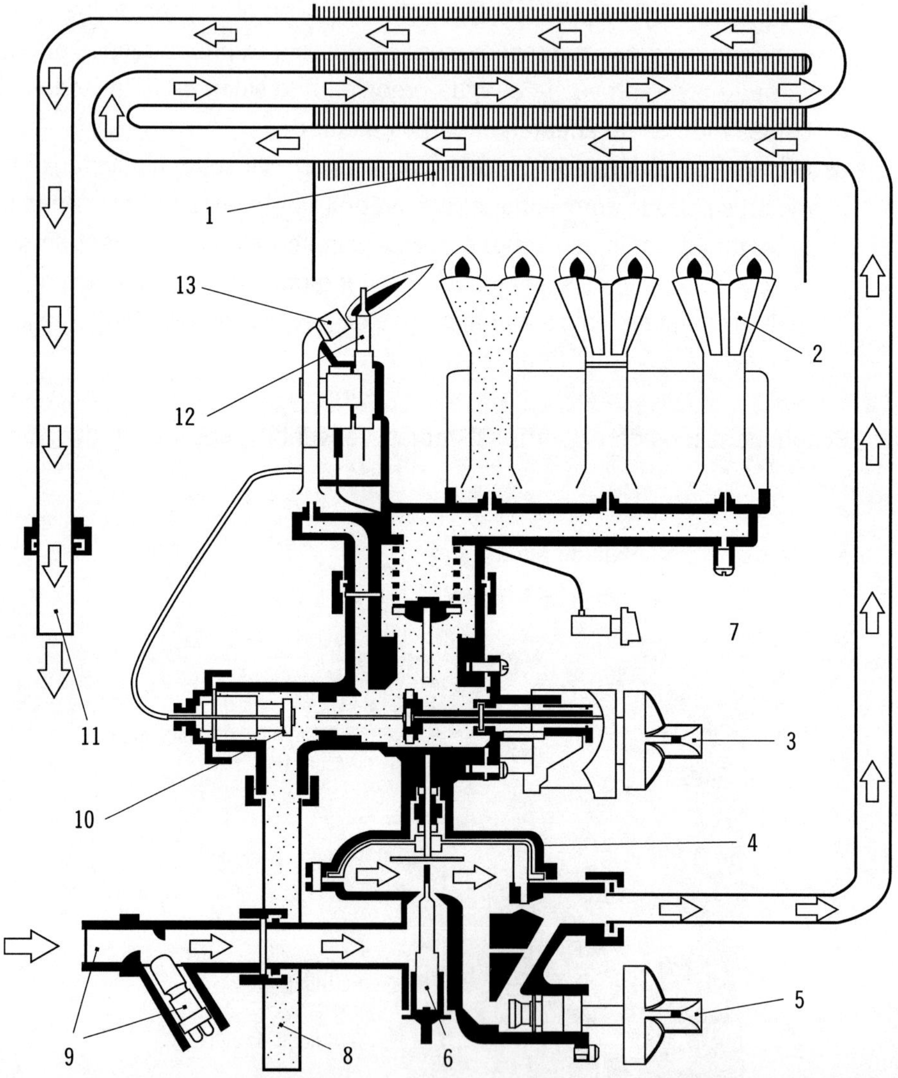

Continúa en página siguiente >>

<< Viene de página anterior

1. Intercambiador de calor
2. Quemador
3 Control de gas
4. Cuerpo de agua
5. Selector de temperatura
6. Regulador de caudal de agua
7. Encendedor piezoelectrico
8. Entrada de gas
9. Entrada de agua fría con llave de cierre
10. Válvula electromagnetica
11. Salida de agua caliente
12. Termopar
13. Quemador piloto

Elementos del equipo térmico del calentador instantáneo de agua

El **conjunto quemado**r está constituido por varios quemadores de llama azul construidos en acero inoxidable y los correspondientes chiclés. La mezcla combustible adecuada del gas y el aire se realiza en el cuerpo de cada uno de los quemadores, por mediación del diseño en la forma y por el efecto Venturi, para posteriormente salir por una rejilla.

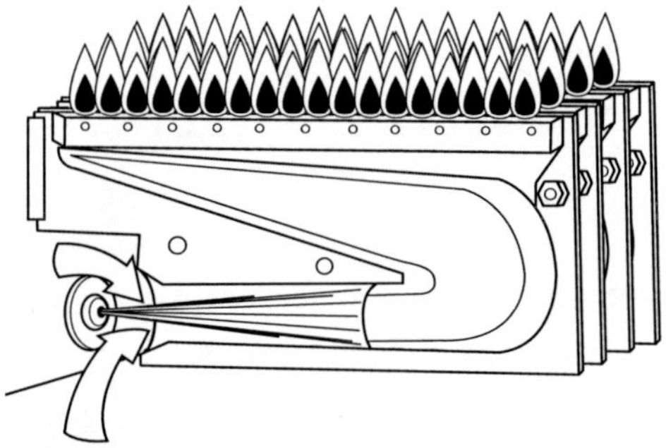

Recuerde

El funcionamiento de los aparatos de gas del mercado se basa en la detección del paso de agua fría en el cuerpo de agua al deformarse una membrana elástica (neopreno o silicona) que actúa sobre mecanismos que transmiten acciones sobre otros elementos.

El **mando** es el accionador manual para las funciones de apagado, encendido del piloto y funcionamiento normal.

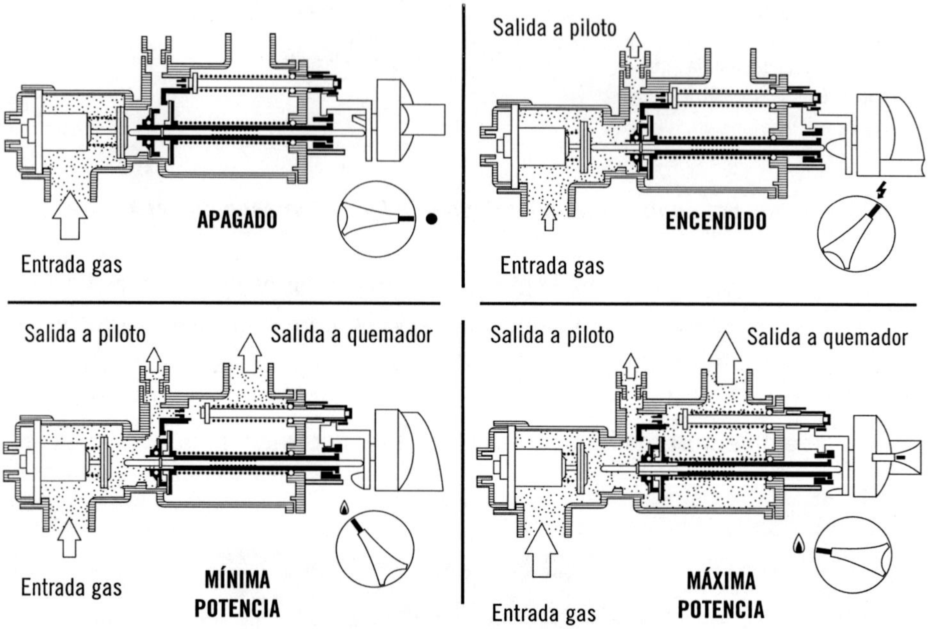

El **intercambiador de calor** o **serpentín** se realiza en cobre con baño de estaño-plomo para protegerlo de corrosiones por los ácidos que pueden producir los gases y el vapor de agua de la combustión. La superficie de intercambio debe ofrecer un buen rendimiento térmico con el mínimo espacio, por eso se utiliza una plancha que forma el hogar de la combustión. Los calentadores suelen disponer de una sonda térmica (klixon) en el intercambiador para detectar un sobrecalentamiento anormal.

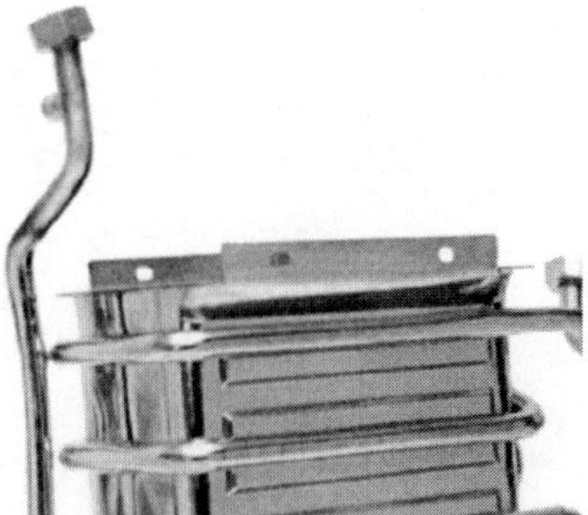

La **campana extractora** de productos de combustión (PDC) debe permitir una buena recogida de los gases. Mediante el cortatiro que incorpora debe evitar un posible retroceso (revoque) de los gases de la combustión. El sistema de extracción de gases debe complementarse con la instalación de un conducto de evacuación vertical que asegure el tiro de los gases (fuerza ascensional o descendente de los gases debido a la densidad por la temperatura que posean). Algunos calentadores incorporan un ventilador para forzar la salida de los gases y una sonda (termostato o presostato diferencial para ponerlo en marcha). Otra sonda térmica se coloca en el cortatiro para detectar los retrocesos de gases calientes por una mala conducción al exterior.

El flujo correcto de los gases quemadores se produce cuando el tiro natural no tiene perturbaciones. Cuando existan perturbaciones, por entrada de aire frío desde el conducto o cuando hay obstrucciones (nidos de aves, etc.) en el mismo, el cortatiro actúa evitando que la llama se dirija hacia el interior del calentador pero entonces se produce un aumento de temperatura en la campana de extracción de los PDC.

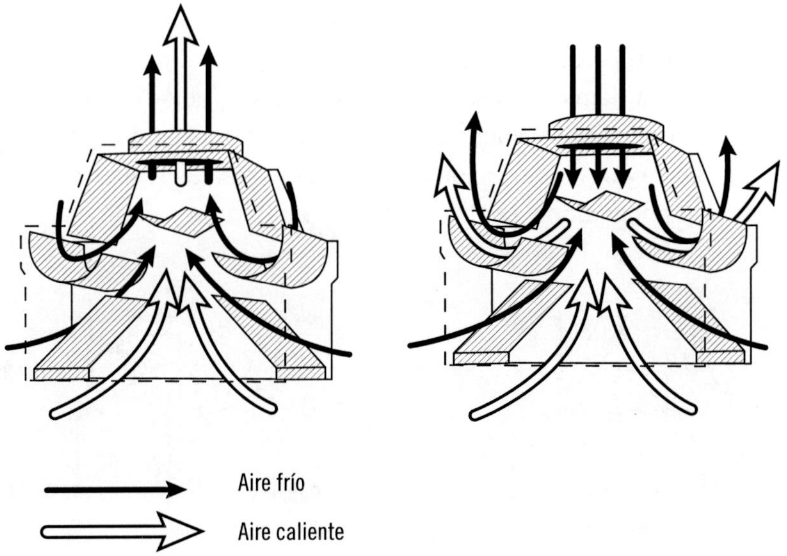

La **electroválvula** es un elemento que, en combinación con el termopar, constituye el dispositivo de seguridad del aparato de gas. El **termopar** es un elemento que genera electricidad cuando recibe calor de la llama del quemador piloto y alimenta a la electroválvula, que retiene la válvula de seguridad de gas.

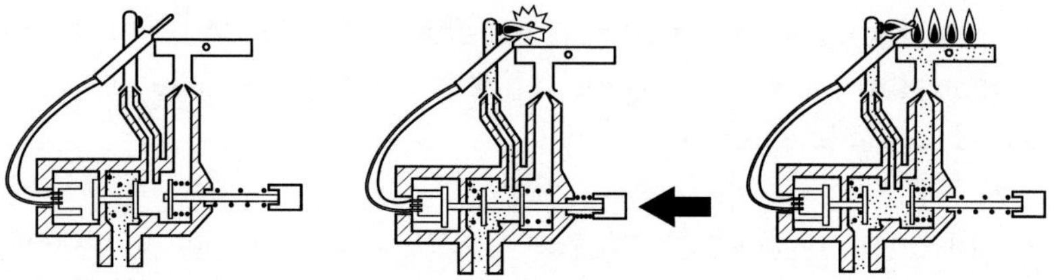

Posición cerrado

Posición encendido manual

Posición funcionamiento

La **sonda de ionización** es un elemento que constituye otro sistema de dispositivo de seguridad del aparato de gas. Se basa en la ionización (pérdidas de electrones) de las moléculas del combustible al quemarse y en la conveniente colocación de unos electrodos para detectar la corriente que atraviesa la llama. EL uso de la sonda de ionización implica disponer de una centralita electrónica que amplifica la débil señal de la corriente que se produce por la ionización de la llama y además realiza otras funciones como el encendido y control de la temperatura.

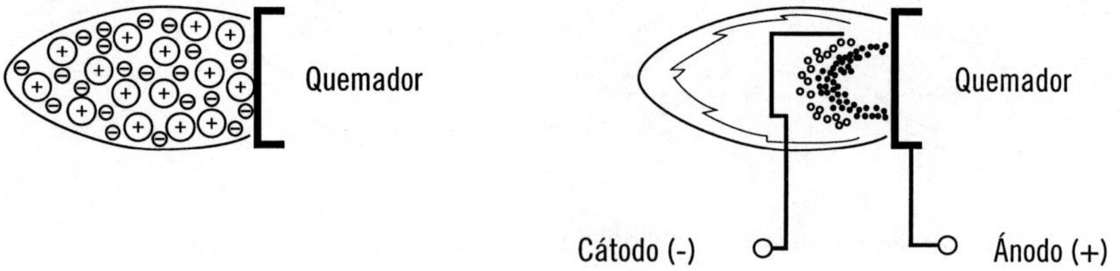

El **selector de temperatura** (verano-invierno) es un baipás que deriva una cantidad variable de caudal para que no ejerza influencia sobre la membrana.

El **regulador de caudal de agua** estabiliza el caudal en función de las variaciones de presión que puedan sobrevenir al cuerpo de agua.

Recuerde

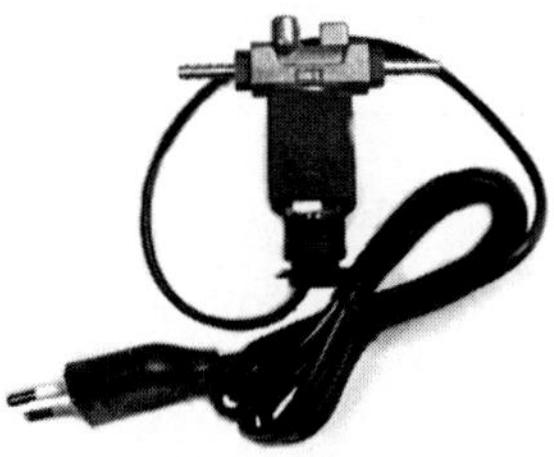

La electroválvula es un elemento que, en combinación con el termopar, constituye el dispositivo de seguridad del aparato de gas.

El **sistema de encendido** puede ser:

- De encendido manual con cerillas o mecheros de la llama piloto.
- De encendido manual por dispositivo piezoeléctrico de la llama piloto.
- De encendido manual por torrente de chispa de la llama piloto.
- De encendido automático por torrente de chispa de la llama piloto.
- De encendido automático por transformador de AT y bujía.
- De encendido automático por dinamo.

Los **calentadores** pueden ser de combustión abierta y estancos. Los calentadores estancos disponen de un doble tubo concéntrico (uno para la admisión de aire y otro para la evacuación de los gases) y un ventilador accionado por un elemento de control.

Las potencias nominales que se fabrican son muy variadas:

l/min	kW	Kcal/min
5	8,7	125
10	17,4	250
13	22,7	325
16	29,7	400
21	39	525

El salto térmico (Δt) de los calentadores tiene por mínimo el valor de 25° C.

Los calentadores se pueden dividir en dos grupos: los de potencia fija y los de potencia variable o modulante. La regulación de potencia en los calentadores puede ser por principios hidráulicos (caudal), termostáticos y electrónicos:

- Los de regulación hidráulica se basan en un cuerpo de agua con membrana que dispone de movimiento vertical proporcional al caudal que pasa.
- Los de regulación termostática tienen una sonda térmica en la zona de salida de agua caliente del intercambiador y actúan sobre un servo que regula el paso de gas a los quemadores.
- Los de regulación electrónica disponen de sensores (termostáticos y caudalímetros) que actúan sobre actuadores (válvulas y servos) de acuerdo con la temperatura seleccionada.

Cuando un combustible reacciona con el oxígeno del aire dando lugar a una combustión, se originan unos productos resultantes de la reacción química que se denominan "Productos de la Combustión" (PDC). En el caso de los hidrocarburos (HC), se produce siempre la siguiente reacción entre el combustible y el comburente:

$HC + O_2 = CO_2 + H_2O$, Combustible + Comburente = PDC (anhídrido carbónico + vapor de agua)

Si el oxígeno empleado en la combustión proviene del aire atmosférico no debe olvidarse que el nitrógeno entra en el área donde se realiza la combustión y sale sin intervenir en la reacción química, pero adquiriendo un incremento de calor y debiendo ser considerado como una pérdida inherente a la combustión. Algunos hidrocarburos (gas, gasoil, etc.) contienen azufre y tras la combustión forman óxidos que, mezclados con el vapor de agua, originan la aparición de ácido sulfúrico que se dispersa como la lluvia ácida o bien manchan la pared o corroen los conductos de evacuación de los gases.

Calentadores eléctricos instantáneos

Estos sistemas se basan en una tubería de agua con una resistencia eléctrica cuya potencia eléctrica está comprendida entre 3,5 KW y 36 KW. No se recomienda el empleo de este tipo de calentadores, ya que el consumo de energía primaria es muy elevado, además de perturbar el abastecimiento eléctrico cada vez que se requiera un suministro elevado de potencia eléctrica durante intervalos de tiempo muy pequeños. Requieren generalmente su propio circuito eléctrico y un caudal mínimo para su funcionamiento.

Recuerde

Los calentadores eléctricos instantáneos se basan en una tubería de agua con una resistencia eléctrica cuya potencia eléctrica está comprendida entre 3,5 KW y 36 KW.

Calentadores-acumuladores de agua eléctricos

Consiste en la colocación, a partir de la red de agua de la instalación solar, de un calentador que, además, es acumulador (depósito con paredes aisladas térmicamente). La producción de ACS tiene lugar por efecto Joule en el propio depósito acumulador por medio de una resistencia eléctrica, inmersa en el mismo. La temperatura de preparación se encuentra limitada por un termostato que activa y/o desactiva la resistencia eléctrica en función de que se alcance o no la temperatura de consigna previamente establecida.

La característica fundamental de este tipo de aparatos viene dada por la capacidad de acumulación (25, 50, 100, etc. hasta 200 litros), y en función de ella se necesitará una determinada potencia eléctrica.

Estos sistemas proporcionan agua caliente de forma inmediata tras el vaciado del agua contenida en la red de tuberías de distribución. En estos sistemas es fácil regular el caudal y la temperatura de acuerdo a los requisitos de los usuarios. Permiten más de un uso y a temperatura casi constante puesto que el agua se mantiene a una determinada temperatura de preparación en el interior del acumulador. Como inconveniente destaca que la continuidad del caudal de agua caliente se encuentra limitada por la capacidad del acumulador.

El uso de los sistemas con acumulación normalmente se realiza mezclando caudales de agua caliente y fría para disponer de la temperatura de uso deseada por el usuario. En los momentos de consumo punta prolongados, y dada la gran inercia de este sistema, puede ir disminuyendo la temperatura de preparación, por lo que el usuario debe ir aumentando la proporción de agua caliente en la mezcla.

Poseen el inconveniente de que, si se agota el caudal acumulado, el calentamiento para la reposición del depósito no es instantáneo pudiendo, en función de la potencia y la capacidad, sobrepasar las 2 horas. El calentamiento del agua por medio de una resistencia sumergida en ella es mucho menos eficaz que circulando dentro de un serpentín expuesto bajo una llama, por lo que, aunque el costo inicial de las instalaciones por calentador a gas y calentador-acumulador eléctrico son similares, el costo energético de uso diario es bastante más elevado en este último, sin tener en cuenta el costo adicional del recalentamiento continuo del agua acumulada a medida que se enfría cuando ésta no se consume. Otro inconveniente sería que en aguas duras, con exceso de cal, se produce una gran calcificación en el sistema de calentamiento por resistencia eléctrica, derivando en un incorrecto funcionamiento del mismo.

Recuerde

La característica fundamental de este tipo de aparatos viene dada por la capacidad de acumulación (25, 50, 100, etc. hasta 200 litros), y en función de ella se necesitará una determinada potencia eléctrica.

Termoacumulador a gas de calentamiento directo

Consiste en un acumulador de agua atravesado por un conducto-chimenea por el que circulan los gases de combustión procedentes de un quemador atmosférico o de tiro forzado.

Termoacumulador a gas de calentamiento indirecto

Acumulador de agua en el que el intercambio de calor se realiza a través del fluido caliente procedente de una caldera o de una bomba de calor. El dispositivo calefactor puede ser un serpentín sumergido en el agua que se desea preparar, o bien una doble envolvente que rodea al acumulador.

10. Conocimientos de combustión

Por combustión se entiende el proceso mediante el cual se produce la quema de cualquier sustancia, ya sea gaseosa, líquido o sólida. En este proceso, el combustible se oxida y desprende calor, y, con frecuencia, luz. El oxidante no es oxígeno necesariamente, ya que puede ser parte de un compuesto químico, como ácido nítrico, HNO_3, o perclorato de amonio, NH_4ClO_4, y puede quemarse nuevamente durante una serie de pasos químicos complejos. Este oxidante puede también ser un material que no contenga oxígeno, como el flúor. Éste se combina con el hidrógeno combustible, que libera luz y calor.

El oxígeno tiene la capacidad de combinarse con diversos elementos para producir óxidos. En definitiva, la oxidación es la combinación del oxígeno con otra sustancia. Existen oxidaciones que son sumamente lentas, como por ejemplo la del hierro. Cuando la oxidación es rápida se llama combustión.

Pues bien, la combustión se refiere a las reacciones químicas que se establecen entre cualquier compuesto y el oxígeno. A esto también se le llama reacciones de oxidación. De este tipo de proceso se desprenden energía lumínica y calórica y se llevan a cabo rápidamente. Cabe destacar que los organismos vivientes, para producir energía, utilizan una combustión controlada de los azúcares.

El material que arde, como el queroseno, es el combustible y el que hace arder, como el oxígeno, se llama comburente.

Entendemos por ignición el valor de temperatura que debe presentar el sistema fisicoquímico para que se pueda dar la combustión de manera natural. El proceso termina cuando se consigue el equilibrio entre la energía de los compuestos que reaccionan y la de los productos de la reacción. Con el punto de ignición se alcanza la temperatura de inflamación, activado por la energía de una chispa o por la llama de un fósforo.

Recuerde

Por combustión se entiende el proceso mediante el cual se produce la quema de cualquier sustancia, ya sea gaseosa, líquido o sólida..

El carbono y el hidrógeno, hidrocarburos, son elementos que entran en combustión más fácilmente. El heptano, propano y el metano, entre otros, son sustancias que se utilizan como combustibles, es decir, como fuentes de calor proporcionado por la combustión.

En síntesis, la combustión se produce cuando convergen los siguientes factores:

- El combustible, es decir, el material que arde, carbón, madera, plástico.
- El comburente, el material que hace arder, oxígeno.
- La temperatura de inflamación, la temperatura más baja a la cual el material inicia la combustión para seguir ardiendo.

Cuando el proceso de combustión se acelera, por ejemplo, aumentando la temperatura, se produce una explosión. Existen ciertas situaciones en las que se produce combustión sin necesidad de un calentamiento exterior, como es el caso de los cuerpos fácilmente oxidables, en su mayoría malos conductores del calor.

La energía emanada por la combustión es aprovechada en los procesos industriales para obtener fuerza motriz e iluminación, entre otros, así como productos oxidados específicos y eliminación de residuos.

Sustancias como el carbón bituminoso conducen mal el calor pero se oxidan muy rápido. Las mismas aumentan y acumulan el calor lentamente y puede llegar a la temperatura de inflamación e incendiarse espontáneamente ocasionando desastres. La combustión espontánea puede darse en almacenes, barcos y depósitos donde se acumulen materiales como algodón, hulla o aceite.

Los combustibles son, en su mayoría, de origen orgánico y su valor depende de la proporción de carbono e hidrógeno que contienen en su composición química. El valor principal de un combustible radica en su capacidad de liberar calor durante la combustión. Igualmente, hay combustibles sólidos, líquidos y gaseosos que pueden ser naturales y artificiales.

Por orden de potencial calorífico, los combustibles sólidos más comunes son el carbón, el coque, la madera, el bagazo, la caña de azúcar y la turba. Entre los líquidos se encuentran el petróleo crudo y sus derivados, como la gasolina, el alcohol, el aceite y la bencina. Los combustibles gaseosos más utilizados son el gas natural, mezcla de metano, etano, propano y butano, el acetileno que se utiliza en el soplete y el hidrógeno, empleado para impulsar vehículos espaciales.

Existen ciertas situaciones en las que se produce combustión sin necesidad de un calentamiento exterior, como es el caso de los cuerpos fácilmente oxidables, en su mayoría malos conductores del calor.

Por su parte, los productos de la combustión difieren según el tipo de combustible que se use, y varían también si la combustión es completa o incompleta. En la **combustión completa** se produce vapor de agua, dióxido de carbono y energía calórica. En cambio, si la **combustión** es **incompleta**, se produce monóxido de carbono.

En las combustiones de compuestos que contienen carbono siempre se producen CO_2 y H_2O con algo de CO.

La forma de la llama nos indica si la combustión es rica o pobre.

En los estudios sobre las zonas de la llama se especifican estas partes:

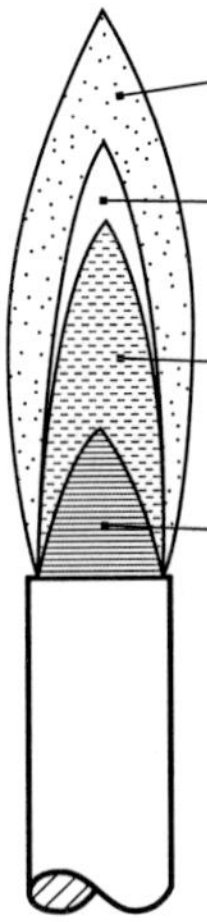

Recuerde

La energía emanada por la combustión es aprovechada en los procesos industriales para obtener fuerza motriz e iluminación.

Para la obtención de una buena llama manipulamos la cortina de entrada de aire en el mechero camping-gas o en el calentador del agua, para lograr que la combustión sea máxima, que la llama tenga forma de dardo y que sea más azulada y luminosa. De esta forma, el calor liberado en la combustión del gas es máximo.

Llama buena:

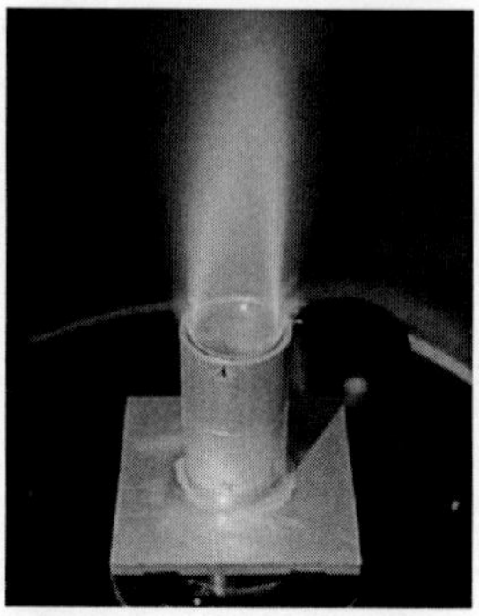

En una combustión rica, con mucho aporte de oxígeno, el butano se combina con el oxígeno y se convierte en CO_2 y H_2O. Los dos son gases y escapan a la atmósfera.

$$C_4H_{10} + 13/2\ O_2 \longrightarrow 4\ CO_2 + 5\ H_2O$$

En química se estudia el calor de combustión a partir de los calores de formación de los componentes de la reacción.

Una llama pobre, con poca entrada de aire al mechero, tiene forma vacilante, es de color rojizo (menor temperatura) y más oscura porque contiene muchas partículas de hollín, y produce humos que manchan.

Recuerde

Por combustión se entiende el proceso mediante el cual se produce la quema de cualquier sustancia, ya sea gaseosa, líquido o sólida. En este proceso, el combustible se oxida y desprende calor, y, con frecuencia, luz.

El hollín son partículas de carbono que no se quemaron y no pasaron a gas en forma de CO y CO_2.

Las aplicaciones de las reacciones de combustión son muy diversas. Pero las más importantes son las que se describen a continuación:

10.1. La combustión en los seres vivos

Los trabajos de Priestley y Lavoisier, llevados a cabo a finales del siglo XVIII, permitieron conocer que el mantenimiento de la vida en los seres vivos era posible gracias a reacciones internas de combustión que suministran la energía necesaria para mantener la actividad del organismo y, en el caso de animales de sangre caliente, la temperatura del propio cuerpo, venciendo el desequilibrio entre ésta y la del medio líquido o gaseoso que les rodea. En ambos procesos, el aire que se respira produce la oxidación del carbono y el hidrógeno contenidos en la sangre, procedentes de la digestión de los alimentos ingeridos.

Si se realiza la combustión de esos alimentos en un laboratorio, se observa que se desprende una cantidad de energía superior a la generada por su oxidación en el organismo, si bien los productos finales son los mismos: dióxido de carbono y agua. Esa pérdida de energía aprovechable en el proceso respiratorio se debe a que su cadena de reacciones es muy distinta a la de una combustión ordinaria, que lleva implícita la formación de llama, evidentemente inexistente en la oxidación biológica, que debe verificarse dentro de los límites impuestos por las condiciones vitales del organismo.

10.2. Fuentes de energía

Entre los compuestos de carbono e hidrógeno, los más utilizados como fuente de energía son el carbón, el gas natural y los productos derivados del petróleo. Para que su combustión sea completa, se requiere que la cantidad de aire utilizado en la misma tenga el oxígeno necesario que permita transformar todo el hidrógeno en agua y el carbono en dióxido de carbono.

Si la cantidad de oxígeno empleado es inferior, la combustión se denomina incompleta y se caracteriza por la presencia de cuerpos no totalmente oxidados, como el venenoso monóxido de carbono. Tal es el caso de los gases que desprenden los automóviles, que contienen entre el 1% y el 8% de dicho gas, lo que representa un peligro potencial en calles estrechas o garajes mal ventilados.

Cuando el aire utilizado en la combustión contiene mayor cantidad de oxígeno de la necesaria, el rendimiento disminuye, al utilizar parte de su calor para elevar la temperatura de una masa superior de aire que no contribuye en nada a la energía liberada.

Uno de los efectos más importantes y, por desgracia, más comunes de la combustión es la contaminación del aire.

Esta contaminación consiste en la presencia en la atmósfera de una o varias sustancias en tales concentraciones que puedan originar riesgos, daños o molestias a las personas y al resto de seres vivos, perjuicios a los bienes o cambios de clima.

Los óxidos de azufre, SO_2 y SO_3, son los agentes contaminantes más habituales en el aire. Proceden de la combustión de los combustibles utilizados en la industria y en la calefacción doméstica. El principal peligro que representan son las reacciones químicas a las que dan lugar en condiciones de humedad:

$$SO_2 + H_2O \ldots\ldots\ldots H_2SO_3$$

$$SO_3 + H_2O \ldots\ldots\ldots H_2SO_4$$

A fin de reducir las emisiones de óxidos de azufre, es preciso eliminar el azufre presente en los combustibles antes de proceder a su combustión. Si ya se ha producido ésta, hay que reducir en los gases de emisión los óxidos de azufre a azufre, el cual puede ser comercializado posteriormente.

Los óxidos de nitrógeno se encuentran entre los gases emitidos por los tubos de escape de los vehículos a motor. Se eliminan instalando un catalizador en el tubo de escape.

Al igual que los óxidos de azufre, los óxidos de nitrógeno reaccionan con el agua que existe en la atmósfera y dan lugar a dos sustancias ácidas:

$$N_2O_5 + H_2O....HNO_3$$

$$N_2O_3 + H_2O.....HNO_2$$

Todas estas sustancias ácidas forman lo que se ha denominado "lluvia ácida", que destruye bosques, lagos de escasa profundidad y monumentos.

En la década de los 80 fue cuando la gente comenzó a darse cuenta de que los bosques de Europa, Escandinavia y Norteamérica enfermaban y morían marcados por la lluvia ácida. En todo el mundo, los ríos se contaminaban con los productos químicos de la industria. En áreas deltaicas situadas a bajo nivel, como Bangladesh, las inundaciones originadas por la deforestación del Himalaya, a miles de kilómetros al norte, provocaron la muerte de miles de personas y arrojaron de sus casas a decenas de miles de damnificados. En el Caribe y en el Pacífico, las tormentas que antes azotaban estas zonas cada cien años empezaron a causar destrozos cada dos o tres años.

El dióxido de carbono se origina de la combustión de los compuestos orgánicos e incide en el recalentamiento de la atmósfera, fenómeno conocido como "efecto invernadero".

Las plantas toman dióxido de carbono del aire mediante la fotosíntesis y los seres vivos lo expulsan a la atmósfera en la respiración. Durante millones de años, estos procesos han mantenido en equilibrio la cantidad de dióxido de carbono en la atmósfera.

Sin embargo, este equilibrio se ha roto, por la masiva emisión de dióxido de carbono procedente de las reacciones de combustión de los combustibles fósiles y porque en muchas zonas del planeta la vegetación ha sido destruida en los últimos años.

Este exceso de dióxido de carbono en la atmósfera actúa como una pantalla sobre la Tierra, que evita que la energía pueda escapar.

Recuerde

El dióxido de carbono se origina de la combustión de los compuestos orgánicos e incide en el recalentamiento de la atmósfera, fenómeno conocido como "efecto invernadero".

La luz visible que llega a la Tierra desde el Sol pierde energía al atravesar la atmósfera terrestre y se transforma en radiación infrarroja. El dióxido de carbono absorbe esta radiación, impidiendo que escape de nuevo al espacio. Este efecto (efecto invernadero) es el responsable de que el hielo de las zonas polares se funda y del aumento de la temperatura media del planeta.

El combustible más empleado para los sistemas de apoyo, en instalaciones solares, es el gas, ya que se considera un combustible limpio.

El petróleo, el carbón y el gas natural, es decir, los combustibles fósiles, representan conjuntamente alrededor del 85% del consumo total de energía a nivel mundial. El gas natural es abundante. Aunque la demanda de gas natural esté creciendo, sus reservas han crecido más rápidamente siendo por consiguiente suficientemente abundantes para las décadas venideras.

El suministro y la utilización del gas natural aportan beneficios medioambientales considerables en comparación con otros combustibles fósiles.

La combustión del gas natural no produce emisiones de SO_2 y produce menores emisiones de NO_x por unidad de energía obtenida que el petróleo o el carbón. El uso del gas natural puede contribuir a la mejora de la calidad del aire ambiente urbano y a la lucha contra la lluvia ácida. Además, el gas natural puede contribuir de forma importante a cambiar la tendencia de aumento potencial del efecto invernadero, considerado en la actualidad como el problema medioambiental más serio a nivel mundial.

El cambio de otros combustibles fósiles a gas natural puede garantizar la reducción de las emisiones nocivas al aire, al agua y a la tierra y aportar mejoras medioambientales a escala local o global.

Las propiedades químicas del gas natural y la posibilidad de disponer de tecnologías de alto rendimiento proporcionan una opción energética positiva y sin preocupaciones para un camino hacia el desarrollo sostenible.

En esta era de combustibles fósiles, el gas natural juega ya un papel importante y directo en la solución de los principales problemas medioambientales. La utilización del gas natural continuará aportando mejoras rentables en la calidad del medio ambiente. La industria del gas es consciente de su responsabilidad de optimizar las ventajas inherentes del gas natural, combustible esencial ya en la actualidad para el bienestar económico y general.

La expansión competitiva del gas natural en el mercado energético se mantendrá en el futuro, proporcionando por consiguiente "una energía más limpia para un mundo más verde".

Las obligaciones con el medio ambiente de todos los sectores de la sociedad, incluido el sector energético, son cada vez más claras y la sociedad debe responder a ellas.

Todas las formas de energía tienen un impacto sobre el medio ambiente a través de su ciclo de vida: exploración, producción, transporte, almacenamiento, distribución y uso final. Los efectos sobre el medio ambiente varían de una forma de energía a otra y son diferentes para cada etapa del ciclo de vida de cada energía.

La industria del gas natural adopta un enfoque de completa responsabilidad y cuidado del medio ambiente, dirigido tanto hacia la propia industria para mejorar las prácticas medioambientales como hacia el usuario para promover el uso con la máxima eficiencia de su producto.

Recuerde

Las propiedades químicas del gas natural y la posibilidad de disponer de tecnologías de alto rendimiento proporcionan una opción energética positiva y sin preocupaciones para un camino hacia el desarrollo sostenible.

La composición química del gas natural es la razón de su amplia aceptación como el más limpio de los combustibles fósiles. El hecho de que se trate de un gas favorece su mezcla con aire, y su posterior combustión es más fácil y ofrece mayor flexibilidad que otros combustibles fósiles. Estas ventajas naturales pueden ser aumentadas ya que la tecnología del gas natural ofrece considerables potenciales de ahorro de energía por su gran rendimiento de uso.

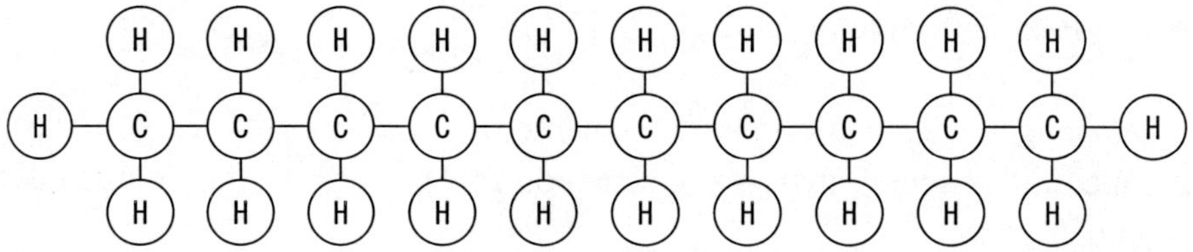

Petróleo (Decano)

Continúa en página siguiente >>

<< Viene de página anterior

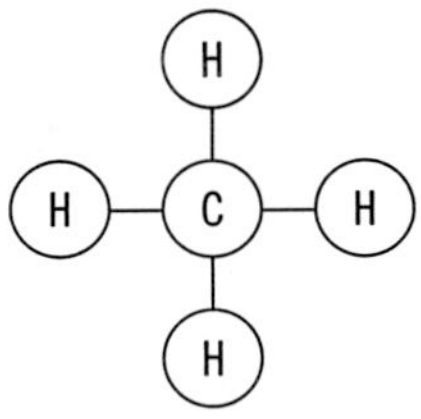

Gas natural (Metano)

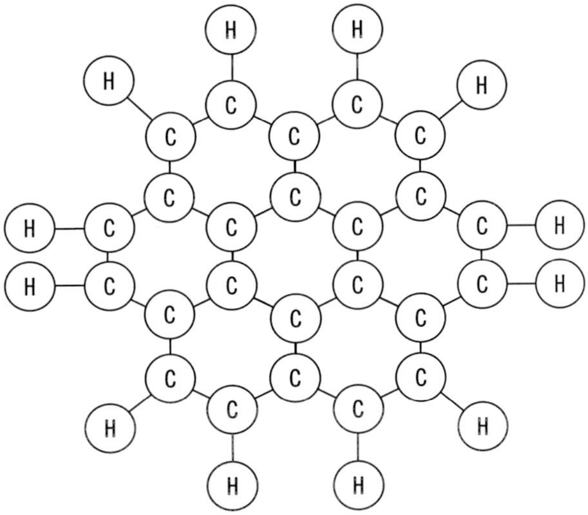

Carbón

Los principales productos de la combustión de un combustible fósil son el CO_2 y el vapor del agua.

La combustión de combustibles fósiles es la causa del 75-90% de todas las emisiones de CO_2 producidas por la actividad humana.

Es opinión generalizada que las emisiones de CO_2 constituyen la contribución más importante a la posibilidad de aumento del calentamiento global de la tierra, representando más de dos terceras partes de la contribución total del hombre a este problema. El resto es debido al aumento de los niveles de metano, óxido nitroso y otros compuestos, tales como los clorofluorocarbonados (CFC's) y halones, que se han añadido a las causas de inquietud sobre el potencial calentamiento global de la tierra.

En base a los datos más recientes presentados por el Intergovernmental Panel on Climate Change (IPCC) se concluye que la contribución relativa sobre el posible aumento del efecto invernadero de las emisiones causadas por la actividad humana es la siguiente:

Los principales gases invernadero se estima que son: dióxido de carbono (CO_2, 68%), metano (CH_4, 19%), óxido nitroso (NO_2, 7%) y compuestos cloro-fluoro carbonados (CFC's, 6%).

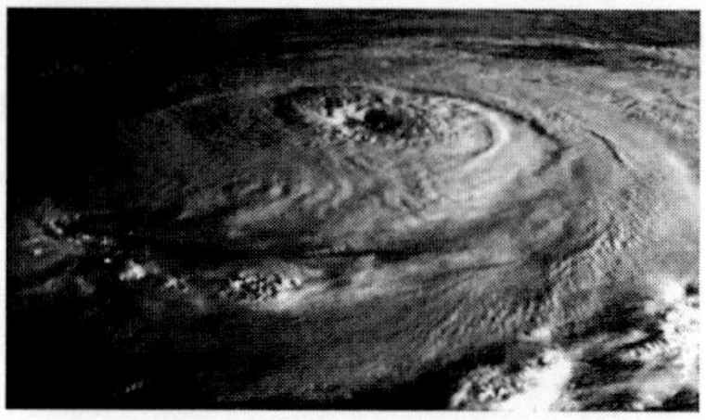

Dada la mayor relación hidrógeno/carbono en la composición del gas natural en comparación con otros combustibles fósiles, su combustión produce considerablemente menos CO_2 por unidad de energía producida.

En base a esto, la combustión de gas natural produce como mínimo un 25-30% menos CO_2 que la del petróleo y al menos un 40-50% menos que la del carbón por unidad de energía producida, dependiendo del proceso que se utiliza y la calidad del combustible.

Cuando se tienen en cuenta el alto rendimiento en la combustión y las tecnologías de utilización del calor desarrolladas para el gas natural, las emisiones de CO_2 por unidad de energía útil producidas por combustión de gas natural comparadas con las del carbón o petróleo se reducen todavía más.

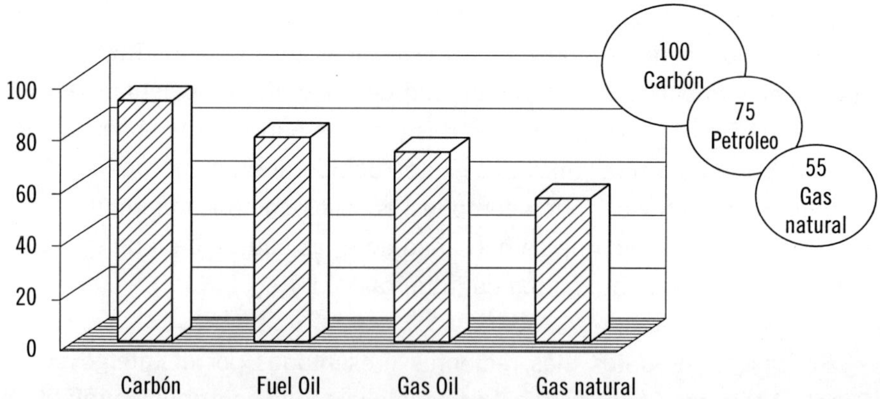

Recuerde

Los principales gases invernadero se estima que son: dióxido de carbono (CO_2, 68%), metano (CH_4, 19%), óxido nitroso (NO_2, 7%) y compuestos clorofluoro carbonados (CFC'_s, 6%).

Metano

Teniendo en cuenta los datos más recientes presentados por el IPCC, la industria del gas estima que las emisiones totales de metano causadas por el hombre podrían ser responsables de alrededor de la quinta parte del potencial calentamiento global pronosticado.

El gas natural está compuesto principalmente por metano (normalmente entre 80-99% en volumen, dependiendo de la procedencia). El metano es un gas invernadero más potente que el CO_2 molécula a molécula, pero por otro lado, las moléculas de metano tienen períodos de vida mucho más cortos que el tiempo de residencia en la atmósfera del CO_2.

Hay más incertidumbre a nivel cuantitativo acerca de las emisiones de metano y sus causas que en el caso del dióxido de carbono. De acuerdo con el IPCC, las dos fuentes principales de emisiones de metanos causadas por la actividad humana son la ganadería y los arrozales, suponiendo entre ambas alrededor de la mitad de todas las emisiones de metano. Otras fuentes importantes son la minería de carbón, las industrias del petróleo y del gas, la combustión de biomasa, los vertederos y el tratamiento de residuos urbanos. Las fugas y pérdidas de gas natural a nivel mundial suponen alrededor de un 10% de las emisiones anuales de metano o alrededor de un 7% de todas las emisiones de metano incluyendo las de origen natural. Estimaciones actuales efectuadas por la industria del gas natural indican que esta cifra podría ser sólo de un 5% de las emisiones totales de metano.

Se ha centrado la atención en las emisiones de metano precedentes de las actividades de la industria del gas natural, sobre todo las actividades relacionadas con el suministro, tales como las de la etapa de distribución.

Se estima que alrededor del 70% del total de emisiones de metano tienen su origen en actividades humanas.

Las fugas y pérdidas de metano en la industria del gas natural de Europa occidental suponen menos del 2% de las emisiones totales anuales de metano de origen humano, mientras que en la Argentina los valores rondan alrededor del 0,7%.

Se ha estimado con cierto grado de exactitud que la fuga de gas natural desde su producción al punto de consumo representa alrededor de un 1% del total suministrado para redes instaladas actualmente y correctamente mantenidas. Para muchas de las redes de gas natural de Europa occidental, la fuga es considerablemente menor del 1%, alrededor del 0,7% del total suministrado.

Las redes instaladas recientemente están virtualmente exentas de fugas.

Aun teniendo en cuenta el bajo nivel de fugas, las pérdidas están siendo reducidas mediante la aplicación de diferentes opciones de control, incluyendo técnicas de gestión de presión, modificaciones de operación y de equipo y programas de sustitución y puesta al día de las partes antiguas de la red de distribución.

Se debe destacar que no todo el gas natural que fuga de la red de distribución alcanza la atmósfera.

El análisis de los datos obtenidos sobre la composición de los gases presentes en terrenos adyacentes a puntos de fuga de redes de distribución indican que hasta un 25% del metano fugado se oxida en el terreno. Este efecto limitante no ha sido tenido en cuenta en la evaluación de la contribución de la industria del gas natural a las emisiones de metano.

La industria del gas ha calculado el llamado nivel de fugas de equilibrio para el gas natural respecto de otros combustibles: cuánto metano debería fugarse durante el ciclo completo del gas natural para eliminar las ventajas inherentes del uso de este combustible por su mayor relación hidrógeno/carbono y por consiguiente menores emisiones de CO_2.

En el caso de que se tuvieran en cuenta las pérdidas de metano de toda la cadena del gas natural, desde producción hasta punto de uso, el gas natural mantendría claramente su ventaja sobre otros combustibles en lo referente al efecto invernadero. La industria del gas estima que, aun sin considerar el mejor rendimiento en utilización del gas natural, como media global, debería ser entre el 6% y el 11% del suministro de gas natural para igualar su ventaja comparada con el petróleo y el carbón respectivamente.

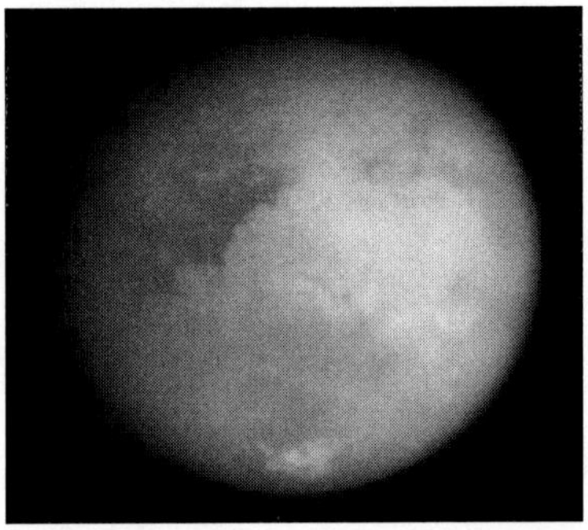

Si se tienen en cuenta los rendimientos específicos de utilización del gas natural comparados con los de otros combustibles fósiles y las características de la red de transporte, con fugas menores que la media mundial, la ventaja del gas natural es todavía mayor. Se estima entonces que las fugas de gas natural tendrían que exceder el 9% o el 18% de la producción para perder su ventaja en generación de energía eléctrica, comparado con las centrales de petróleo y carbón respectivamente.

Como el nivel de fugas real (0,7% de la producción) en los sistemas de gas natural es como mínimo de un orden de magnitud inferior que los porcentajes de equilibrio calculados, los beneficios medioambientales del gas natural respecto de otros combustibles fósiles superan claramente al impacto de las fugas de metano de la industria del gas natural sobre el efecto invernadero.

Para determinar la ventaja comparativa del gas natural sobre otros combustibles fósiles en términos de su incidencia global sobre el efecto invernadero, se ha utilizado el horizonte de 100 años. Este tiempo es el considerado por el IPCC como el periodo óptimo para determinar posibles incidencias en los cambios de clima y las opciones para mitigar tales efectos.

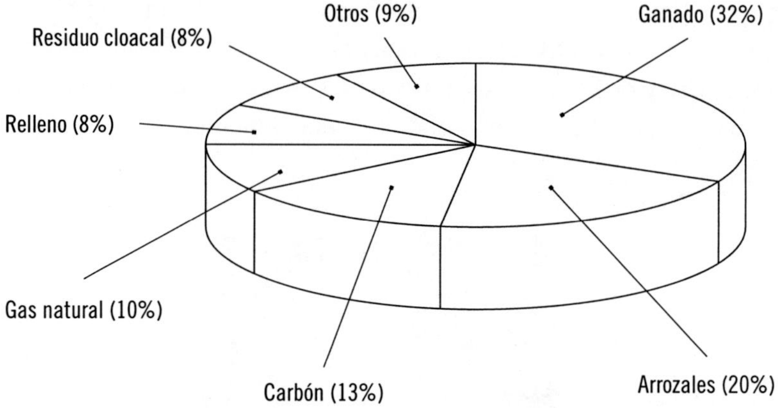

Óxidos de nitrógeno y azufre

El gas natural está prácticamente exento de azufre y, por consiguiente, su combustión no produce prácticamente SO_2.

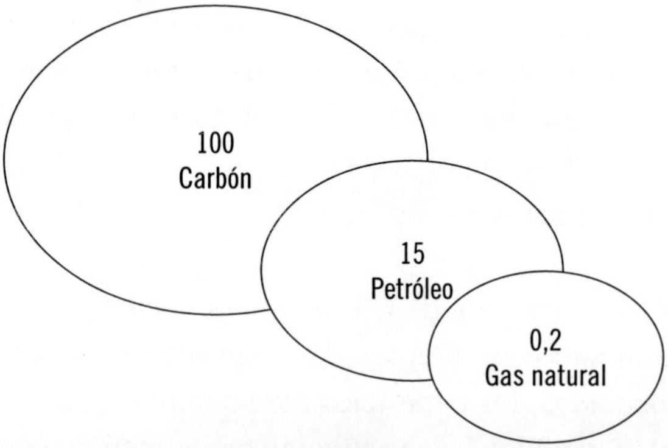

Los procesos de combustión de combustibles fósiles producen NO_x que también contribuyen a la lluvia ácida a escala regional. La combustión del gas natural, aunque también produce NO_x, ofrece tecnología de quemadores de bajo NO_x que pueden reducir significativamente las emisiones de estos gases en comparación con la combustión de fuel-oil y carbón.

Las emisiones de la principal fuente de lluvia ácida pueden reducirse, convirtiendo las instalaciones a fuel y carbón de bajo contenido de azufre, e instalando procesos de desulfuración, pero pueden ser prácticamente eliminadas convirtiéndolas a gas natural.

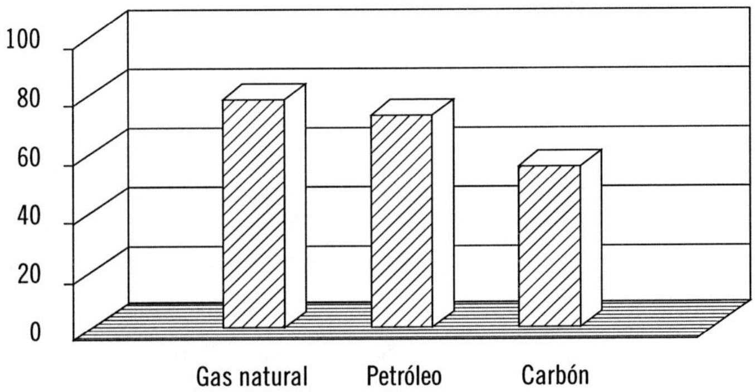

El deterioro de la calidad del aire ambiente ha hecho crecer la preocupación por la salud pública y el patrimonio cultural. En particular, los problemas de calidad de aire son los que acaparan la atención en ciudades densamente pobladas en las que las emisiones de contaminantes procedentes de automóviles e industrias van en aumento.

Tradicionalmente, las ciudades modernas se han enfrentado a altas concentraciones de polvos, partículas, hollines, SO_2, NO_x y monóxido de carbono (CR) producidos en la combustión de combustibles sólidos y líquidos. Además de la escasa visibilidad y la incidencia en la salud pública, ha habido pérdidas en el patrimonio cultural debidas a los daños sobre conjuntos históricos, estatuas y edificios.

En la actualidad, la concentración de ozono a nivel del suelo es uno de los problemas más agudos a afrontar en grandes ciudades europeas, particularmente en los meses de verano, cuando el aumento de la concentración de ozono es una de las causas principales de las deficiencias en la calidad del aire. Por su composición química y su combustión limpia, el gas natural contribuye a una mayor calidad del aire, mejores condiciones de salud pública y a la conservación de edificios históricos y el patrimonio arquitectónico de muchas ciudades europeas.

La combustión del gas natural produce generalmente menos contaminantes formadores de nieblas que la de otros combustibles y no produce cenizas, polvos ni residuos. Además, cuando se utiliza en combinación con fuel óleo o carbón, las tecnologías de utilización del gas natural pueden ayudar a reducir la formación de nieblas contaminantes producidas por la combustión.

Al estar compuesto en su mayor parte por metano, el gas natural contiene solo bajos niveles de compuestos orgánicos volátiles (VOC), que son principalmente los responsables de la formación de las nieblas contaminantes urbanas y del aumento de la concentración de ozono a nivel del suelo. Por consiguiente, su utilización, preferiblemente en sustitución de combustibles derivados del petróleo para transporte, conduciría a menores concentraciones de ozono.

Además de su impacto en la calidad del aire, la producción, transporte y uso de energía puede tener incidencia medioambiental negativa en la tierra y en los recursos acuáticos. Los análisis efectuados han demostrado que los efectos medioambientales del ciclo del gas natural en este aspecto son mínimos y no causan ninguna degradación significativa en los mismos.

El suministro de gas natural destaca por su bajo impacto visual, especialmente si se tiene en cuenta la cantidad de energía manejada. Los gasoductos de gas natural van enterrados y, por tanto, el transporte es invisible y silencioso.

Además, el almacenamiento de gas natural se efectúa generalmente minimizando su impacto visual global sobre el medio ambiente. Los gasoductos y plantas asociadas se planifican y construyen cuidadosamente para minimizar su efecto negativo sobre el paisaje. Se dedica especial atención a asegurar que tales proyectos produzcan la menor alteración a la fauna y flora locales y a que, si es necesaria la restauración de la ecología y el paisaje, éste se efectúe correctamente para conservar la biodiversidad.

Cualquier residuo de los procesos de la industria del gas natural es tratado de forma responsable. Se controlan las descargas de líquidos procedentes de estos procesos y los residuos sólidos y líquidos se tratan por procedimientos aprobados por las autoridades competentes.

La industria del gas trata de cooperar y prestar asistencia técnica en los programas propuestos para mejorar la situación tecnológica y medioambiental.

Se han promocionado métodos medioambientales responsables y se han transferido conocimientos y tecnología incluyendo programas de renovación para redes de distribución antiguas y modernización de estaciones de compresión en las redes de gasoductos de transporte de alta presión.

La elección óptima de un suministro energético depende de diversos aspectos. Además de las consideraciones medioambientales, se deben tener en cuenta la economía, la seguridad de suministro y las cuestiones de seguridad de uso.

En todos los sectores del mercado energético y en casi todos los usos finales, el gas natural compite con otros combustibles y formas de energía.

Las reservas probadas de gas natural son abundantes y han crecido acompasadamente en las últimas décadas.

A pesar de haberse más que doblado el consumo de gas natural desde 1990, las reservas probadas de gas natural han crecido considerablemente más rápido que su consumo, ya que se efectúan nuevos hallazgos continuamente y se elevan las reservas de los yacimientos existentes por las mejoras en las técnicas de producción. Las reservas totales probadas de gas natural en el mundo cubrirían la demanda de más de 60 años a los niveles actuales de consumo. Los expertos estiman que las reservas totales de gas natural son varias veces mayores que las probadas, lo que prolonga el tiempo de vida previsto para sus reservas y asegura que el gas natural puede actuar como una energía puente hacia otro sistema energético en un futuro lejano.

El uso racional de la energía tiene sentido por muchas razones. Hace descender los costos energéticos de los usuarios y tiene un efecto ambiental positivo.

La utilización racional de la energía no es sólo una cuestión de uso final prudente de la energía por los consumidores, supone varias etapas:

- Selección de la fuente energética correcta.
- Planificación de los medios correctos de producción, transformación y transporte de energía final.
- Promoción del uso final de mejor rendimiento de la más apropiada fuente energética.

El gas natural ofrece soluciones racionales para todos estos aspectos de servicio de suministro de energía. Los tres puntos clave que aseguran un uso racional del gas natural son:

- Utilizarlo directamente para evitar pérdidas en la conversión.
- Desarrollar aplicaciones y equipos avanzados.
- Información y servicios orientados al cliente para asegurar el uso eficiente del gas natural.

En la mayor parte de los casos, el objetivo de reducir la emisión de contaminantes de los diferentes usos energéticos y procesos va de la mano con el ahorro de energía. La promoción del uso racional de la energía y la reducción de la contaminación son consideradas de máxima prioridad por las compañías de gas natural. Los ahorros de energía que se obtienen por aplicación de técnicas que utilizan preferentemente el gas natural dan lugar a menor consumo y, por consiguiente, menor contaminación.

Recuerde

La tecnología de la combustión del gas natural ofrece numerosas ventajas medioambientales en todas sus aplicaciones.

11. Reglaje y regulación de diferentes tipos de quemadores

Los quemadores son los equipos donde se realiza la combustión. Por tanto, debe lograr la mezcla íntima de combustible con el aire y proporcionar la energía suficiente para que prosiga la combustión.

Los combustibles en estado gaseoso son los más fáciles a la hora de hacerlos arder, ya que los combustibles sólidos y líquidos hay que tratarlos y calentarlos.

El gas combustible se mezcla con el oxígeno del aire y cuando se le aporta una energía exterior, se alcanza la temperatura de ignición.

Según la pulverización, los quemadores se pueden clasificar en tres grupos:

- **Quemador de gasificación**: en este tipo de quemadores, el combustible se vaporiza por la acción del calentamiento de las paredes de un recipiente o taza. En estos quemadores sólo se pueden utilizar productos destilados y de poca viscosidad.
- **Quemador de emulsión**: aquí se produce una emulsión del combustible y el agua con un aparato llamado emulsificador. Su ventaja es que la combustión se produce de forma rápida y la longitud de la llama es muy

corta, y su inconveniente es el consumo de calor que necesitaremos para evaporar el agua inyectada, y por ello baja su rendimiento.

- **Quemadores de pulverización**: estos quemadores son los usados actualmente en instalaciones de confort. Estos consiguen la vaporización del combustible a través de la pulverización que se realiza por efecto de la presión que arrastra éste al pasar por una boquilla con un orificio muy pequeño. Los quemadores de pulverización pueden ser de tres tipos: centrífugo o de copa rotativa, de fluido auxiliar y por presión.

Cuando vayamos a poner en marcha el quemador debemos tener en cuenta la regulación de dos elementos: la entrada de aire al quemador y el cabezal de combustión.

El cabezal de combustión

Esta es la parte del quemador donde se produce la mezcla de combustible y aire, y se inicia la combustión.

Está compuesto por:

- Cono de la llama: su situación con respecto al disco estabilizador variará las condiciones de turbulencia de la mezcla, frenando y comprimiendo el aire, permitiendo una combustión perfecta con una llama estable.
- Disco estabilizador: tiene por misión darle al aire un movimiento giratorio en el sentido contrario al que gira el combustible al salir por la boquilla, para asegurar una buena mezcla entre ambos.
- Electrodos de encendido: son dos varillas de acero inoxidable, aislada sobre un soporte de porcelana. Están alimentados en alta tensión (10 Kv) por el transformador de encendido. De esta manera, se consigue que salte un arco eléctrico entre los dos electrodos y así poder conseguir alcanzar la temperatura de ignición e iniciar la combustión.

La regulación del cabezal de combustión consiste en fijar la distancia del deflector, al extremo del cañón de combustión. Va a depender del caudal de combustible a quemar. Esta distancia se regulará a través de un tornillo que mueve el cabezal. La posición de este se puede ver en una escala numerada que incorpora el quemador. Moveremos el tornillo hasta que la escala numerada coincida con el índice que nos marca el fabricante.

Recuerde

Los quemadores son los equipos donde se realiza la combustión. Por tanto debe lograr la mezcla íntima de combustible con el aire y proporcionar la energía suficiente para que prosiga la combustión.

12. Prevención de la legionela

El día 18 de julio de 2003 se publicó el nuevo Real Decreto 865/2003, por el que se establecen los criterios higiénicos sanitarios para la prevención y control de la legionelosis. Su texto es una modificación en profundidad del anterior Real Decreto 909/2001.

12.1. Medidas preventivas generales

Se menciona como medida preventiva general la desinfección continua del agua, pero, además, con carácter complementario, se debe tener en cuenta lo siguiente:

1. Las aguas de red llegan correctamente desinfectadas y normalmente con un determinado contenido de desinfectante residual, no obstante, siempre que exista un depósito de acumulación hemos de tener presente que, si este desinfectante residual es cloro, al ser un gas, se irá evaporando progresivamente hasta que desaparezca por completo. Este efecto se acentuará en épocas de altas temperaturas. Por este motivo, en todas aquellas instalaciones en las que exista un depósito de acumulación, a pesar de que el agua de aporte se suministre clorada, es imprescindible realizar un control y una regulación del valor

de cloro residual, ajustando dicho valor en caso necesario para poder garantizar la desinfección del agua.

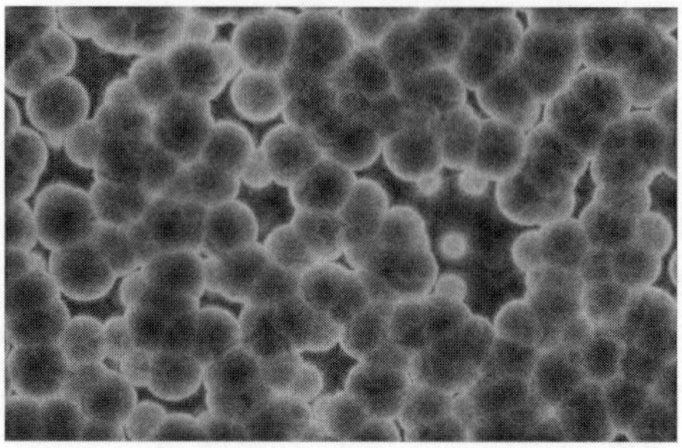

2. Asimismo, siempre que se utilice cloro se debe tener presente que la eficacia de la desinfección mediante cloro depende del valor del pH del agua. El cloro disuelto en el agua se encuentra principalmente en forma de ácido hipocloroso e ión hipoclorito. Ambas formas están en equilibrio, pero la capacidad desinfectante del ácido hipocloroso (cloro activo) es bastante mayor que la del ión hipoclorito (aprox. unas 3000 - 5000 veces).

   Teniendo en cuenta que la forma desinfectante es el ácido hipocloroso, está constatado que a pH = 7,0 aproximadamente, el 75% del cloro libre está en forma de ácido hipocloroso, con un buen efecto de desinfección, mientras que a pH = 8,0, solamente el 20% del cloro libre está en forma de ácido hipocloroso, con una desinfección muy reducida.

   Por ello, el informe UNE 100030:2001 IN, Guía para la prevención y control de la proliferación y diseminación de Legionella en instalaciones recoge ampliamente este concepto e indica los factores de corrección que deben usarse en las dosis de cloro en función del valor del pH del agua para mantener la concentración deseada de ácido hipocloroso.

   Si el pH del agua es elevado (por ejemplo, 8,0) se deben usar elevadas dosis de cloro con un importante riesgo de que se produzcan procesos de corrosión. Así pues, en todo sistema de desinfección basado en cloro / hipoclorito, es preferible disponer de un control y de una regulación del valor del pH de agua, para poder garantizar la eficacia de la desinfección sin necesidad de utilizar elevadas concentraciones de cloro.

3. La regulación y control del valor de cloro y del pH del agua puede realizarse de varias formas. No obstante, lo más frecuente es utilizar un equipo electrónico que controle dichos valores en el depósito de acumulación y, en caso necesario, ponga en marcha una bomba dosificadora que inyecte hipoclorito sódico y un ácido hasta conseguir el valor deseado.
   Para conseguir una correcta y homogénea distribución de los reactivos en el depósito, se acostumbra a utilizar un circuito de recirculación con bomba (con un caudal de recirculación aproximado entre 1/4 y 1/10 del volumen del depósito en una hora), que mantiene periódicamente el agua en movimiento, y en donde se instalan las sondas de control.

12.2. Medidas preventivas específicas

Instalación interior de agua de consumo humano

La instalación debe disponer en el agua de aporte de sistemas de filtración (según la norma UNE-EN 13443-1). Cuando una partícula se deposita sobre la superficie interna de las tuberías metálicas o de los recipientes de los aparatos conectados puede generar procesos de corrosión muy localizados, que, independientemente del material de la tubería y del tipo de partícula, conducen a la degradación del metal en esa zona, y a la consiguiente picadura o perforación del tubo.

Este proceso corrosivo se origina por una aireación diferencial entre la superficie cubierta por la partícula, y el resto de la superficie metálica de la tubería, lo que conduce a la formación de una micropila.

La diferencia de potencial generado por la pila así constituida conduce al desgaste del material metálico en la zona situada bajo la partícula, lo cual conduce a la perforación de la tubería.

La filtración del agua es, pues, un tratamiento imprescindible para evitar el paso de partículas e impurezas sólidas a las tuberías. Para ello, el Real Decreto obliga a instalar en el aporte de agua (generalmente, en la entrada general del agua) un filtro con un tamaño de poro de 80-150 micras. Es preferible utilizar filtros autolimpiantes, ya que realizan el proceso de lavado a contracorriente y sin interrupción del paso de agua.

Se debe mantener la temperatura del agua en el circuito de agua fría lo más baja posible procurando, donde las condiciones climatológicas lo permitan, una temperatura inferior a 20º C, para lo cual las tuberías estarán suficientemente alejadas de las de agua caliente o, en su defecto, aisladas térmicamente.

Se debe garantizar que, si la instalación interior de agua fría de consumo humano dispone de depósitos, estos estén tapados con una cubierta impermeable que ajuste perfectamente y que permita el acceso al interior. Si se encuentran situados al aire libre, estarán térmicamente aislados. Si se utiliza cloro como desinfectante, se añadirá, si es necesario, al depósito mediante dosificadores automáticos.

Torres de refrigeración y sistemas análogos

Deberán disponer de sistemas de dosificación en continuo del biocida. Este aspecto es importante, ya que, anteriormente, el biocida podía incorporarse sin prácticamente ningún control. El nuevo Real Decreto requiere una adición regular del biocida (mediante una bomba dosificadora o un controlador en continuo) en la torre de refrigeración.

Los programas de mantenimiento de las instalaciones con **mayor** probabilidad de proliferación de legionela deberán incluir al menos:

- Elaboración de un plano señalizado de la instalación.
- Revisión y examen de todas las partes de la instalación.

- Programa de tratamiento del agua.
- Programa de limpieza y desinfección preventiva.
- Registro de mantenimiento.

Recuerde

La filtración del agua es un tratamiento imprescindible para evitar el paso de partículas e impurezas sólidas a las tuberías.

Los programas de mantenimiento de las instalaciones con **menor** probabilidad de proliferación de legionela deberán incluir al menos:

- Elaboración de un esquema de funcionamiento hidráulico.
- Revisión de todas las partes de la instalación.
- Programa de mantenimiento que incluirá como mínimo la limpieza y, si procede, la desinfección de la instalación.
- Registro de mantenimiento.

Mantenimiento de instalaciones interiores de agua caliente sanitaria y agua fría de consumo humano

En agua caliente sanitaria existe la obligación de realizar una determinación anual de legionela.

En el agua fría de consumo se destaca de nuevo la necesidad de realizar una cloración automática en los depósitos de acumulación con una recirculación de hasta un 20%, si no se alcanzan los valores necesarios.

Cuando el agua fría de consumo humano proceda de un depósito, se comprobarán los niveles de cloro residual libre o combinado en un número representativo de los puntos terminales, y, si no alcanzan los niveles mínimos (0,2 mg/l), se instalará una estación de cloración automática.

Mantenimiento de torres de refrigeración y condensadores evaporativos

En este apartado, el Real Decreto especifica que:

Se revisará también la calidad físico-química y microbiológica del agua del sistema, determinando los siguientes parámetros: mensualmente, temperatura, pH, conductividad, turbidez, hierro total; y diariamente, nivel de cloro o biocida utilizado.

Recuento total de aerobios en el agua de la balsa con periodicidad mensual. Se determinará legionela con una periodicidad adecuada al nivel de peligrosidad de la instalación, como mínimo trimestralmente, y siempre 15 días después de la realización del tratamiento de choque.

Se incluirán, si fueran necesarios, otros parámetros que se consideren útiles en la determinación de la calidad del agua o de la efectividad del programa de mantenimiento de tratamiento del agua.

Cuando se detecten cambios en los parámetros físico-químicos que miden la calidad del agua, se revisará el programa de tratamiento del agua y se adoptarán las medidas necesarias. Cuando se detecten cambios en el recuento total de aerobios y en el nivel de desinfectante, se procederá a realizar una determinación de legionela y se aplicarán, en su caso, las medidas correctoras necesarias para recuperar las condiciones del sistema.

Es importante destacar los siguientes conceptos:

- Se debe determinar diariamente el nivel de biocida, por ello, es prácticamente imprescindible utilizar biocidas, cuya concentración puede controlarse fácilmente mediante sencillas técnicas analíticas y, si es posible, en continuo.

Recuerde

En agua caliente sanitaria existe la obligación de realizar una determinación anual de legionela.

- Se debe determinar mensualmente el nivel de aerobios como indicador de la probabilidad de proliferación de legionela. Con valores superiores a 10.000 UFC/ml (UFC/ml, unidades formadoras de colonias por litro) será necesario comprobar la eficacia de la dosis y tipo de biocida utilizado y realizar un muestreo de legionela.
- Se debe determinar como mínimo trimestralmente la legionela.

Parámetros indicadores de la calidad del agua en torres de refrigeración y condensadores evaporativos:

Se definen los siguientes parámetros:

1. **Turbidez < 15 UNF**. Para reducir la turbidez, generalmente, es imprescindible eliminar las partículas de polvo e impurezas que entran constantemente, a través del aire, en la torre de refrigeración. Esta separación se realiza normalmente mediante un filtro multiestrato adecuado para la retención de partículas finas, el cual puede instalarse para filtrar toda el agua de recirculación o, lo que es más frecuente, para realizar una filtración parcial mediante baipás del 5 al 20% del caudal recirculante.

2. **Conductividad**. Debe estar comprendida entre los límites que permitan la composición química del agua (dureza, alcalinidad, cloruros, sulfatos, otros), de tal forma que no se produzcan fenómenos de incrustación y/o corrosión. El sistema de purga se debe automatizar en función a la conductividad máxima permitida en el sistema indicado en el programa de tratamientos del agua.
Tal y como se indica, un correcto régimen de purgas es indispensable para el control de la salinidad del circuito. Esta purga anteriormente se efectuaba en muchos casos de forma manual periódicamente o bien de forma continuada, sin que existiera un control real de la salinidad. No obstante, debido a que este tipo de circuitos normalmente no presentan un funcionamiento regular (pueden existir variaciones de la temperatura ambiente, de las características del agua de aporte, etc.), el nuevo Real Decreto obliga a la instalación de una purga automática por conductividad que garantiza una concentración salina constante entre unos márgenes preestablecidos.
3. **PH: 6,5 - 9,0**. Se valorará este parámetro a fin de ajustar la dosis de cloro a utilizar (o de cualquier otro biocida). Este parámetro es, asimismo, importante cuando se utiliza cloro como desinfectante.
4. **Fe total < 2 mg/l**. Este parámetro debe controlarse mensualmente para evitar procesos de corrosión que favorecen el desarrollo de legionela. Si se desea un control más completo y continuo, es aconsejable la instalación de medidores automáticos de la concentración de hierro en el agua de recirculación.

Acciones para torres de refrigeración y dispositivos análogos en función de los análisis microbiológicos de legionela

En este Real Decreto figura la cuantificación de los valores de legionela en torres de refrigeración y las acciones a adoptar:

- < 100 UFC/l. Sistema controlado.
- > 100 < 1000 UFC/l. Revisión del programa de mantenimiento y recontrol a los 15 días.

- > 1000 < 10000 UFC/l. Limpieza y desinfección de acuerdo con el procedimiento de mantenimiento habitual. Revisión del programa de mantenimiento y recontrol a los 15 días y al mes.
- > 10000 UFC/l. Parada de la instalación. Limpieza y desinfección de acuerdo con el procedimiento a utilizar en caso de brote. Revisión del programa de mantenimiento y recontrol a los 15 días.

Mantenimiento de bañeras y piscinas de hidromasaje de uso colectivo

Como aspecto más significativo, merece destacarse que todas las piscinas de hidromasaje con recirculación deberán contar con un sistema de depuración del agua recirculada que, como mínimo, constará de filtración y desinfección automática en continuo. En el anterior Real Decreto se permitía la utilización de bañeras con recirculación, pero sin filtración, en este nuevo RD es obligatoria la filtración como garantía de una correcta calidad del agua.

El RD 374/2001, sobre la protección de la salud y seguridad de los trabajadores contra los riesgos relacionados con los agentes químicos durante el trabajo, establece las medidas específicas de prevención, protección y vigilancia de la salud frente a diferentes riesgos.

Frente a los riesgos leves

Frente a riesgos leves se aplican medidas generales para la prevención de los riesgos por agentes químicos.

Para reducir al mínimo los riesgos derivados para la salud y seguridad de los trabajadores que están en contacto con sustancias químicas peligrosas hay que tener en cuenta las siguientes medidas:

- *La primera acción preventiva a llevar a cabo, y la más importante, es la eliminación del agente químico peligroso. Esto se puede llevar a cabo sustituyéndolo por otro agente químico que no sea peligroso, o bien modificando el proceso a través del cual se genera.*
- *Si no fuera posible conseguir la eliminación del agente químico peligroso, la siguiente acción preventiva irá encaminada a la reducción de los riesgos debidos a su presencia.*

Los objetivos a conseguir con la prevención son:

- *La reducción de las cantidades de agentes químicos peligrosos presentes en el lugar de trabajo al mínimo necesario, según el tipo de trabajo que se esté realizando.*
- *La reducción al mínimo del número de trabajadores expuestos o que puedan estarlo.*

  RECUERDE. *Todas las piscinas de hidromasaje con recirculación deberán contar con un sistema de depuración del agua recirculada que, como mínimo, constará de filtración y desinfección automática en continuo.*
- *La reducción al mínimo de la duración e intensidad de las exposiciones.*

Para conseguir dichos objetivos es necesario llevar a cabo una serie de técnicas que se desarrollan a continuación.

Concepción y organización de los sistemas de trabajo en el lugar de trabajo

- *Realizar todas las actividades en locales bien ventilados, y con mayor razón si la actividad requiere el uso de agentes químicos.*
- *Cuando se lleve a cabo la distribución de los puestos de trabajo y las tareas a realizar en cada uno de ellos, hay que intentar optimizar al máximo las exposiciones, para conseguir en todo momento que el número de trabajadores expuestos sea mínimo, así como el tiempo de exposición de cada uno de ellos. Si se lleva a cabo una adecuada rotación de los puestos de trabajo y se reparten las tareas a realizar entre varios, se conseguirá una importante reducción de la exposición. Organizando de esta manera el trabajo también nos va a permitir:*
  - *Reducir las cantidades de agentes químicos peligrosos en el lugar de trabajo hasta las concentraciones que sean estrictamente necesarias para desarrollar la tarea.*
  - *Limitar o eliminar la necesidad de manipular manualmente los agentes químicos peligrosos.*
  - *Delimitar y separar lugares donde se utilicen agentes peligrosos.*

La selección e instalación de los equipos de trabajo

Las instalaciones y equipos que van a contener o generar a los agentes químicos, independientemente de su peligrosidad, deben ser herméticos dentro de las posibilidades.

Los equipos tendrán que seleccionarse e instalarse teniendo en cuenta la peligrosidad y características del agente que va a utilizarse, y también del entorno en que va a instalarse. De cualquier manera, cualquier equipo de trabajo debe reunir unas condiciones mínimas de seguridad y salud para su uso por parte de los trabajadores, y el empresario será el responsable de que esto se cumpla.

Procedimientos para trabajar con agentes químicos adecuados

Deben establecerse procedimientos adecuados para el uso y mantenimiento de los equipos usados para trabajar con agentes químicos peligrosos, y para la realización de actividades con agentes químicos peligrosos, o con residuos que los contengan, incluidas la manipulación, el almacenamiento y el traslado de los mismos en el lugar de trabajo.

Cuando se van a llevar a cabo tareas de forma ocasional, lo ideal es evitar exposiciones innecesarias, para ello, lo mejor sería realizarlas cuando nadie estuviera trabajando. De esa manera se reduce la exposición exclusivamente a los trabajadores que desempeñen tal actividad.

Los procedimientos de trabajo son necesarios para la realización de operaciones de riesgo crítico, y también en situaciones de riesgo desconocido, así como cuando se llevan a cabo operaciones, cuyas medidas de prevención o protección sean ineficaces, de manera que se pueda conseguir reducir o eliminar el riesgo siguiendo unos procedimientos previamente establecidos.

Todos aquellos equipos e instalaciones de cuyo estado dependa la seguridad del proceso deben someterse a una planificación estricta de revisiones y mantenimiento, con registro documental de su ejecución.

La adopción de medidas higiénicas

Nos referimos a medidas higiénicas adecuadas, tanto personales como de orden y limpieza. La implantación de unas buenas prácticas de higiene personal es un requisito elemental en cualquier puesto de trabajo, que puede contribuir, en gran medida, a eliminar o reducir los riesgos debidos a la exposición a agentes químicos peligrosos:

- *Cuando se manipulen o estén presentes agentes químicos peligrosos, está totalmente prohibido comer, beber o fumar en los lugares de trabajo.*
- *Igualmente, hay que mantener unos mínimos de limpieza de la ropa de trabajo, así como evitar en la medida de lo posible hacer uso de la misma fuera del puesto de trabajo.*
- *Hay que hacer uso de las instalaciones para la higiene personal antes de las comidas y al finalizar la jornada.*
- *Los productos de limpieza y los empleados para el cuidado de la piel nunca deben ser agresivos.*
- *Es importante considerar y tener en cuenta las necesidades particulares de las trabajadoras embarazadas o que se encuentren en periodo de lactancia.*

RECUERDE. *Todos aquellos equipos e instalaciones de cuyo estado dependa la seguridad del proceso deben someterse a una planificación estricta de revisiones y mantenimiento, con registro documental de su ejecución.*

- *Los suelos, techos y paredes de los lugares de trabajo deben estar fabricados de manera que permitan una correcta limpieza, y que garanticen una total impermeabilización frente a agentes químicos que pudieran derramarse, etc. En los casos en que el agente químico sea muy peligroso, y al derramarse no permita su acumulación o vertido al desagüe, será necesario que los suelos estén hechos de manera que permitan recolectarlos y drenarlos a un lugar seguro. En el caso de pequeños derrames, para proceder a su limpieza habrá que hacerlo con agentes absorbentes o neutralizantes, los cuales, posteriormente, hay que depositar en recipientes para residuos, para poder retirarlos y tratarlos posteriormente.*

Las operaciones de limpieza no deben constituir por sí mismas una fuente de riesgo para los trabajadores que las efectúen o para cualquier otra persona. Para garantizarlo, existirán procedimientos, cuyo objeto es garantizar que dichas operaciones vayan a ser llevadas a cabo por las personas adecuadas y en los momentos oportunos.

La implantación de unas buenas prácticas de higiene personal es un requisito elemental en cualquier puesto de trabajo, que puede contribuir, en gran medida, a eliminar o reducir los riesgos debidos a la exposición a agentes químicos peligrosos.

Frente a riesgos graves

Ante riesgos graves, se adoptarán medidas específicas de prevención y protección.

Estas medidas se adoptan si, tras la evaluación de los riesgos, se determina que es necesario la aplicación de medidas específicas de prevención y protección.

Las medidas a seguir son responsabilidad del empresario, el cual debe, por tanto:

- *Garantizar la eliminación, o reducción al mínimo, del riesgo que conlleve un agente químico peligroso para la salud y seguridad de los trabajadores durante el trabajo. Para ello, preferentemente, deberá evitar el uso de dicho agente, bien sustituyéndolo por otro o por un proceso químico que no sea peligroso, o que lo sea en menor grado.*
- *Cuando el desempeño del trabajo no permita la eliminación del riesgo por sustitución, el empresario garantizará la reducción al mínimo de dicho riesgo, aplicando medidas de prevención y protección que sean coherentes con la evaluación de los riesgos, es decir, si durante la evaluación de los riesgos se observa que un determinado agente químico supera un valor límite de exposición profesional, el empresario debe poner remedio a la situación adoptando medidas de prevención y protección adecuadas.*
- *Por ejemplo, para los agentes químicos cancerígenos, sensibilizantes, mutagénicos o tóxicos para la reproducción, las medidas preventivas deberán reducir la exposición al mínimo y garantizar que no se superarán los límites de exposición en ningún caso. Para otros agentes químicos peligrosos, el objetivo de las medidas preventivas es que no se supere el valor límite ambiental en los términos en que esté establecido (exposición diaria, exposición de corta duración o superación de los límites de desviación).*

En cualquiera de los casos, las medidas que se vayan a adoptar siempre deben ir encaminadas a reducir la exposición al mínimo posible, y en orden de prioridad son las siguientes:

- *La concepción y la utilización de procedimientos de trabajo, controles técnicos, equipos y materiales que permitan, aislando al agente, en la medida de lo posible, evitar o reducir al mínimo cualquier escape o difusión al ambiente, o cualquier contacto directo con el trabajador que pueda suponer un peligro para la salud y seguridad de éste.*
- *Medidas de ventilación u otras medidas de protección colectiva, aplicadas preferentemente en el origen del riesgo, y medidas adecuadas de organización del trabajo.*
- *Medidas de protección individual, siempre y cuando las medidas anteriores sean insuficientes y la exposición o contacto con el agente no pueda evitarse por otros medios. Dentro de las medidas o equipos de protección individual (EPI) tenemos:*
  - *Protección cutánea:*

    Trajes especiales, guantes, gorros, y botas.

    Cremas protectoras, hidratantes, etc.
  - *Protección respiratoria:*

    Máscaras faciales, mascarillas respiratorias, etc.

    Escafandras o equipos con aporte de aire mecanizado, tanto estancos como abiertos.

De forma general, las medidas preventivas para eliminar o reducir el riesgo se pueden aplicar a cuatro elementos diferentes:

- *Agente químico.*
- *Proceso o instalación.*
- *Local de trabajo.*
- *Procedimiento de trabajo.*

A continuación, se muestra un cuadro resumen con los niveles de prioridad en la aplicación de las medidas preventivas y sobre qué elementos se aplica:

Recuerde

El día 18 de julio de 2003 se publicó el nuevo Real Decreto 865/2003, por el que se establecen los criterios higiénicos sanitarios para la prevención y control de la legionelosis. Su texto es una modificación en profundidad del anterior Real Decreto 909/2001.

Nivel de prioridad	**1**	**2**	**3**
Objetivo de la medida preventiva	Eliminación del riesgo.	Reducción-Control del riesgo.	Protección del trabajador.
Agente químico	Sustitución total del agente químico por otro menos peligroso.	Sustitución parcial del agente. Cambio de forma o estado físico, que sea menos peligrosa.	
Proceso o instalación	Sustitución del proceso. Utilización de equipos más seguros.	Proceso cerrado. Cabinas de guantes. Aumento de la distancia. Extracción localizada. Equipos con extracción local incorporada.	
Local de trabajo		Orden y limpieza. Ventilación por dilución. Duchas de aire. Drenajes. Control de focos de ignición.	

Continúa en página siguiente >>

<< Viene de página anterior

Nivel de prioridad	1	2	3
Método de trabajo	Automatización. Control remoto.	Buenas prácticas de trabajo. Supervisión. Horarios reducidos.	EPI de protección respiratoria, dérmica u ocular. Ropa de trabajo.

13. Resumen

Dentro de los intercambiadores podemos diferenciar entre los de serpentín los de doble envolvente y los de exterior.

Si el circuito de captadores está dotado con una bomba de circulación, la caída de presión se debería mantener aceptablemente baja en todo el circuito.

En el cálculo de los vasos de expansión, $V_t = V \cdot C_e \cdot C_p$.

Las válvulas de seguridad permiten limitar la presión máxima de trabajo y, por tanto, se utilizan para proteger los componentes de una instalación, evitando que se supere la presión máxima de trabajo de estos. Las válvulas de dos y tres vías son válvulas de distribución, y su utilización permite el paso del fluido linealmente o en ángulo recto.

Dentro del circuito hidráulico podemos encontrarnos elementos como la válvula de esfera, la de retención, la de seguridad, la termostática, la de llenado automático, la reductora de presión, la de regulación, la bomba de circulación, el vaso de expansión o el purgador.

En cuanto a las técnicas y operaciones de ensamblado, asentamiento, alineación y sujeción, deberemos tener en cuenta los instrumentos de medida, los filtros de suciedad, las conexiones del intercambiador, la instalación del acumulador, la conexión con la entrada de agua fría de la red, la conexión del agua caliente con la instalación convencional, la instalación y conexión de sensores y el sistema de control.

Estudiando el equilibrado hidráulico de las instalaciones hemos visto que es importante una visión global a la hora de proyectar el circuito, porque la toma de decisiones aisladas, como la de conexión de los captadores, influye en el conjunto.

Los sistemas de energía auxiliar o de apoyo sirven para complementar la contribución solar suministrando la energía necesaria para cubrir la demanda prevista, garantizando la continuidad del suministro de agua caliente en los casos de escasa radiación solar o demanda superior a la prevista.

La combustión es el proceso mediante el cual se produce la quema de cualquier sustancia, ya sea gaseosa, líquido o sólida.

Los combustibles son, en su mayoría, de origen orgánico y su valor depende de la proporción de carbono e hidrógeno que contienen en su composición química.

Los quemadores son los equipos donde se realiza la combustión. Por tanto, debe lograr la mezcla íntima de combustible con el aire y proporcionar la energía suficiente para que prosiga la combustión.

En cuanto a la prevención de la legionela, como medida preventiva general, se debe tener presente la desinfección continua del agua, pero, además, con carácter complementario, se debe tener en cuenta que el cloro se evapora progresivamente hasta que desaparece, que la eficacia de la desinfección mediante cloro depende del valor del pH del agua, por lo que hay que regular y controlar el valor de cloro y del pH del agua.

Ejercicios de repaso y autoevaluación

1. El intercambiador tipo serpentín está hecho de...

a. ... cobre.
b. ... acero inoxidable.
c. ... acero vitrificado.
d. Todas las respuestas anteriores son correctas.

2. Los intercambiadores de doble envolvente se recomiendan en circuitos donde se alcancen presiones elevadas en el circuito primario.

☐ Verdadero
☐ Falso

3. ¿Cuándo será necesario montar dos bombas idénticas en paralelo, dejando una de reserva?

a. Cuando la superficie de la instalación sea superior a 30 m2.
b. Cuando la superficie de la instalación sea superior a 40 m2.
c. Cuando la superficie de la instalación sea superior a 50 m2.
d. Cuando la superficie de la instalación sea superior a 60 m2.

4. ¿Qué ventaja tiene el vaso de expansión cerrado respecto al vaso de expansión abierto?

a. Difícil montaje.
b. Absorben el oxígeno.
c. Tienen la necesidad de colocar conductos de seguridad.
d. Se eliminan las pérdidas de agua por evaporación.

5. ¿Qué elemento utilizamos para limitar la presión máxima de trabajo?

a. Los colectores.
b. El intercambiador.
c. Las válvulas de seguridad.
d. La bomba de recirculación

6. ¿Qué válvula suele ser una variante de las de clapeta oscilante?

a. Válvula silenciosa.
b. Válvula de pie.
c. Válvula de retención y cierre.
d. Válvula de retención de bola.

7. ¿Dónde se ubicará la válvula de seguridad dentro de la instalación solar?

a. En el acumulador solar.
b. En la entrada de red.
c. En la batería de captadores solares.
d. Todas las respuestas anteriores son correctas.

8. Para evitar quemaduras en los puntos de consumo se instala esta válvula termostática. ¿Alrededor de qué temperatura debe estar prefijado el cabezal de la válvula?

a. 40º C
b. 50º C
c. 60º C
d. 70º C

9. El acoplamiento de la bomba de circulación con la tubería se realiza utilizando...

a. ... racores.
b. ... machones.
c. ... entronques.
d. Todas las respuestas son correctas.

10. ¿Qué elemento proporciona el paso del fluido en un sentido?

a. Válvula de retención.
b. Válvula de corte.
c. Válvula de seguridad.
d. Válvula reductora de presión.

11. El caudal del fluido portador se determinará de acuerdo con las especificaciones del fabricante como consecuencia del diseño de su producto. En su defecto su valor estará comprendido entre...

a. ... 1,2 l/s y 2 l/s.
b. ... 1,2 l/s y 3 l/s.

c. ... 1,3 l/s y 2 l/s.
d. ... 1,3 l/s y 3 l/s.

12. ¿Cuál es el valor mínimo del salto térmico de los calentadores?

a. 25° C.
b. 27° C.
c. 29° C.
d. Ninguna de las respuestas anteriores es correcta.

13. ¿Qué elemento consiste en un acumulador de agua atravesado por un conducto-chimenea por el que circulan los gases de combustión procedentes de un quemador atmosférico o de tiro forzado?

a. Termoacumulador a gas de calentamiento indirecto.
b. Termoacumulador a gas de calentamiento directo.
c. Calentadores-acumuladores de agua eléctricos.
d. Calentadores eléctricos instantáneos.

14. Rellene los huecos:

Por ____________ se entiende el proceso mediante el cual se produce la quema de cualquier sustancia, ya sea gaseosa, líquido o sólida. En este proceso, el ____________ se oxida y desprende calor, y, con frecuencia, luz. El oxidante no es oxígeno necesariamente, ya que puede ser parte de un compuesto químico, como __________ __________ HNO_3, o perclorato de amonio, $NH4ClO_4$, y puede ____________ nuevamente durante una serie de pasos químicos complejos.

15. ¿En qué parte de la llama no llega el oxígeno?

a. Cono de reducción.
b. Cono de oxidación.
c. Cono frío.
d. Todas las respuestas anteriores son correctas.

16. ¿Qué color presenta el cono de reducción en el siguiente gráfico?

a. Rosáceo.
b. Rojo.
c. Naranja.
d. Azul.

17. ¿Qué porcentaje de la producción humana de CO2 emite la combustión de fósiles?

a. Entre un 75 – 90%.
b. Entre un 70 – 85%.
c. Entre un 65 – 80%.
d. Entre un 60 – 75%.

18. ¿Cuál de las siguientes opciones no es un punto clave para asegurar un uso racional del gas natural?

a. Utilizarlo directamente para evitar pérdidas en la conversión.
b. Desarrollar aplicaciones y equipos avanzados.
c. Información y servicios orientados al cliente para asegurar el uso eficiente del gas, natural.
d. Ninguna de las respuestas anteriores es correcta.

19. ¿En qué quemador el combustible se vaporiza por la acción del calentamiento de las paredes de un recipiente o taza?

a. Quemador de emulsión.
b. Quemador de gasificación.
c. Quemador de pulverización centrífugo.
d. Quemador de pulverización de copa rotativa.

20. ¿En el cabezal de combustión de un quemador, cómo se denomina a las dos varillas de acero inoxidable, aisladas sobre un soporte de porcelana?

a. Cono de la llama.
b. Disco estabilizador.
c. Electrodos de encendido.
d. Ninguna de las respuestas anteriores es correcta.

21. De los siguientes EPI, ¿cuál corresponde a una protección respiratoria?

a. Trajes especiales.
b. Guantes.
c. Gorros.
d. Máscara facial.

Capítulo 6

Calidad en el montaje de instalaciones solares térmicas

Contenido

1. Introducción

Para poder tener un conocimiento global y completo de lo que implica la calidad en el montaje de instalaciones solares térmicas es necesario estar familiarizado con los pliegos de prescripciones técnicas, los procesos de documentación y su normativa.

El objetivo de este capítulo es pues aprender a atender a los diferentes controles de calidad que se requieren en la práctica de esta profesión.

2. Calidad en el montaje

2.1. Pliegos de prescripciones técnicas y control de calidad

Pliegos de prescripciones técnicas

El pliego de condiciones del proyecto es, desde el punto de vista legal y contractual, el documento más importante de éste a la hora de su ejecución material.

Los planos reflejan lo que hay que hacer, pero son las especificaciones de materiales y equipos, y las de ejecución, las que establecen cómo y con qué hay que hacerlo.

El pliego de condiciones regula las relaciones entre el propietario, promotor del proyecto, y los contratistas que lo van a ejecutar y deberá contener toda la información necesaria para que esas relaciones sean lo más fructíferas posible, máxime teniendo en cuenta la importancia de la componente económica en las mismas.

El pliego de condiciones debe describir las condiciones generales del trabajo, la descripción del mismo, los planos que lo definen, la localización y emplazamiento.

El pliego señala los derechos, obligaciones y responsabilidades mutuas entre la propiedad y la contrata y constituye el anejo fundamental del contrato que ambas suscriben. Precisa el modus operandi durante el desarrollo de los trabajos y colabora a evitar discusiones costosas e innecesarias y ayuda a tomar decisiones con rapidez y eficacia.

Recuerde

El pliego de condiciones del proyecto es, desde el punto de vista legal y contractual, el documento más importante del proyecto a la hora de su ejecución material.

El pliego suele dividirse, como la memoria, en distintas partes, habitualmente tres:

- Pliego de condiciones generales.
  - Legales.
  - Administrativas.
- Pliego de prescripciones técnicas particulares.
  - Especificaciones de materiales y equipos.
  - Especificaciones de ejecución.
- Pliego de cláusulas administrativas particulares.
  - Condiciones económicas.

Pliego de condiciones generales

Este apartado contendrá fundamentalmente una descripción general del contenido del proyecto, sus características principales, los aspectos legales y administrativos a tener en cuenta por los futuros contratistas e incluirá la relación de todos los planos que componen el proyecto.

En el primer apartado de este documento, el proyectista deberá establecer el alcance y objeto de su redacción.

Pliego de prescripciones técnicas particulares

El pliego de prescripciones técnicas particulares dispone de dos apartados perfectamente diferenciados:

Especificaciones de materiales y equipos

Aquí aparecerán perfectamente definidos todos los materiales, equipos, máquinas, instalaciones, etc. que constituyen el proyecto.

La definición se hará en función de códigos y reglamentos reconocidos como válidos para el proyecto, y en aquellos que no sean de aplicación se definirán expresamente todos los elementos que sean necesarios.

Las especificaciones hacen referencia a normas y reglamentos oficiales u oficiosos españoles (UNE, Normas MOPU, NBE, etc.) y extranjeras o internacionales (DIN, ISO, etc.).

Especificaciones de ejecución

La ejecución material del proyecto, su fabricación o construcción a partir de los materiales especificados en el apartado anterior, se definirá exactamente en este apartado. Si en el punto anterior se concreta lo que se va a utilizar en el proyecto, en éste hay que definir cómo se va a utilizar.

Pliego de cláusulas administrativas particulares

En este apartado del pliego se hace referencia directa a la forma de medir las obras ejecutadas, valorarlas y abonarlas.

Desarrollo y presentación

Es habitual que el proyectista redacte el pliego de condiciones a última hora y con reducido plazo. El desdén que sufre el pliego es injusto. La abundante normativa existente y la posibilidad de copiar o adaptar este documento en base a otro que corresponda a un proyecto análogo facilita esta inexcusable ligereza.

Es útil disponer del pliego de un proyecto ya redactado, pero ello no basta. El proyectista debe ser consciente de que cada proyecto tiene sus circunstancias especiales, a cada plano que diseña y a cada cálculo que realiza puede sugerirle una condición particular.

El pliego complementa la jurisprudencia general promulgada en un país fijando la normativa legal, técnica y económica específica de cada proyecto. El pliego debe definir las obras a ejecutar, las condiciones de los materiales a emplear, las características de las instalaciones a disponer, los controles de calidad a establecer, las pruebas y ensayos a realizar, las prescripciones de los métodos constructivos a desarrollar y la forma de medir, valorar y abonar todas las unidades de obra de que consta el proyecto.

El pliego debe prever lo inesperado. Las obras casi nunca se construyen exactamente de acuerdo con el proyecto dado que habitualmente surgen imprevistos. Si el imprevisto influye exclusivamente en la medición de una o varias unidades de obra, ello no implicará más complicación que la que emana del correcto control cuantitativo, y el precio unitario permitirá la modificación de la valoración o certificación correspondiente a la obra realmente ejecutada.

Si el imprevisto plantea una nueva unidad de obra, el pliego debe indicar el comportamiento a seguir de forma inequívoca.

La tradición afirma que "quien habla y escribe es esclavo de sus palabras, mientras que quien calla es dueño de su silencio". Esta regla de oro en muchos casos tropieza con una excepción en el pliego donde la mayor parte de destinos emanan de los silencios del proyectista.

La omisión de una definición, el olvido de una condición, la carencia de una prescripción o el descuido de una especificación será fuente inagotable de problemas durante la ejecución de las obras. No obstante, no siempre las cuestiones embarazosas nacen del silencio. En el otro platillo de la balanza se encuentra el exceso de palabrería que, si es inadecuado, puede producir efectos no deseables al introducir equívocos o contradicciones.

Recuerde

El pliego debe definir las obras a ejecutar, las condiciones de los materiales a emplear, las características de las instalaciones a disponer, los controles de calidad a establecer, las pruebas y ensayos a realizar, las prescripciones de los métodos constructivos a desarrollar y la forma de medir, valorar y abonar todas las unidades de obra de que consta el proyecto.

"Ejemplo básico de pliego de prescripciones técnicas para una instalación de energía solar térmica"

Legislación aplicable

La instalación del sistema de captación solar para calentamiento de ACS y otros usos si fueran posibles se realizará teniendo en cuenta los reglamentos y normativas técnicas vigentes. Así mismo, en la ejecución de la instalación, como en un futuro mantenimiento de la misma, se tendrá en cuenta la legislación en materia de prevención de riesgos laborales.

Normativa aplicable (Normativa más importante)

Orden de 25/06/2008, por la que se crea el Registro Electrónico de Certificados de eficiencia energética de edificios de nueva construcción y se regula su organización y funcionamiento.

Real Decreto 1371/2007 de 19/10/2007, por el que se aprueba el documento básico «DB-HR Protección frente al ruido» del Código Técnico de la Edificación y se modifica el Real Decreto 314/2006, de 17 de marzo, por el que se aprueba el Código Técnico de la Edificación.

Real Decreto 1027/2007 de 20/07/2007, por el que se aprueba el Reglamento de Instalaciones térmicas en los edificios.

Real Decreto 47/2007 de 19/01/2007, por el que se aprueba el Procedimiento básico para la certificación de eficiencia energética de edificios de nueva construcción.

Real Decreto 314/2006 de 17/03/2006, por el que se aprueba el Código Técnico de la Edificación.

Reglamento 2037/2000 de 29/06/2000, sobre las sustancias que agotan la capa de ozono.

Orden de 19/12/1980, INDUSTRIAS EN GENERAL. Desarrolla Real Decreto 26-9-1980, sobre liberalización en materia de instalación, ampliación y traslado.

Real Decreto 1751/1998 de 31/07/1998, CONSTRUCCIÓN. Aprueba el Reglamento de Instalaciones Térmicas en los Edificios (RITE) y sus Instrucciones Técnicas Complementarias (ITE) y crea la Comisión Asesora para las Instalaciones Térmicas de los Edificios.

Características de la instalación existente

Para una ocupación habitual de 130 camas, la instalación se compone de dos cuartos de calderas totalmente independientes (parte antigua y parte nueva), separados entre sí unos 30 metros. En ambos cuartos hay dos calderas: una para calefacción y otra para la producción de ACS.

El intercambio de calor para el calentamiento del agua se produce mediante intercambiadores desmontables de placas que ceden el calor a dos depósitos iguales de acumulación conectados en serie de 2.000 litros en la parte nueva y 1.000, en la antigua. Sumando ambas zonas, alcanzamos los 6.000 litros de agua acumulada. El sistema está dotado de recirculación para alcanzar una temperatura común en ambos depósitos. Como datos de la instalación relevantes para del proyecto podemos resaltar:

- Ocupación habitual de 130 camas.
- Cubierta de teja romana con una inclinación de 17°.
- Orientación de la cubierta de 40° SE.
- Apoyo auxiliar para ACS de dos calderas de gas de 90 Kw, una en cada cuarto de calderas.
- Acumulación de ACS con dos depósitos de 1.000 litros cada uno en la zona antigua y dos de 2.000 litros cada uno en la parte nueva.

Sistema de captación

El sistema de captación es el encargado de captar la energía solar incidente y transformarla en energía térmica, y está formado por los colectores, sus elementos de sujeción y demás accesorios.

Los colectores empleados deberán aportar un rendimiento tal, que priorice su colocación únicamente en la cubierta inclinada. En el caso de no ser esto posible, se podrá utilizar como área de captación la azotea transitable.

El acoplamiento de los colectores se realizará en paralelo, con varias filas de colectores también acopladas en paralelo. Todas las filas serán iguales y separadas entre ellas la distancia marcada por la ITC-ITE 10. No deben conectarse más de tres filas en paralelo.

El número de captadores que se pueden conectar en paralelo tendrá en cuenta las limitaciones del fabricante, debiéndose instalar válvulas de cierre en la entrada y la salida de las distintas baterías de captadores y entre las bombas.

La colocación del campo de colectores debe asegurar que el recorrido hidráulico sea el mismo para todos los colectores. A fin de garantizar el recorrido hidráulico, es necesario disponer las conexiones de los colectores entre sí de forma que se realice el retorno invertido.

La estructura que soporte los colectores deberá garantizar la seguridad en caso de fuertes vientos.

Los colectores estarán orientados hacia el sur geográfico, con posibles desviaciones no superiores a 25º con respecto a dicha orientación.

La inclinación en su caso de los colectores será determinada por la latitud de la instalación + 10º.

El colector reunirá las características necesarias para satisfacer las necesidades planteadas en el proyecto. Además, garantizará un correcto y eficiente funcionamiento.

Asimismo, los materiales con los que está fabricado el colector asegurarán la estanqueidad y durabilidad del mismo.

Conforme a lo establecido en el Reglamento de Instalaciones Técnicas de los Edificios, en su instrucción técnica complementaria nº 10, el área de los colectores tendrán un valor tal que cumpla con la condición:

$$1{,}25 < 100\ A/M < 2$$

Recuerde

El sistema de captación es el encargado de captar la energía solar incidente y transformarla en energía térmica, y está formado por los colectores, sus elementos de sujeción y demás accesorios.

Siendo:

A = la suma de las áreas colectoras expresadas en m^2.

M = el consumo medio diario de los meses de verano, expresado en l/d.

La distancia entre filas de colectores será igual o mayor que el valor obtenido mediante la expresión:

$$D = K \cdot H = 3{,}86 \text{ m}$$

Siendo:

D = la separación entre filas.

H = altura del colector.

K = coeficiente en función de la inclinación que, en base a los 45°, será 1,932.

Los colectores serán suministrados en jaulas de madera adecuadas para su traslado o elevación mediante carretillas elevadoras.

Las jaulas se almacenarán depositándolas sobre suelo plano y a cubierto. En caso de almacenaje exterior, las jaulas se cubrirán para protegerlas del agua de lluvia.

En el caso de que los colectores, una vez desembalados y previamente a su montaje sobre los perfiles de apoyo, deban ser dejados de forma interina a la intemperie, se colocarán con un ángulo mínimo de inclinación de 20º y máximo de 80º, con la cubierta de cristal orientada hacia arriba. Se evitará la posición horizontal y vertical.

En su caso, hasta que los colectores no estén llenos de fluido caloportador, es conveniente cubrirlos, a fin de evitar excesivas dilataciones.

Recuerde

En el caso de que los colectores, una vez desembalados y previamente a su montaje sobre los perfiles de apoyo, deban ser dejados de forma interina a la intemperie, se colocarán con un ángulo mínimo de inclinación de 20º y máximo de 80º, con la cubierta de cristal orientada hacia arriba.

Sistema de interacumuladores

Acumulación de ACS

Volumen de acumulación según ITE-10: Para instalaciones cuyo consumo sea constante a lo largo del año, el volumen del depósito de acumulación de agua caliente sanitaria cumplirá la condición:

$$0{,}8.M < V < M$$

Siendo:

V= el volumen del depósito acumulador expresado en litros.

M = el consumo medio diario de los meses de verano, expresado en l/d.

Características del sistema de almacenamiento

Los acumuladores serán de forma cilíndrica, siendo la altura mayor que el diámetro, favoreciendo de este modo la estratificación, al disminuir la densidad del agua con el aumento de la temperatura, a fin de extraer por la parte superior el agua caliente y por la parte inferior introducir el agua fría.

El acumulador será apto para circuitos cerrados forzados, con intercambiador interno y desmontable.

Presión de trabajo: 8 kg/cm^2

Temperatura máxima del acumulador: 90º C

Temperatura máxima del circuito de calentamiento: 200º C

Presión máxima del circuito de calentamiento: 25 Kg/cm^2

El acumulador estará fabricado en acero ST37-2 con espesores entre 4 y 8 mm, con fondos de tipo Klopper y espesores superiores en 1 mm a la chapa envolvente. La base estará formada por un faldón metálico donde va alojado el desagüe.

Estará tratado interiormente a base de resinas de epoxi, de modo que es capaz de soportar la agresión de las sales de agua, adaptándose perfectamente a las dilataciones y contracciones y permaneciendo inalterable después de años de funcionamiento.

El acumulador dispondrá de uno o varios ánodos de sacrificio de magnesio para evitar la corrosión por efecto electrolítico.

El aislamiento térmico será de poliuretano ecológico de alta densidad o similar, inyectado entre el acumulador y el forro de poliéster y envolviendo totalmente al depósito, con un espesor de 50 mm.

La cubierta exterior será de poliéster estratificado que esté sólidamente unido al aislante y al acumulador, formando un cuerpo compacto. Puede instalarse al exterior al permanecer inalterable al agua de lluvia y a los agentes externos.

Los acumuladores se conectarán de forma adecuada para conseguir un buen equilibrio hidráulico.

Termotransferencia

Intercambiador

El sistema de termotransferencia es el conjunto de elementos de la instalación encargados de transferir la energía captada en los colectores solares hasta el depósito de acumulación de agua caliente sanitaria, siendo en nuestro caso una transferencia de la energía de forma indirecta, a través de un intercambiador interior de tipo serpentín.

El rendimiento del intercambiador será la relación entre la energía obtenida a la salida y la introducida en el intercambiador, teniendo que ser el rendimiento superior al 95%.

La superficie intercambiadora será superior a 1/5 de la superficie útil de los colectores.

Fluido caloportador

El fluido caloportador deberá ser de agua con anticongelante, que será capaz de aguantar sin congelarse la temperatura de -21° C. El fluido caloportador estará completamente aislado del ACS y tendrá una densidad y viscosidad diferente para que, en caso de mezcla, pueda ser claramente identificable.

El fluido de trabajo tendrá un pH a 20° C entre 5 y 9, y un contenido en sales que se ajustará a los señalados en los puntos siguientes:

- La salinidad del agua del circuito primario no excederá de 500mg/l totales de sales solubles. En el caso de no disponer de este valor, se tomará el de conductividad como variable limitante, no sobrepasando los 650µS/cm.
- El contenido en sales de calcio no excederá de 200mg/l, expresados como contenido en carbonato cálcico.
- El límite de dióxido de carbono libre contenido en el agua no excederá de mg/l.

Recuerde

El sistema de termotransferencia es el conjunto de elementos de la instalación encargados de transferir la energía captada en los colectores solares hasta el depósito de acumulación de agua caliente sanitaria.

Conducciones

Se deberá estudiar la posibilidad de realizar las conducciones debidamente aisladas por el interior del edificio, recubriéndolas mediante cajeado de cartón yeso. Si no fuera posible o incrementara notablemente los costes, se realizará por el exterior, debiendo suavizar el impacto visual mediante recubrimientos adecuados.

Las conducciones para el fluido caloportador estarán realizadas con cobre, debido a ser el material más aconsejable por tener unas altas prestaciones en cuanto a resistencia a la corrosión, maleabilidad, ductilidad e inocuidad.

El diámetro de las tuberías se seleccionará de forma que la velocidad de circulación del fluido será inferior a 3 m/s, siendo el pH del fluido de trabajo entre 5 y 9.

La sección de las conducciones será la adecuada para transportar el fluido caloportador en base a las características de los colectores que nos determinan un caudal de 60 a 150 litros por m^2 y hora.

El retorno del circuito caloportador será inverso para que el equilibrio térmico e hidráulico sea el adecuado.

El cálculo de la tubería se hará para cada uno de los tramos mediante la fórmula:

$$D = J \cdot C^{0,35}$$

Siendo:

D = diámetro de la tubería en cm.
C = caudal en m^3/h.
J = vale 2,2 para tuberías metálicas.

Bombas de circulación

Las bombas podrán ser del tipo en línea, de rotor seco o húmedo o de bancada. Siempre que sea posible, se utilizarán bombas tipo circuladores en línea.

En circuitos de agua caliente para usos sanitarios, los materiales de la bomba serán resistentes a la corrosión.

Las bombas serán resistentes a las averías producidas por efecto de las incrustaciones calizas.

Las bombas serán resistentes a la presión máxima del circuito.

La bomba se seleccionará de forma que el caudal y la pérdida de carga de diseño se encuentren dentro de la zona de rendimiento óptimo especificado por el fabricante.

La potencia de la bomba necesaria para la impulsión del fluido caloportador la calcularemos siguiendo la siguiente expresión:

$$P = Q \cdot p / 75\, r$$

Siendo:

P = potencia en CV de la bomba resultante.
Q = caudal en l/seg a impulsar por la bomba.
P = pérdidas de presión.
R = pérdidas en circuito.

Otros elementos de la instalación

Vaso de expansión

Su finalidad es la de absorber las dilataciones del fluido caloportador, por lo que todas las instalaciones de agua caliente sanitaria deben equiparse con depósitos de expansión.

El volumen del depósito de expansión V, se calcula a partir de la expresión:

$$V = V_t\,(0{,}2 + 0{,}01\,H)$$

Siendo:

V_t = es el volumen total del circuito primario.

H = es la diferencia de alturas en metros, entre el punto más alto del campo de colectores y el depósito de expansión.

Los depósitos tendrán las siguientes características:

- Depósito de expansión hasta 110º C.
- Depósito cerrado de acero de alta calidad, pintado exteriormente y provisto de membrana elástica especial.
- Cámara de gas conteniendo nitrógeno a presión.
- Instalación en circuito cerrado.

Recuerde

La finalidad de los vasos de expansión es la de absorber las dilataciones del fluido caloportador, por lo que todas las instalaciones de agua caliente sanitaria deben equiparse con depósitos de expansión.

Sistema eléctrico de regulación y control

- **Sistema eléctrico**: el sistema eléctrico y de control cumplirá con el RBT, y los cuadros cumplirán con la normativa de seguridad de máquinas y tendrá las siguientes características:
  - El usuario estará protegido contra contactos directos e indirectos.
  - El sistema de control incluirá señalizaciones luminosas de la alimentación del sistema de funcionamiento de bombas.
  - El rango de Tª ambiente de funcionamiento de control estará como mínimo entre -10° C y 50° C.
  - Los sensores de temperaturas soportarán las máximas temperaturas previstas en el lugar en que se ubiquen, y serán de 100 ° C.
  - La localización de los sensores de temperatura deberá asegurar un buen contacto térmico, por ello se instalarán en vainas adecuadas que se introducirán en las conducciones o depósitos a controlar.
- **Sistema de monitorización**: El sistema de control realizará la monitorización y realizará la adquisición de datos con la siguiente frecuencia:
  - Toma de medidas o estados de funcionamiento: cada minuto.
  - Cálculo de medidas de valores y registro: cada 10 minutos.
  - Tiempo de almacenamiento de datos registrados: mínimo de 1 año.

Las variables analógicas que serán medidas por el sistema de monitorización serán seis como mínimo y entre ellas estarán las cuatro siguientes:

- Temperatura de entrada de agua fría.
- Temperatura de agua caliente solar.
- Temperatura de suministro de agua caliente a consumo.
- Caudal de agua de consumo.

El sistema de monitorización registrará el estado de las bombas de circulación de primario y secundario, la actuación de las limitaciones por máxima o mínima y el funcionamiento del sistema de energía auxiliar.

En todo caso, la empresa adjudicataria se compromete a realizar un estudio semestral durante al menos 3 años, que recoja el ahorro energético de la instalación y su correlación con el estudio presentado en la oferta.

Aislamiento

Los espesores del aislamiento de las tuberías y accesorios serán los siguientes:

FLUIDO INTERIOR CALIENTE	
DIÁMETRO EXTERIOR (MM)	Temperatura del fluido ºC
	40-65
D menor o igual a 35 mm	30
D mayor que 35 y menor a 60	30
D mayor que 60 y menor que 90	40
D mayor que 90 y menor que 140	40
D mayor que 140	40

El tipo de aislamiento será del tipo SH/Armaflex o similar, consistente en un aislamiento flexible de espuma elastomérica para sistemas de calefacción e hidrosanitaria, con un coeficiente de conducción térmica de 0,037 W(mK). El aislamiento térmico flexible de espuma cumple con lo indicado en el RITE apéndice 03.1

El material aislante se sujetará con medios adecuados de forma que no pueda desprenderse de las tuberías o accesorios. El aislamiento no dejará zonas visibles de tuberías o accesorios, quedando únicamente al exterior los elementos que sean necesarios para el buen funcionamiento y operación de los componentes.

Purgador y desaireador

El purgador tiene como función evacuar los gases contenidos en el fluido caloportador, los cuales pueden dar lugar a la formación de bolsas que impidan la correcta circulación del fluido, además de provocar corrosiones. Por ello, instalaremos un purgador en el punto más alto de la instalación.

El desaireador asegura que los gases disueltos en el líquido sean evacuados hacia el exterior por el purgador. La forma más sencilla de lograrlo es haciendo que la fuerza centrífuga lance el agua hacia las paredes, mientras que el aire, al ser más ligero, se acumula en el centro y asciende a través del mismo siendo evacuado por el purgador que está situado en la parte superior.

Sistema de llenado

Los sistemas con vaso de expansión cerrado deben incorporar un sistema de llenado automático que permita llenar el circuito y mantenerlo presurizado. Por ello se dispondrá de un depósito con fluido caloportador para poder añadirse al circuito primario cuando sea necesario.

Al necesitar anticongelante se dispondrá de un sistema que permita el relleno manual del mismo sobre el circuito primario. Para evitar los riesgos de fallos, se evitarán los aportes incontrolados de agua de reposición a los circuitos cerrados y la entrada de aire que pueda aumentar los riesgos de corrosión originados por el oxígeno del aire. Es aconsejable por tanto no utilizar válvulas de llenado automático para el depósito de llenado.

Nota

Este ejemplo es orientativo. Cuantas más especificaciones se den con respecto a materiales, equipos, métodos de ejecución, condiciones económicas (que en este caso no están reflejadas), etc. más completo será nuestro pliego de prescripciones técnicas.

Aplicación práctica

Si en el caso de la instalación que estamos estudiando tuviésemos otra exactamente igual, pero que el coeficiente en función de la inclinación que en base a los 45º (K) sea 2, ¿cuál sería la distancia mínima entre captadores?

SOLUCIÓN:

$$D = K \bullet H = 2 \bullet 2 = 4 \text{ m}$$

Control de calidad

El control de calidad del montaje incluye:

1. El control de recepción de productos.
2. El control de la ejecución.
3. El control de la obra terminada.

Para ello:

El director de la ejecución de la instalación recopilará la documentación del control realizado, verificando que es conforme con lo establecido en el proyecto, sus anejos y modificaciones.

Recuerde

El purgador tiene como función evacuar los gases contenidos en el fluido caloportador, los cuales pueden dar lugar a la formación de bolsas que impidan la correcta circulación del fluido, además de provocar corrosiones.

El dueño de la instalación facilitará, al director de la instalación y al director de la ejecución de la misma, la documentación de los productos anteriormente señalada, así como sus instrucciones de uso y mantenimiento, y las garantías correspondientes cuando proceda.

La documentación de calidad preparada por el dueño de la instalación sobre cada una de las unidades podrá servir, si así lo autorizara el director de la ejecución de la instalación, como parte del control de calidad.

Una vez finalizada la instalación, la documentación del seguimiento del control será depositada por el director de la ejecución en el colegio profesional correspondiente o, en su caso, en la administración pública competente, que asegure su tutela y se comprometa a emitir certificaciones de su contenido a quienes acrediten un interés legítimo.

Recuerde

El control de calidad del montaje incluye: 1. El control de recepción de productos, 2. El control de la ejecución, 3. El control de la obra terminada.

Control de recepción de los productos

El control de recepción tiene por objeto comprobar las características técnicas mínimas exigidas que deben reunir los productos, equipos y sistemas que se incorporen de forma permanente a la instalación proyectada, así como sus condiciones de suministro, las garantías de calidad y el control de recepción.

Durante la ejecución de la instalación, el director de la ejecución de la misma realizará, según sus respectivas competencias, los siguientes controles:

Control de la documentación de los suministros

Los suministradores entregarán al dueño de la instalación, quien los facilitará al director de ejecución de la misma, los documentos de identificación del producto exigidos por la normativa de obligado cumplimiento. Esta documentación comprenderá, al menos, los siguientes documentos:

- Los documentos de origen, hoja de suministro y etiquetado.
- El certificado de garantía del fabricante, firmado por persona física.
- Los documentos de conformidad o autorizaciones administrativas exigidas reglamentariamente, incluida la documentación correspondiente al marcado CE, cuando sea pertinente, de acuerdo con las disposiciones que sean transposición de las directivas europeas que afecten a los productos suministrados.

Control mediante distintivos de calidad o evaluaciones técnicas de idoneidad

El suministrador proporcionará la documentación precisa sobre:

- Los distintivos de calidad que ostenten los productos, equipos o sistemas suministrados, que aseguren las características técnicas de los mismos exigidas en el proyecto.

- Las evaluaciones técnicas de idoneidad para el uso previsto de productos, equipos y sistemas innovadores y la constancia del mantenimiento de sus características técnicas.

El director de la ejecución de la obra verificará que esta documentación es suficiente para la aceptación de los productos, equipos y sistemas amparados por ella.

Control mediante ensayos

Para verificar el cumplimiento de las exigencias básicas del CTE puede ser necesario, en determinados casos, realizar ensayos y pruebas sobre algunos productos, según lo establecido en la reglamentación vigente, o bien según lo especificado en el proyecto u ordenados por la dirección facultativa.

La realización de este control se efectuará de acuerdo con los criterios establecidos en el proyecto o indicados por la dirección facultativa sobre el muestreo del producto, los ensayos a realizar, los criterios de aceptación y rechazo y las acciones a adoptar.

Control de la ejecución

Durante la instalación, el director de la ejecución de la misma controlará la ejecución de cada paso verificando su replanteo, los materiales que se utilicen, la correcta disposición de los elementos, así como las verificaciones y demás controles a realizar para comprobar su conformidad con lo indicado en el proyecto, la legislación aplicable, las normas de buena práctica constructiva y las instrucciones de la dirección facultativa.

Se comprobará que se han adoptado las medidas necesarias para asegurar la compatibilidad entre los diferentes productos y elementos.

En el control de ejecución de la instalación se adoptarán los métodos y procedimientos que se contemplen en las evaluaciones técnicas de idoneidad para el uso previsto de productos, equipos y sistemas innovadores.

Los diferentes controles se realizarán según las exigencias de la normativa vigente de aplicación.

Control de la obra terminada

Con el fin de comprobar las prestaciones finales de la instalación deben realizarse las verificaciones y pruebas de servicio establecidas en el proyecto y las previstas en el CTE y resto de la legislación aplicable.

3. Control de calidad de materiales empleados en el montaje

3.1. Materiales tradicionales y no tradicionales

Dentro de los materiales que se producen industrialmente, debemos diferenciar los materiales tradicionales y los no tradicionales. Los primeros son aquellos que, por venirse utilizando desde tiempo atrás, aparecen regulados por una norma o especificación.

Los segundos, por el contrario, son materiales nuevos o de reciente aparición en el mercado de la construcción, no existiendo para ellos (en razón de su juventud) una especificación que los regule, ya que un documento así requiere, para ser establecido, que exista una cierta experiencia de aplicación. Una de las incógnitas asociadas a estos últimos materiales, como fácilmente se comprende, es la de su comportamiento a largo plazo (durabilidad).

Recuerde

Los materiales tradicionales son aquellos que, por venirse utilizando desde tiempo atrás, aparecen regulados por una norma o especificación.

3.2. Control de producción de materiales fabricados industrialmente

Variables y atributos

La calidad de un material viene definida por una serie de características (establecidas en la correspondiente especificación), las cuales deben ser objeto de control durante la fabricación. De estas características, unas son medibles y, por consiguiente, representables en una escala numérica: son las llamadas **variables**. Otras, por el contrario, son de carácter cualitativo, no medibles cuantitativamente, son los llamados **atributos**. Una longitud, una resistencia, etc., son variables. En cambio, presentar o no manchas una baldosa, o que haya o no fisuras visibles en un prefabricado de hormigón son atributos.

La primera operación que debe realizarse cuando se quiere implantar un control de producción es estudiar cuidadosamente la especificación y confeccionar a partir de ella dos listas diferentes, una de variables y otra de atributos. Esta distinción es necesaria porque las herramientas para el control son diferentes para unas y otros.

La segunda operación consiste en expresar, junto a cada variable, su(s) limite(s) de especificación (LE). Así, por ejemplo, si la especificación habla de unas dimensiones de 80 cm. por 40 cm. y, más adelante, indica que la tolerancia para las dimensiones es del 1 por 100, de ello se deducen dos variables:

- a) Longitud..... LE inferior = 79.2 cm.;..... LE superior = 80,8 cm.
- b) Anchura...... LE inferior = 36.6 cm.;..... LE superior = 40,4 cm.

La tercera operación consiste en expresar los atributos en forma de defectos o, dicho de otro modo, en confeccionar una lista de defectos cada uno de los cuales se deriva del no cumplimiento de un atributo. Por ejemplo, si la especificación dice para el caso de una placa de aluminio que debe estar limpia y ser suficientemente rígida. deducimos:

- Defecto 1: Placa sucia.
- Defecto 2: Placa no suficientemente rígida.

De esta manera, toda la especificación se vuelca en dos listas, una de variables con sus límites respectivos y otra de defectos. Esta forma de mirar una especificación con los ojos de control de calidad supone un repaso sistemático y exhaustivo a la especificación, no siendo raro encontrar, a lo largo de este ejercicio, extremos en los que el documento de partida (la norma) es defectuoso. En el ejemplo anterior de las dimensiones 80 x 40, si la especificación hubiese omitido las tolerancias, los límites de especificación no estarían definidos y la variable no tendría valor en ese punto, ya que decir que algo debe medir 80 cm. no tiene sentido en control de calidad.

Advirtamos, antes de seguir adelante, que cualquier variable puede ser pasada por atributo sin más que expresar el requisito correspondiente en forma de defecto. En el ejemplo anterior podríamos expresar los requisitos dimensionales de la siguiente forma:

- Defecto 4: Longitud inferior a 79,2 cm.
- Defecto 5: Longitud superior a 80,8 cm.
- Defecto 6: Anchura inferior a 39,6 cm.
- Defecto 7: Anchura superior a 40,4 cm.

Como las listas de variables y atributos que se obtienen al estudiar una especificación suelen ser largas y heterogéneas (lo que a menudo se debe a un defecto de norma que acumula requisitos innecesarios y no gradúa su importancia) el paso siguiente es trocear cada una de las dos listas en dos o tres partes. En la mayoría de los casos suele ser suficiente con clasificar los requisitos (variables y atributos) en dos categorías: principales y secundarios, entendiendo por **defecto principal** aquel que hace que el producto sea prácticamente inútil para cumplir sus fines, y por **defecto secundario**, aquel que reduce, aunque no severamente, la utilidad o durabilidad del producto. Si existe algún defecto cuyas consecuencias sean todavía peores, sería clasificado como defecto crítico, lo que significa que su empleo no solamente es inútil, sino también peligroso.

Una vez escogidos los requisitos de mayor importancia, el control de los mismos se lleva en forma de gráficos de control. Para los de menos importancia basta con hacer determinaciones con discreta frecuencia y llevar registros o listados de los correspondientes valores.

Control de producción por variables

Se dice que un fenómeno está bajo control cuando, basándose en la experiencia del pasado, se puede predecir dentro de qué límites se espera que varíe dicho fenómeno en el futuro. La forma práctica de operar es mediante gráficos de control.

La experiencia demuestra que muchos fabricantes desconocen la calidad de los productos que fabrican, desconocen igualmente lo que quieren lograr y la distancia a que se encuentran de una meta fijada en lo que a calidad se refiere. El control estadístico permite a la larga dar valores numéricos a la calidad de un producto o proceso, abriendo con ello el camino para la mejora de esa calidad.

En cualquier tipo de producción hay tres grupos de causas de variabilidad: los operarios, las materias primas y los procesos. Estos tres factores juntos trabajan con un grado de variabilidad casi constante, a no ser que exista una causa anormal. En un proceso bajo control, no puede encontrarse una causa más importante que las demás, es decir, una causa que influya por si sola en la variabilidad, sino que, más bien, todas las causas actuando al azar producen una variabilidad dada. En cambio, si en un momento dado interviene una causa anormal, aparecerá en el gráfico un punto fuera de los límites, lo que nos indica que hay una causa asignable, es decir, no aleatoria, que deberemos buscar y corregir. Como ello se produce con suficiente aviso, antes de que se violen los límites de especificación, nuestra actuación será de carácter preventivo, y la corrección podrá hacerse antes de que aparezcan productos defectuosos.

Cuando se efectúan mediciones de una determinada variable en una serie amplia de unidades de un cierto producto, la forma de representarlas es un polígono (o curva) de frecuencias. Las distribuciones de frecuencia tienen dos características que sirven para identificarlas: la media (que indica el punto alrededor del cual se agrupan todos los datos) y la dispersión (que indica el grado de concentración de los datos). Un proceso se puede salir de control por causa de la media o por causa de la dispersión. Por ello los gráficos de control aparecen siempre por parejas, uno para la media (gráfico de historial de la calidad) y otro para la dispersión (gráfico de regularidad de la calidad).

Cuando un punto se salga de control deberemos buscar la causa asignable (puede ser una máquina descorregida, una materia prima incorrecta, etc.) y corregirla.

Recuerde

En cualquier tipo de producción hay tres grupos de causas de variabilidad: los operarios, las materias primas y los procesos.

Si los atributos definidos en la especificación son de importancia análoga, la lista de defectos puede ser única, pero si son de diferente importancia, convendrá confeccionar dos listas o incluso tres (defectos críticos principales y secundarios). Posteriormente, los criterios de aceptación/rechazo serán más o menos severos en función de la importancia de los defectos.

Control de producción por atributos

- **Defectos críticos** son los que impiden el funcionamiento o servicio de la pieza, o bien pueden tener consecuencias graves para el producto o las personas que lo utilizan.
- **Defectos principales** son los que, sin ser críticos, pueden impedir el buen funcionamiento a corto o largo plazo.
- **Defectos secundarios** son los que no impiden el funcionamiento o servicio, pero hacen que la pieza no cumpla totalmente los requisitos especificados.

Para poder preparar un gráfico de control por atributos es necesario definir previamente algún estadístico que permita cuantificar las mediciones. Para ello, podemos utilizar una de las tres soluciones siguientes:

- **El porcentaje de defectuosos**. En este caso, cada individuo se califica de defectuoso o no defectuoso según contenga uno o más defectos o no contenga ninguno. Se toma una muestra de n individuos y se cuentan cuántos de ellos son defectuosos: la proporción, expresada en porcentaje es el porcentaje de defectuosos de la muestra.
- **El número medio de defectos por unidad**. Este parámetro se emplea cuando las unidades que se controlan son complicadas y pueden tener varios defectos cada una. Se define como el cociente entre el total de defectos encontrados y el número total de unidades inspeccionadas.

Recuerde

Cuando un punto se salga de control deberemos buscar la causa asignable y corregirla.

- **El número de defectos por muestra**. Se emplea para productos muy complejos en los que el número de defectos por unidad que puede aparecer es grande. Entonces se controlan unidad a unidad y se toma como base numérica el número de defectos por muestra.

Normalmente, se utiliza el primero de los parámetros definidos. El tamaño de la muestra en estos casos es de 20 ó 25, un número habitual cuando se trata de productos sencillos (baldosas, elementos de grifería. etc.).

Los pasos a dar para implantar este tipo de control son los siguientes:

1. Analizar la conveniencia de implantar el control del proceso por atributos. Puede ser necesario llevar un control por variables, si la

característica a controlar es muy importante, o puede no interesar controlar el proceso, por ejemplo, si es muy difícil que aparezca un defecto.

2. Elegir la medida estadística objeto de control.
3. Elegir el tamaño de la muestra.
4. Elegir el intervalo de la toma de muestras. Este intervalo depende del número más de unidades producidas por hora, o por día, etc. Suele recomendarse comenzar fijando un intervalo tal que se inspeccione un 10 % de las unidades que componen el lote de producción.
5. Definir los atributos y el modo en que deben inspeccionarse. Esto es muy importante: puede interesar controlar uno o varios defectos. Lo aconsejable, sobre todo al comienzo, es no ser muy ambicioso.
6. Preparar un impreso con el gráfico correspondiente. En horizontal aparece el número de orden de la muestra y, en vertical, el porcentaje de defectuosos. Al inicio del control no puede dibujarse el límite crítico (LC). Después de haber rellenado hasta 20 muestras, se calcula el porcentaje defectuoso medio y el LC con el auxilio de una tabla. Si no existen muestras fuera de control, este mismo LC se mantiene para el siguiente período de 20 muestras. Si existen, se suprimen esos puntos y se calcula el porcentaje defectuoso medio con los datos de las restantes muestras, así como el nuevo LC para el siguiente periodo.
7. Interpretación de los gráficos. Si no existen puntos fuera de control, el proceso es estable. Podemos tener confianza en él e implantar una inspección menos rigurosa (por ejemplo, disminuyendo el tamaño de la muestra o aumentando el intervalo de inspección). Si existen puntos fuera de control, el proceso es inestable y debe analizarse en todos sus pasos hasta detectar la causa. Además, perdemos confianza y debemos inspeccionar más rigurosamente.

3.3. Control de recepción de materiales fabricados industrialmente

Cae dentro de la responsabilidad del cliente definir con precisión, por una parte, la calidad requerida y, por otra, las modalidades de control de recepción a llevar a cabo, sea por si mismo directamente, sea a través de una organización de control.

La calidad requerida, así como la forma de efectuar el control de recepción, son normalmente convenidas de antemano entre el fabricante y el cliente y se refieren, cuando es posible, a normas existentes. En este sentido, existe una tendencia hoy día a que las especificaciones incluyan también la forma de efectuar el control de recepción: tamaño de los lotes, criterios de aceptación/rechazo, etc.

La forma habitual es la inspección por muestreo de aquellos lotes que se someten a aceptación. Ante todo, conviene distinguir tres formas de inspección:

- **Inspección al 100 por 100**. Requiere mucho trabajo y es más costosa. No es sinónimo de certeza al 100 por 100, por fatiga del inspector, por degenerar en un simulacro, etc. Además, y al menos en apariencia, con esta forma de inspección parece como si la responsabilidad de la calidad recayese en el inspector y no en el fabricante, cosa absolutamente errónea.
- **Inspección por muestreo estadístico**. Es la forma recomendable, ya que aquí el riesgo que se corre al aceptar unidades no inspeccionadas puede calcularse con precisión. La responsabilidad de la calidad queda claramente atribuida al fabricante. Menos trabajo y menos coste.
- **Inspección por muestreo ad hoc**. Es la tradicionalmente empleada en construcción. No se basa en la teoría del cálculo de probabilidades (por ejemplo, se inspecciona un cierto porcentaje de elementos o lo producido en un cierto periodo). No es recomendable porque implica riesgos no calculables.

Cuando se trata de un producto del que se emplean muchas unidades y que se suministra por lotes, el control de recepción se realiza casi siempre por atributos, siendo muy raro realizarlo por variables. La inspección por atributos consiste en examinar una unidad de producto y calificarla de "buena" o "defectuosa". Esta forma de inspección es más sencilla, aunque requiere mayores tamaños de muestra que la inspección por variables, en la cual la acción a tomar se decide después de efectuar cálculos con los valores medidos.

De forma prácticamente universal, el método de inspección por atributos se basa en las Tablas de la Norma 150–2859, coincidente con las normas del ejército americano MIL–STD–105–D (no olvidemos que el control de calidad nació en el área militar) y que ha sido adoptada en la UNE 66–020 española. Estas tablas emplean la inspección lote a lote, ofreciendo planes de muestreo adecuados para diversos niveles de confianza.

Un plan de muestreo simple queda definido por tres números: el tamaño de la muestra que debe tomarse del lote, el número de aceptación y el número de rechazo.

Este último es siempre una unidad mayor que el de aceptación, por lo que este procedimiento proporciona la decisión inmediata de aceptar o rechazar el lote. En los casos de aceptación deben rechazarse no obstante las unidades de la muestra que eran defectuosas.

A cada plan de muestreo le corresponde una curva característica o curva de eficacia, que relaciona la calidad del lote con la probabilidad de aceptación.

Recuerde

Cuando se trata de un producto del que se emplean muchas unidades y que se suministra por lotes, el control de recepción se realiza casi siempre por atributos, siendo muy raro realizarlo por variables.

3.4. Control de materiales no fabricados industrialmente

Cuando el material no se ha fabricado industrialmente, el único control posible es el de recepción. De no estar claramente especificado en la normativa correspondiente, la forma de efectuar ese control deberá establecerse en cada caso. Las siguientes ideas pueden servir de ayuda:

1. Considerar si el origen del suministro se mantendrá o no constante. En caso afirmativo, el material puede ensayarse al principio de forma más completa y luego, a lo largo de las diferentes partidas, bastará con ensayos más someros que permitan confiar en la constancia de las características.
2. Distinguir los casos en que el material se emplea previo acopio de aquellos otros en los que su empleo sigue inmediatamente a su llegada a obra. En el primer supuesto cabe ensayar antes de colocarlo. Atención a un código de identificación que permita distinguir las partidas ensayadas de las no ensayadas.
3. Si el material es de fácil sustitución, los criterios de aceptación pueden ser menos severos que si no lo es. Análogamente, si su función es de menor responsabilidad, con respecto a otro de mayor responsabilidad.

3.5. Control de materiales no tradicionales

Se denominan materiales no tradicionales aquellos que, por ser de reciente aparición en el mercado, no están cubiertos todavía por una normativa técnica que los regule.

Desde el punto de vista del utilizador de estos materiales deben distinguirse dos casos, dependiendo de que el material venga o no cubierto por una certificación de calidad. Sí no existe dicha certificación, la única garantía acerca de su empleo es la que pueda ofrecer el fabricante, en el marco de los acuerdos que establezca con el utilizador.

La certificación de calidad propia de este tipo de materiales es el llamado Documento de Idoneidad Técnica, que describimos a continuación. Otras formas de certificación más débiles no deben aceptarse para los materiales no tradicionales.

El Documento de Idoneidad Técnica (DIT)

La iniciativa de crear el DIT nace de la necesidad de paliar la falta de experiencia en materiales, sistemas y procedimientos no tradicionales en el campo de la construcción.

Para ello se creó en 1960 la Unión Europea para la Conformidad Técnica (UEA), a la que pertenecen hoy día ocho países (Alemania, Bélgica, España, Francia, Holanda, Italia, Portugal y Reino Unido), representados cada uno de ellos por un laboratorio oficial (el Instituto Eduardo Torroja del CSIC, en el caso de España). Los objetivos del DIT son esencialmente tres:

- Informar responsablemente a los técnicos de la construcción.
- Disipar la desconfianza hacia lo nuevo.
- Suprimir trabas técnicas al libre comercio internacional.

La UEAtc se encuentra actualmente en conversaciones con la Comunidad Europea para que el DIT sea integrado en el sistema normativo comunitario, extendiéndolo a los 12 piases miembros.

Recuerde

Se denominan materiales no tradicionales aquellos que, por ser de reciente aparición en el mercado, no están cubiertos todavía por una normativa técnica que los regule.

Para que un producto, sistema o procedimiento de construcción pueda ser amparado por un DIT debe reunir las tres condiciones siguientes:

a. Que exista realmente en el mercado.
b. Que sea perfectamente identificable.
c. Que esté previsto para un empleo determinado.

Los directores de los ocho laboratorios que tiene a su cargo el DIT constituyen una comisión de coordinación que se reúne una vez al año, para:

- Esclarecer y precisar la noción de evaluación técnica.
- Probar, para cada familia de productos, las directrices comunes.
- Resolver cualquier duda o problema de los centros.
- Eventualmente, admitir nuevos países miembros.

Las directrices comunes fijan las reglas de calidad adecuadas (relativas a seguridad, habitabilidad y durabilidad), así como reglas complementarias sobre el autocontrol del fabricante, las condiciones de puesta en obra y las condiciones de conservación. También se fijan los métodos de ensayo (ensayos de identificación y ensayos funcionales) adecuados a cada caso.

La concesión del DIT tiene una validez de varios años (normalmente tres) y debe ser renovada por períodos de igual duración. Los requisitos para concederlo incluyen visitas a fábrica y visitas a obras reales donde se esté empleando el material o procedimiento no tradicional. El documento describe con amplitud no sólo las condiciones del material, sino también las de puesta en obra y conservación.

Los documentos DIT tienen una validez automática en los ocho países de la UEAtc, siendo un requisito imprescindible para poder exportar los productos correspondientes.

Las familias de materiales amparadas por el DIT son ya muchas: toda clase de plásticos, ventanas no tradicionales, impermeabilizantes, materiales de aislamiento, sistemas estructurales prefabricados, etc.

El DIT es un documento de absoluta garantía. Entre dos productos, sistemas o procedimientos similares, siempre será preferible emplear el que posea el DIT. Tan sólo en aquellos casos en que la familia correspondiente aún no se halle amparada por este sistema habrá que utilizar un producto sin certificar.

Toda clase de información al respecto puede obtenerse del Instituto Eduardo Torroja.

Recuerde

La concesión del DIT tiene una validez de varios años (normalmente tres) y debe ser renovada por períodos de igual duración.

3.6. Certificación de la calidad de los materiales

Hay una tendencia creciente en toda Europa a que los materiales lleguen a obra con su calidad certificada de antemano. Sucede, no obstante, que todavía no ha cuajado un sistema de certificación universalmente admitido y, en la actualidad, coexisten diversos sistemas (y ello en todos los países) de diferente fiabilidad.

Importa por ello conocerlos para poder juzgar la validez de lo que en cada caso se nos ofrezca.

Los modelos existentes, ordenados de menor a mayor fiabilidad, son los siguientes:

a. **Certificado de origen**. Es un certificado del fabricante donde manifiesta que su producto cumple la especificación correspondiente. No tiene gran validez real, pero puede tenerla a efectos de responsabilidad legal si, posteriormente, surge algún problema. A veces va acompañado de resultados de ensayos, en cuyo caso su validez es mayor.
b. **Certificado de ensayo en laboratorio homologado**. Se refiere a una muestra determinada, por lo que tiene muy poca validez con respecto a la producción total. Hay veces en que este tipo de certificado se emplea para llamar a engaño al utilizador. En cualquier caso, hay que distinguir:

- Si la muestra la tomó el fabricante, el laboratorio o un tercero.
- Si se tomó al azar o en forma determinista.
- Cuál es la fecha del certificado.
- Si cubre todos los ensayos que impone la norma o sólo algunos de ellos.
- Si el laboratorio es acreditado.

Para evitar abusos, muchos laboratorios toman precauciones mediante normas de régimen interior. Así, por ejemplo, el Instituto Torroja del CSIC aplica las siguientes:

- No puede hacerse uso público del expediente de ensayo sin autorización previa.
- Se prohíbe la reproducción de resultados parciales, debiendo hacerse de la totalidad.
- Se advierte en los impresos que el alcance de los resultados se resume a las muestras ensayadas y no se extiende a la producción en general.
- En la contraportada de los informes se hacen una serie de observaciones y cada tina de las hojas contiene una leyenda cruzada (en casos en que se presentan fotocopias de hojas sueltas).

c. **Certificado de homologación del producto**. Corresponde a la aprobación de un prototipo y nada indica acerca de la calidad de fabricación posterior.
d. **Sello o marca de conformidad a norma**. Es el sistema de certificación más fiable, al referirse a la producción de manera continuada. Cuando se trata de materiales no tradicionales reviste la forma de DIT. Por su importancia le dedicamos el apartado siguiente.

3.7. Marcas y sellos de conformidad a norma

Se ha de precisar que la terminología no está aún normalizada, por lo que ambas expresiones, sello o marca, se utilizan prácticamente como sinónimos. La diferencia que inicialmente se estableció (sello para los casos en que el organismo promotor y tutelador no es oficial, y marca para cuando sí lo es) no es válida hoy día, al existir sellos tutelados por ministerios (por ejemplo, los sellos INCE del MOPT).

Un sello de conformidad queda definido por cuatro documentos, o cinco si se trata de un sello reconocido oficialmente por la administración:

1. Especificaciones del producto.
2. Normas de autocontrol del fabricante.
3. Normas de inspección.
4. Reglamento del sello.
5. En su caso, homologación oficial.

Es muy importante para la credibilidad del sistema que estos cuatro documentos sean públicos antes de comenzar el régimen de concesión de sellos, lo que no ocurre en todos los países (sí en España).

La obtención de un sello por parte de un fabricante es siempre voluntaria. Por definición, los sellos no tienen carácter obligatorio, salvo que se impongan en el pliego particular de condiciones de una obra, cosa siempre recomendable.

Las normas de inspección regulan las actuaciones del inspector del sello cuando gira una visita (siempre sin aviso previo) a la fábrica: revisión de las materias primas, de los gráficos de autocontrol y libros registros del stock de productos terminados, del tarado de aparatos de ensayo, etc. El inspector presencia los ensayos de autocontrol correspondientes al día de la visita y verifica el traslado de los resultados a los gráficos.

Selecciona al azar productos terminados, los marca para su posterior envío y ensayo en laboratorio oficial y controla los defectuosos de la muestra, todo ello según normas.

La calificación de la visita (positiva, negativa o nula) no la efectúa el inspector, sino un comité, en el que participan los propios fabricantes, a la vista del informe escrito del inspector. Según su historial, cada fábrica es sometida a un régimen variable de inspecciones (normal, reducida o intensa) que puede desembocar en la retirada del sello. Todo ello aparece regulado en el reglamento del sello, que también trata de la publicidad, formato de los impresos, condiciones para solicitar el sello, régimen económico, etc.

La garantía ofrecida por el sello queda expresada en los dos principios siguientes:

- El organismo que concede el sello garantiza que la calidad estadística de la producción es conforme con la norma.
- El fabricante garantiza la calidad de productos o partidas individuales.

4. Calidad en las operaciones de montaje

Para valorar la calidad de las instalaciones solares térmicas, recurrimos a la normativa que deben cumplir. Si el montaje es correcto o no, es certificado a través de una inspección inicial que será de obligado cumplimiento. Esta certificación la realizará un Organismo de Control Autorizado (OCA). Los organismos de control son entidades que se constituyen con la finalidad de verificar el cumplimiento de carácter obligatorio de las condiciones de seguridad de productos e instalaciones industriales, establecidas por los reglamentos de seguridad industrial, mediante certificación, ensayo, inspección o auditoría.

Para poder ser autorizados a ejercer sus actividades, los organismos de control precisarán de su acreditación previa por una entidad de acreditación, y además deberán asegurar su imparcialidad, independencia e integridad. Las actividades de la entidad y de su personal son incompatibles con cualquier vinculación técnica, comercial, financiera o de cualquier otro tipo que pudiera afectar a su independencia e influenciar el resultado de sus actividades.

La persona titular de la instalación, o su representante, será invitada a firmar el enterado del resultado de la inspección en el certificado de inspección inicial, anotando el inspector o inspectora la negativa, en su caso, lo cual no resta validez a la inspección ni al certificado.

Algunos de los puntos a tener en cuenta son los siguientes:

- El control de la ejecución de las instalaciones se realizará de acuerdo con las especificaciones técnicas del proyecto o memoria técnica, y las modificaciones autorizadas por el instalador autorizado o el director de la instalación, cuando la participación de este último sea preceptiva.
- Se comprobará que la ejecución de la obra se realiza de acuerdo con los controles establecidos en el pliego de condiciones técnicas.
- Cualquier modificación o replanteo a la instalación que pudiera introducirse durante la ejecución de su obra debe ser reflejada en la documentación de la obra.
- En la instalación terminada, bien sobre la instalación en su conjunto o bien sobre sus diferentes partes, deben realizarse las comprobaciones y pruebas de servicio previstas en el proyecto o memoria técnica u ordenadas por el instalador autorizado o el director de la instalación, cuando la participación de este último sea preceptiva.

Recuerde

Si el montaje es correcto o no, es certificado a través de una inspección inicial que será de obligado cumplimiento. Esta certificación la realizará un Organismo de Control Autorizado (OCA).

- Las pruebas de la instalación se efectuarán por la empresa instaladora, que dispondrá de los medios humanos y materiales necesarios para efectuar las pruebas parciales y finales de la instalación.
- Todas las pruebas se efectuarán en presencia del instalador autorizado o del director de la instalación, cuando la participación de este último sea preceptiva, quien debe dar su conformidad tanto al procedimiento seguido como a los resultados obtenidos.

- Los resultados de las distintas pruebas realizadas a cada uno de los equipos, aparatos o subsistemas, pasarán a formar parte de la documentación final de la instalación.
- Cuando para extender el certificado de la instalación sea necesario disponer de energía para realizar pruebas, se solicitará, a la empresa suministradora de energía, un suministro provisional para pruebas por el instalador autorizado o por el director de la instalación, y bajo su responsabilidad.
- Las instalaciones se realizarán de forma que se posibilite el acceso de personas necesario para la conservación, mantenimiento y seguridad de la instalación.

5. Aspectos económicos y estratégicos básicos de la calidad

La variación de la calidad de un producto, o en nuestro caso de la instalación solar, siempre está asociada a la variación del coste de dicho producto. A continuación, describiremos los ocho principios de la gestión de la calidad:

- Principio 1: Enfoque en el cliente.
- Principio 2: Liderazgo.
- Principio 3: Participación del personal.
- Principio 4: Enfoque en los procesos.
- Principio 5: Gestión basada en los sistemas.
- Principio 6: Mejora continua.
- Principio 7: Toma de decisiones basada en hechos.
- Principio 8: Relación mutuamente beneficiosa con los suministradores.

5.1. Enfoque en el cliente

Las organizaciones dependen de sus clientes y, por lo tanto, deberían comprender las demandas actuales y futuras de sus clientes, satisfacer los requisitos de estos y esforzarse en rebasar sus expectativas.

Beneficios clave:

- El aumento de la facturación y de la cuota de mercado por medio de una capacidad de reacción rápida y flexible a las oportunidades que ofrece el mercado.

Recuerde

La variación de la calidad de un producto, o en nuestro caso de la instalación solar, siempre está asociada a la variación del coste de dicho producto.

- El incremento de la eficacia en cuanto al uso de los recursos de la organización para satisfacer a los clientes.

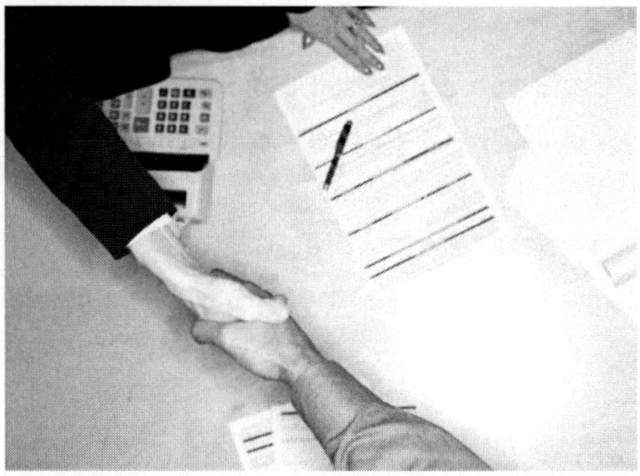

- La mejora de la fidelidad del cliente, que conduce a nuevas transacciones con éste. De forma característica, la aplicación del principio de enfoque en el cliente conlleva el estudio y la asimilación de las demandas y expectativas del cliente y el hecho de garantizar que los objetivos de la organización queden vinculados a las demandas y expectativas del cliente.

- La comunicación de las demandas y expectativas del cliente a toda la organización.
- La medida de la satisfacción del cliente y las acciones emprendidas en función de los resultados obtenidos.
- La gestión sistemática de las relaciones con los clientes.
- El hecho de garantizar que exista un tratamiento equilibrado entre la satisfacción de los clientes y las demás partes interesadas (tales como propietarios, empleados, proveedores, agentes financieros, comunidades locales y el conjunto de la sociedad).

5.2. Liderazgo

Los líderes son los que establecen la unidad en cuanto a los fines y el rumbo de la organización. Es conveniente que éstos desarrollen y mantengan un entorno interno que permita que las personas puedan participar de forma plena en la consecución de los objetivos de la organización.

Beneficios clave:

- Las personas comprenderán cuáles son los objetivos y las metas de la organización y se sentirán más motivados.
- La evaluación, los ajustes y la implantación de las actividades se efectuarán de manera unificada.
- Los fallos de comunicación entre los distintos escalafones de la organización se reducirán al mínimo.

De forma característica, la aplicación de principio del liderazgo supone la consideración de las demandas planteadas por todas las partes interesadas incluyendo a los clientes, propietarios, empleados, proveedores, agentes financieros, comunidades locales y todo el conjunto de la sociedad, el establecimiento de una clara visión relativa al futuro de la organización, la fijación de objetivos y metas que supongan un reto, la creación y el mantenimiento de valores compartidos, conceptos justos y modelos de funcionamiento éticos en todos los niveles de la organización, la instauración de la confianza y la supresión del miedo, la prestación a las personas de los recursos, la formación y la libertad que precisen para actuar tanto de forma responsable como asumiendo sus propias responsabilidades y finalmente la inspiración, el fomento y el reconocimiento de las aportaciones hechas por las personas.

5.3. Participación del personal

Las personas que intervienen en todos los niveles de la organización constituyen la esencia de ésta y su plena participación es lo que permite que sus capacidades sean aprovechadas en beneficio de la organización.

Beneficios clave:

- Una plantilla motivada, comprometida e implicada con la organización.
- La innovación y la creatividad a la hora de impulsar los objetivos de la organización.
- El hecho de que las personas asuman la responsabilidad relativa a su propio funcionamiento.
- El entusiasmo de las personas a la hora de participar y contribuir a la mejora continua. De forma característica, la aplicación del principio de la participación del personal conlleva que las personas entiendan la importancia que tienen sus aportaciones y el papel que desempeñan en la organización.
- La identificación por parte de éstas de los factores que limitan su desempeño.

- La aceptación de las dificultades como un asunto propio, así como de la responsabilidad relativa a su resolución.
- La evaluación por parte de las personas de su propio funcionamiento en contraste con sus objetivos y metas personales.
- La búsqueda activa por parte de las personas de oportunidades para mejorar su competencia, conocimientos y experiencia.
- El que las personas compartan de forma plena sus conocimientos y experiencia.
- El debate abierto de problemas y asuntos entre las personas.

Recuerde

Las personas que intervienen en todos los niveles de la organización constituyen la esencia de ésta y su plena participación es lo que permite que sus capacidades sean aprovechadas en beneficio de la organización.

5.4. Enfoque en el proceso

El resultado esperado se consigue de forma más eficiente cuando las actividades y los recursos relacionados se gestionan como un proceso.

Beneficios clave:

- Unos costes y ciclos de tiempo más reducidos gracias al aprovechamiento más eficaz de los recursos.
- Unos resultados mejorados, constantes y previsibles.
- El enfoque y la asignación de prioridades en consonancia con las oportunidades de mejora. De forma característica, la aplicación del principio de enfoque en el proceso conlleva la definición sistemática de las actividades necesarias para obtener los resultados previstos, la fijación de responsabilidades y compromisos claros en cuanto a la gestión de las actividades clave, el análisis y la medición de las capacidades propias

de las actividades clave y la identificación de las correspondencias (interfaces) que tienen las actividades clave tanto en el entorno interno como cruzado de las distintas funciones de la organización.

- El enfoque en aquellos factores tales como los recursos, los métodos y los materiales, que consigan mejorar las actividades clave de la organización.
- La evaluación de los riesgos, las consecuencias y las repercusiones de las actividades en los clientes, los suministradores y otras partes interesadas.

Recuerde

El resultado esperado se consigue de forma más eficiente cuando las actividades y los recursos relacionados se gestionan como un proceso.

5.5. Gestión basada en los sistemas

La identificación, comprensión y gestión a modo de sistema de los procesos interrelacionados contribuye a la eficacia y la eficiencia de la organización a la hora de conseguir sus objetivos.

Beneficios clave:

- La integración y la armonización de los procesos más idóneos para conseguir los resultados esperados.
- La capacidad de centrar los esfuerzos en los procesos clave.
- La confianza que inspira la organización a las partes interesadas en cuanto a su constancia, eficacia y eficiencia. De forma característica, la aplicación del principio de gestión basada en los sistemas supone la estructuración de un sistema destinado a lograr los objetivos de la organización de la manera más eficaz y eficiente.
- La comprensión de las interdependencias entre los procesos del sistema.

- Un método estructurado que lleva a la integración y armonización de los procesos.
- La existencia de un mayor grado de comprensión de las funciones y las responsabilidades que se precisan para alcanzar los objetivos comunes y, por consiguiente, la reducción de las trabas entre distintas funciones cruzadas.
- El conocimiento de las capacidades de la organización y la fijación de las limitaciones en materia de recursos antes de emprender una acción dada.
- La implantación como objetivo y la definición de la manera en que deberían funcionar unas actividades específicas en el marco del sistema.
- La mejora continua del sistema por medio de su medición y evaluación.

5.6. Mejora continua

La mejora continua del funcionamiento global de la organización debería constituir un objetivo permanente de ésta. De forma característica, la aplicación del principio de mejora continua conlleva el uso de un método coherente en toda la organización para la mejora continua de su funcionamiento y el hecho de proporcionar formación a las personas en materia de los métodos e instrumentos aplicables a la mejora continua.

Beneficios clave:

- Unas ventajas funcionales por medio de la mejora de las capacidades organizativas.
- La sintonía de las actividades de mejora en todos los niveles con las intenciones estratégicas de la organización.
- Un grado de flexibilidad que permite una rápida reacción ante nuevas oportunidades.
- La transformación de la mejora continua de los productos, procesos y sistemas en un objetivo perseguido por todas las personas de la organización.
- La fijación de metas destinadas a conducir la mejora continua, así como de medidas para el seguimiento de ésta.
- El reconocimiento y la constatación de las mejoras conseguidas.

5.7. Toma de decisiones basada en hechos

Las decisiones eficaces se basan en el análisis de los datos y la información.

Beneficios clave:

- Toma de decisiones con conocimiento de causa.
- Una mayor capacidad a la hora de demostrar la eficacia de decisiones pasadas al remitirse a unos hechos registrados.
- Una mayor capacidad a la hora de revisar, cuestionar o modificar tanto opiniones como decisiones.

De forma característica, la aplicación del principio de la toma de decisiones basada en hechos conlleva la constatación con garantías de que la información y los datos son suficientemente exactos y fiables, el hecho de que aquéllos que así lo precisen dispongan de acceso a los datos, el análisis de los datos y la información con métodos válidos, la toma de decisiones y la puesta en marcha de acciones fundamentadas en el estudio de los hechos, equilibradas con la experiencia y la intuición.

5.8. Relación mutuamente beneficiosa con los suministradores

Una organización y sus suministradores mantienen interdependencias y una relación mutuamente beneficiosa sirve para aumentar la capacidad de ambas partes a la hora de aportar un valor añadido.

Beneficios clave:

- El aumento de la capacidad de generar valor añadido para ambas partes.
- La flexibilidad y la agilidad de las reacciones conjuntas ante los cambios del mercado o las demandas y expectativas de los clientes.
- La optimización de costes y recursos.

De forma característica, la aplicación de los principios de la relación mutuamente beneficiosa con los suministradores conlleva la creación de relaciones en las que exista un equilibrio entre ganancias a corto plazo y consideraciones a largo plazo.

- El aprovechamiento compartido de la pericia y los recursos entre socios.
- La identificación y la selección de los suministradores clave.
- Unas vías de comunicación abiertas y claras.
- El hecho de compartir la información y los planes de futuro.
- La puesta en marcha de actividades conjuntas de desarrollo y mejora.
- El fomento, el estímulo y el reconocimiento de las mejoras y los logros aportados por los suministradores.

Recuerde

La variación de la calidad de un producto, o en nuestro caso de la instalación solar, siempre está asociada a la variación del coste de dicho producto.

6. Procesos de documentación técnica de la calidad

6.1. Manual de procedimientos

La documentación técnica necesaria en instalaciones térmicas en edificios la clasificaremos en función de la potencia térmica nominal de la instalación, ya se trate de una nueva instalación o de la reforma de una existente. Cuando en un mismo edificio existan múltiples generadores de calor o frío, o de ambos tipos, la potencia térmica nominal de la instalación se obtendrá del valor máximo de la suma de las potencias térmicas nominales de los generadores de calor o de los generadores de frío necesarios para cubrir el servicio, sin considerar en esta suma la instalación solar térmica.

En el caso de las instalaciones solares térmicas, la documentación de diseño requerida será la que corresponda a la potencia térmica nominal en generación de calor o frío del equipo de energía de apoyo. En el caso de que no exista este equipo de energía de apoyo, o cuando se trate de una reforma de la instalación térmica que únicamente incorpore energía solar, la potencia, a estos efectos, se determinará multiplicando la superficie de apertura de campo de los captadores solares instalados por 0,7 kW/m^2.

Siempre que se hable de la reforma de una instalación térmica ya existente se entenderá como todo cambio que se efectúe en ella y que suponga una modificación del proyecto o memoria técnica con el que fue ejecutada y registrada. Toda reforma requerirá la realización previa de un proyecto o memoria técnica sobre el alcance de la misma, en la que se justifique el cumplimiento de las exigencias del RITE y la normativa vigente que le afecte en la parte reformada. En tal sentido, se consideran reformas las que estén comprendidas en alguno de los siguientes casos:

a. La incorporación de nuevos subsistemas de climatización o de producción de agua caliente sanitaria o la modificación de los existentes.
b. La sustitución por otro de diferentes características o ampliación del número de equipos generadores de calor o de frío. Cuando se trate de equipos de potencia térmica nominal menor o igual a 70 kW, se considerará que el nuevo equipo es de diferentes características si su potencia térmica nominal comporta una variación superior al 20% de la del equipo sustituido, o conlleva un cambio del sistema de evacuación (cubierta o fachada) o del sistema de combustión (cámara abierta o cerrada). Cuando la potencia térmica nominal del equipo a sustituir esté comprendida entre 70 kW y 400 kW, se considerará que el nuevo equipo es de diferentes características si su potencia térmica nominal comporta una variación superior al 15 % de la del equipo sustituido. Y por último, cuando la potencia térmica nominal del equipo a sustituir sea mayor a 400 kW, se considerará que el nuevo equipo es de diferentes características si su potencia térmica nominal comporta una variación superior al 10 % de la del equipo sustituido.
c. El cambio del tipo de energía utilizada o la incorporación de energías renovables.

d. El cambio de uso previsto del edificio. Las instalaciones térmicas existentes que tan sólo sean objeto de sustitución de equipos generadores de calor o frío por otros de similares características, se entenderá que no son objeto de reforma. En este caso, no se debe realizar comunicación alguna a la administración de la comunidad autónoma. No obstante, en cualquier caso, el instalador autorizado que haya realizado la sustitución, emitirá un certificado de instalación, indicando la actuación realizada y entregando una copia del mismo al propietario o usuario de la instalación.

Recuerde

Siempre que se hable de la reforma de una instalación térmica ya existente se entenderá como todo cambio que se efectúe en ella y que suponga una modificación del proyecto o memoria técnica con el que fue ejecutada y registrada.

---

5 kW < Potencia < 70 kW

Puesta en servicio de la instalación

a) Comunicación de nueva instalación

- Formulario de comunicación.
- Memoria técnica de la instalación, suscrita por la empresa instaladora autorizada en instalaciones térmicas y por profesional habilitado en instalaciones térmicas perteneciente a la misma, o por técnico titulado competente. La memoria técnica de la instalación podrá ser sustituida por un proyecto técnico en los casos que se disponga del mismo.
- Certificado de la instalación, suscrito por la empresa instaladora autorizada en instalaciones térmicas y por profesional habilitado en instalaciones térmicas perteneciente a la misma. Cuando el

tipo de instalación sea un conjunto de individuales, se adjuntará la relación de instalaciones individuales.

- Certificado o certificados de cumplimiento de norma UNE 60670-13:2005 parte 13, suscrito, bien por la empresa instaladora autorizada de instalaciones térmicas, o por la empresa instaladora autorizada de gas, o por un agente de puesta en marcha y adecuación de aparatos de gas, o por un organismo de control o por un técnico titulado competente. Cuando el tipo de instalación sea un conjunto de individuales, se adjuntará uno por cada instalación individual.
- Justificante del pago de la tasa de autoliquidación, no requerido cuando el trámite se realice a través de organismos de control autorizados.

b) Comunicación de reforma de instalación existente

- Formulario de comunicación.
- Memoria técnica de la instalación, suscrita por la empresa instaladora autorizada en instalaciones térmicas y por profesional habilitado en instalaciones térmicas perteneciente a la misma, o por técnico titulado competente. La memoria técnica de la instalación podrá ser sustituida por un proyecto técnico en los casos que se disponga del mismo.
- Certificado de la instalación, suscrito por la empresa instaladora autorizada en instalaciones térmicas y por profesional habilitado en instalaciones térmicas perteneciente a la misma. Cuando el tipo de instalación sea un conjunto de individuales, se adjuntará la relación de instalaciones individuales.
- Certificado o certificados de cumplimiento de norma UNE 60670-13:2005 parte 13, suscrito, bien por la empresa instaladora autorizada de instalaciones térmicas, o por la empresa instaladora autorizada de gas, por un agente de puesta en marcha y adecuación de aparatos de gas, por un organismo de control o por un técnico titulado competente. Cuando el tipo de instalación sea un conjunto de individuales, se adjuntará uno por cada instalación individual.

Potencia > 70 kW

Puesta en servicio de la instalación

a) Comunicación de nueva instalación

- Certificado de la instalación, suscrito por la empresa instaladora autorizada en instalaciones térmicas y por profesional habilitado en instalaciones térmicas perteneciente a la misma. Cuando el tipo de instalación sea un conjunto de individuales, se adjuntará la relación de instalaciones individuales.
- Certificado o certificados de cumplimiento de norma UNE 60670-13:2005 parte 13, suscrito, bien por la empresa instaladora autorizada de instalaciones térmicas, o por la empresa instaladora autorizada de gas, por un agente de puesta en marcha y adecuación de aparatos de gas, por un organismo de control o por un técnico titulado competente. Cuando el tipo de instalación sea un conjunto de individuales, se adjuntará uno por cada instalación individual.
- Formulario de comunicación.
- Proyecto técnico, suscrito por técnico titulado competente y visado por el correspondiente colegio oficial.
- Certificado dirección de la instalación, suscrito por técnico titulado competente y visado por el correspondiente colegio oficial.
- Certificado de inspección inicial, sellado y suscrito por un organismo de control autorizado y por el inspector perteneciente al mismo.

b) Comunicación de reforma de instalación existente

- Certificado de la instalación, suscrito por la empresa instaladora autorizada en instalaciones térmicas y por profesional habilitado en instalaciones térmicas perteneciente a la misma. Cuando el tipo de instalación sea un conjunto de individuales, se adjuntará la relación de instalaciones individuales.
- Certificado o certificados de cumplimiento de norma UNE 60670-13:2005 parte 13, suscrito, bien por la empresa instaladora

autorizada de instalaciones térmicas, o por la empresa instaladora autorizada de gas, por un agente de puesta en marcha y adecuación de aparatos de gas, por un organismo de control o por un técnico titulado competente. Cuando el tipo de instalación sea un conjunto de individuales, se adjuntará uno por cada instalación individual.

- Formulario de comunicación.
- Proyecto técnico, suscrito por técnico titulado competente y visado por el correspondiente colegio oficial.
- Certificado dirección de la instalación, suscrito por técnico titulado competente y visado por el correspondiente colegio oficial.
- Certificado de inspección inicial, sellado y suscrito por un organismo de control autorizado y por el inspector perteneciente al mismo.

Comunicación de baja de la instalación

- Formulario de comunicación.
- Justificante que acredite la titularidad de la instalación.

Sólo en el caso de instalaciones térmicas con calderas individuales a gas de tipo atmosférico, se deberá aportar adicionalmente el certificado de cumplimiento de la norma UNE 60670-13:2005 parte 13 (CN), en las pruebas de puesta en marcha de cada una de las instalaciones individuales.

No se podrán instalar, en el mismo local, calderas individuales a gas de tipo atmosférico junto con extractores de aire u otro tipo de aparato que pueda afectar a las condiciones de tiro, salvo que se apliquen las medidas necesarias que impidan la interacción entre los dispositivos de extracción mecánica del local y el sistema de evacuación de los productos de la combustión, y que durante las pruebas de puesta en marcha de los aparatos, en funcionamiento simultáneo y continuado a máxima potencia de ambos equipos con las puertas y ventanas del local cerradas, no se produzca ninguna anomalía de las previstas en la norma UNE 60670-13:2005.

Recuerde

Sólo en el caso de instalaciones térmicas con calderas individuales a gas de tipo atmosférico, se deberá aportar adicionalmente el Certificado de cumplimiento de la norma UNE 60670-13:2005 parte 13 (CN), en las pruebas de puesta en marcha de cada una de las instalaciones individuales.

Exentas de estas comunicaciones

Están exentas de estas comunicaciones las preinstalaciones térmicas en los edificios, las instalaciones de potencia térmica nominal instalada en generación de calor o frío menor que 5 kW, las instalaciones de producción de agua caliente sanitaria por medio de calentadores instantáneos, calentadores acumuladores, termos eléctricos cuando la potencia térmica nominal de cada uno de ellos por separado o su suma sea menor o igual que 70 kW y los sistemas solares consistentes en un único elemento prefabricado.

Por otra parte, no será de aplicación el RITE a las instalaciones térmicas de procesos industriales, agrícolas o de otro tipo, en la parte que no esté destinada a atender la demanda de bienestar térmico e higiene de las personas.

Algunos ejemplos de certificados

Formulario de comunicación

INSTALACIONES TÉRMICAS EN LOS EDIFICIOS

COMUNICACIÓN (1 / 2)

E0002a (Versión 1)

Sello y fecha de entrada: ______ Nº EXPEDIENTE ______

1 TITULAR DE LA INSTALACIÓN N.I.F. / C.I.F. ______

Nombre / Razón Social ______

Apellido 1º ______ Apellido 2º ______

DATOS DEL REPRESENTANTE N.I.F. ______

Nombre ______ Apellido 1º ______ Apellido 2º ______

DOMICILIO A EFECTOS DE NOTIFICACIONES

Nombre y Apellidos ______

Dirección ______ e-mail (*) ______

Provincia ______ Localidad ______

País ______ Código Postal ______ Teléfono ______

(*) Indíquese la dirección de correo electrónico si señala este medio de notificación como preferente o consiente expresamente su utilización

2 EMPLAZAMIENTO Y DENOMINACIÓN DE LA INSTALACIÓN

Calle/Plaza/Otros ______ Nº/Piso ______

Provincia ______ Localidad ______

Código Postal ______ Teléfono ______

Denominación ______

De acuerdo con la Ley 12/2006, de regulación y fomento de la actividad industrial de Aragón y con el Reglamento de instalaciones térmicas en los edificios, aprobado por Real Decreto 1027/2007, la empresa instaladora autorizada responsable de la instalación, en aplicación del artículo 24 del citado Reglamento, o el titular de la instalación en los casos de baja de la instalación, presenta documentación y aporta los datos específicos de la instalación, al objeto de:

COMUNICAR:

3 LA INSTALACION TERMICA EN EDIFICIO (Con anterioridad a su puesta en servicio)

- ☐ De nueva instalación
- ☐ De reforma de instalación existente — Nº de instalación ______
- ☐ Baja de la instalación — Nº de instalación ______

En ______ a ______ de ______ de ______

Nombre, firma y sello de la empresa instaladora autorizada (o de su representante si ésta es persona jurídica)	Nombre y firma del titular o representante
Nombre:	Nombre:
En los casos de nueva instalación, o de reforma de instalación existente	En el caso de que se comunique la baja de la instalación.

SERVICIO PROVINCIAL DE INDUSTRIA, COMERCIO Y TURISMO

Continúa en página siguiente >>

<< Viene de página anterior

INSTALACIONES TÉRMICAS EN LOS EDIFICIOS

COMUNICACIÓN (2 / 2)

E0002a (Versión 1)

Nº EXPEDIENTE

Titular de la instalación ______ NIF/CIF ______

4 CARACTERÍSTICAS PRINCIPALES DE LA INSTALACIÓN

Potencia térmica nominal generación	(Márquese las que procedan) Instalación de	(Márquese el que proceda) Uso principal	(Márquese el que proceda) Tipo	(Márquese las que procedan) Fuentes de Energía
Calor ___ kW	☐ Calefacción	☐ Domestico	☐ Centralizada	☐ Combustibles gaseosos
Frío ___ kW	☐ ACS	☐ Industrial	☐ Individual	☐ Combustibles líquidos
Solar ___ kW	☐ Refrigeración	☐ Público	☐ Conjunto de instalaciones individuales Nº ___	☐ Biocombustibles
				☐ Geotérmica
				☐ Electricidad
☐ La nueva instalación o la reforma conlleva la instalación de caldera individual a gas de tipo atmosférico				☐ Otros combustibles

5 DOCUMENTACIÓN APORTADA E IDENTIFICACIÓN DE LOS AGENTES

☐ MEMORIA TÉCNICA

☐ PROYECTO TÉCNICO — Nombre Proyectista — Apellido 1 — Apellido 2

NIF Proyectista

Colegio Oficial de Visado

☐ CERTIFICADO DE DIRECCIÓN — Nombre Director instalación — Apellido 1 — Apellido 2

NIF Director instalación

Colegio Oficial de Visado

☐ CERTIFICADO DE LA INSTALACIÓN

EMPRESA INSTALADORA AUTORIZADA EN INSTALACIONES TERMICAS EN EDIFICIOS (persona física o jurídica)

NIF/CIF ______ Nombre y apellidos / Razón Social ______

PROFESIONAL HABILITADO EN INSTALACIONES TERMICAS EN EDIFICIOS

NIF ______ Nombre y apellidos ______

Fecha de emisión del Certificado de la instalación ______

☐ CERTIFICADO DE CUMPLIMIENTO DE LA NORMA UNE 60670-13:2005

☐ CERTIFICADO DE INSPECCION INICIAL FAVORABLE — Fecha de la inspección

Organismo de Control

☐ JUSTIFICANTE QUE ACREDITE LA TITULARIDAD DE LA INSTALACIÓN (Cuando se comunique la baja de la instalación)

☐ AUTOLIQUIDACIÓN DE TASA (Modelo 514, apartado 1) (Cuando la comunicación se realice directamente a un Servicio Provincial)

La persona que suscribe manifiesta que son ciertos los datos aportados. Los datos personales recogidos serán incorporados y tratados en el fichero Sistema de Gestión de Procedimientos Administrativos cuya finalidad es la gestión de expedientes administrativos automatizados de instalaciones industriales. El órgano responsable del fichero es la Dirección General de Industria y la dirección donde el interesado podrá ejercer los derechos de acceso, rectificación, cancelación y oposición ante el mismo es Edificio Pignatelli. Paseo Mª Agustín, 36, Zaragoza, todo lo cual se informa en cumplimiento del artículo 5 de la Ley Orgánica 15/1999, de 13 de diciembre, de Protección de Datos de Carácter Personal

En ______ a ______ de ______ de ______

Nombre, firma y sello de la empresa instaladora autorizada (o de su representante si ésta es persona jurídica)	Nombre y firma del titular o representante
Nombre:	Nombre:
En los casos de nueva instalación, o de reforma de instalación existente	En el caso de que se comunique la baja de la instalación.

SERVICIO PROVINCIAL DE INDUSTRIA, COMERCIO Y TURISMO

Memoria técnica de la instalación

INSTALACIONES TÉRMICAS EN LOS EDIFICIOS

MEMORIA TÉCNICA (1/3)

C0006
(Versión 1)

TITULAR DE LA INSTALACIÓN — N.I.F. / C.I.F.
Nombre y apellidos / Razón social

DATOS DEL REPRESENTANTE — N.I.F.
Nombre y apellidos

EMPLAZAMIENTO DE LA INSTALACIÓN
Calle/Plaza/Otros. — Nº/Piso
Localidad — Cód igo Postal
Provincia — Tel éfono
Denominación

DESCRIPCIÓN DE LA INSTALACIÓN

Objeto		Tipo	Uso principal	Fuentes de Energía
☐ Nueva ☐ Reforma	☐ Calefacción ☐ ACS ☐ Refrigeración	☐ Centralizada ☐ Individual ☐ Conjunto de instalaciones individuales Nº	☐ Domestico ☐ Industrial ☐ Público	☐ Combustibles gaseosos ☐ Combustibles líquidos ☐ Biocombustibles ☐ Geotérmica ☐ Electricidad ☐ Otros combustibles

Generador de calor:

Aparato	Marca	Modelo	Potencia térmica nominal (kW)	Potencia calefacción (kW)	Potencia ACS (kW)	Rendimiento (%) a potencia nominal	Rendimiento (%) a carga parcial 30%	Acumulador ACS (litros)

Generador de frio:

Aparato	Marca	Modelo	Potencia térmica nominal (kW)	Potencia frigorífica (kW)	Potencia de compresores (kW)	Condensado por (Aire – Agua)	Coeficiente EER - COP Máximo	Coeficiente EER - COP Mínimo	Prestación energética Clase: A, B, C, E, F, G

Sistema de energía renovable: ☐ solar térmica
Marca — Área total de captación m² — Potencia térmica nominal kW
Modelo — Acumulador solar ACS litros — Contribución solar anual calculada %

Otros elementos : (Motores, bombas, ventiladores, ...)

Aparato	Marca	Modelo	Car acterísticas del elemento	Potencia Unitaria (kW)

En a de de

Nombre, firma del profesional habilitado — (Según proceda) — Nombre, firma del técnico titulado competente

Nombre:
y sello de la empresa instaladora autorizada en instalaciones térmicas en los edificios

Nombre:
y visado del colegio oficial

Continúa en página siguiente >>

<< Viene de página anterior

INSTALACIONES TÉRMICAS EN LOS EDIFICIOS

MEMORIA TÉCNICA (2/3)

C0006 (Versión 1)

Titular de la instalación | NIF/CIF

DESCRIPCIÓN DE LA INSTALACIÓN (Continuación)

Extracción de humos:	☐ Edificio industrial, publico o de viviendas	☐ Edificio de vivienda unifamiliar (aislada, pareada o adosada)	
☐ Tiro forzado	☐ Salida a cubierta	☐ Salida a fachada	☐ Salida a patio de ventilación
☐ Tiro natural		☐ No es posible realizar la reforma mediante un nuevo conducto de evacuación a cubierta (anexando la justificación)	
Diámetro mm			

Sistemas de distribución:						
Tuberías	☐ Monotubo	☐ Bitubo	☐ Colector			
	☐ Acero	☐ Acero inoxidable	☐ Cobre	☐ Multicapa	☐ Polietileno rectificado	☐ Otros
Conductos	☐ Fibra mineral	☐ Chapa	☐ Otros			

Terminales:				
Radiadores	☐ Chapa	☐ Hierro fundido	☐ Aluminio	☐ Paneles chapa
Climatización	☐ Fan-coils	☐ Difusores	☐ Rejillas	☐ Otros
Suelo radiante (material)				

Aislamiento térmico:			Espesor del aislamiento (mm)	
	Temperatura del fluido	Diámetro exterior	Interior edificio	Exterior edificio
Tuberías y accesorios	°C	mm	mm	mm
	°C	mm	mm	mm
	°C	mm	mm	mm
			Interior edificio	Exterior edificio
Conductos		Aire caliente	mm	mm
		Aire frio	mm	mm

Control :	Calefacción	A.C.S.	Refrigeración
☐ Termostato de ambiente general	Nº	Nº	Nº
☐ Termostato de ambiente individuales	Nº	Nº	Nº
☐ Válvulas termostáticas	Nº	Nº	Nº
☐ Sistema dotado de válvulas de 3 vías	Nº	Nº	Nº
☐ Sonda temperatura fluido	Nº	Nº	Nº
☐ Sonda temperatura exterior	Nº	Nº	Nº
☐ Centralita electrónica	Nº	Nº	Nº
☐ Termostato en impulsión sobre el caudal	Nº	Nº	Nº
☐ Otros:	Nº	Nº	Nº

En a de de

Nombre, firma del profesional habilitado (Según proceda) Nombre, firma del técnico titulado competente

Nombre: y sello de la empresa instaladora autorizada en instalaciones térmicas en los edificios

Nombre: y visado del colegio oficial

Continúa en página siguiente >>

<< Viene de página anterior

INSTALACIONES TÉRMICAS EN LOS EDIFICIOS

MEMORIA TÉCNICA (3/3)

C0006 (Versión 1)

Titular de la instalación ______ NIF/CIF ______

PARAMETROS DE DISEÑO

		Verano	Invierno
Condiciones interiores	Temperatura (° C)	° C	° C
	Humedad relativa (%)	%	%
Condiciones exteriores	Temperatura (° C)	° C	° C
	Humedad relativa (%)	%	%

Velocidad media del aire	m/s	Calidad del aire interior (ID A)		Tipo de filtro (Clase)	
Caudal aire exterior	l/s	Calidad aire exterior (ODA)		Categoría aire de extracción (AE)	

MÉTODO DE CÁLCULO EMPLEADO:

Resumen de cargas térmicas por local y elemento instalado resultante de los cálculos

Local	Superficie	Orientación	Cargas Cálculo	Equipo - Elemento	Carga Real
	m^2		kW		kW
	m^2		kW		kW
	m^2		kW		kW
	m^2		kW		kW
	m^2		kW		kW
	m^2		kW		kW
	m^2		kW		kW
	m^2		kW		kW
	m^2		kW		kW
	m^2		kW		kW
	m^2		kW		kW
	m^2		kW		kW
	m^2		kW		kW
	m^2		kW		kW
	m^2		kW		kW

Consumo total de energía: ______ kWh/año   Emisiones CO_2: ______ kg CO_2/año

PLANOS O ESQUEMAS DE LA INSTALACIÓN EJECUTADA Y OTROS DOCUMENTOS ANEXOS

Se adjunta la siguiente documentación :

- ☐ Esquema de principio de la instalación
- ☐ Planos de plantas con recorrido de conducciones, dimensiones y situación de unidades terminales
- ☐ Otros: ______

OBSERVACIONES :

En a de

Nombre, firma del profesional habilitado (Según proceda) Nombre, firma del técnico titulado competente

Nombre:
y sello de la empresa instaladora autorizada en instalaciones térmicas en los edificios

Nombre:
y visado del colegio oficial

Certificado de la instalación

INSTALACIONES TÉRMICAS EN LOS EDIFICIOS

CERTIFICADO DE LA INSTALACIÓN (1/2) — **C0009a** (Versión 1)

Nº INSTALACIÓN ______ Nº EXPEDIENTE ______

TITULAR DE LA INSTALACIÓN — N.I.F. / C.I.F. ______

Nombre y apellidos / Razón social ______

EMPLAZAMIENTO Y DENOMINACIÓN DE LA INSTALACIÓN

Calle/Plaza/Otros. ______ Nº/Piso ______

Localidad ______ Código Postal ______

Provincia ______ Tel éfono ______

Denominación ______

OBJETO DEL CERTIFICADO ☐ Montaje de nueva instalación ☐ Reforma de instalación existente ☐ Reparación de la instalación

CARACTERÍSTICAS PRINCIPALES DE LA INSTALACIÓN

Potencia térmica nominal generación	(Márquese las que procedan) Instalación de	(Márquese el que proceda) Uso principal	(Márquese el que proceda) Tipo	(Márquese las que procedan) Fuentes de Energía
Calor ____ kW	☐ Calefacción	☐ Domestico	☐ Centralizada	☐ Combustibles gaseosos
Frío ____ kW	☐ ACS	☐ Industrial	☐ Individual	☐ Combustibles líquidos
Solar ____ kW	☐ Refrigeración	☐ Público	☐ Conjunto de instalaciones individuales Nº ____	☐ Biocombustibles
				☐ Geotérmica
			(Detalladas a continuación)	☐ Electricidad
☐ Por nueva instalación, por reforma o por sustitución se ha instalado caldera individual a gas de tipo atmosférico				☐ Otros combustibles

AUTOR DEL PROYECTO (si procede) — Nombre Proyectista — Apellido 1 — Apellido 2

NIF Proyectista ______

DIRECTOR DE LA INSTALACIÓN (si procede) — Nombre Director Instalación — Apellido 1 — Apellido 2

NIF Director ______

EMPRESA AUTORIZADA Y PROFESIONAL HABILITADO EN INSTALACIONES TERMICAS EN EDIFICIOS

Nombre y apellidos / Razón Social (Empresa) ______ NIF/CIF ______

Representante (si es persona jurídica) ______ NIF ______

Profesional Habilitado (Nombre y apellidos) ______ NIF ______

PRUEBAS DE PUESTA EN SERVICIO EFECTUADAS CON RESULTADOS SATISFACTORIOS	FECHA
De los equipos y aparatos (IT 2.2.1)........	
Estanquidad de redes de tuberías de agua (IT 2.2.2)........	
Estanquidad de los circuitos frigoríficos (IT 2.2.3)........	
De libre dilatación (IT 2.2.4)........	
De recepción de redes de conductos de aire (IT 2.2.5)........	
De estanquidad de chimeneas (IT 2.2.6)........	
Finales (IT 2.2.7)........	
Eficiencia energética (IT 2.4)........	

Observaciones:

De acuerdo con las medidas y pruebas realizadas, cuyos resultados se adjuntan, la empresa autorizada en instalaciones térmicas en los edificios que ha montado, reformado o reparado esta instalación, certifica que la actuación realizada en la instalación es acorde con los Reglamentos y disposiciones vigentes que la afectan y, en especial, con el Reglamento de Instalaciones Térmicas en los Edificios aprobado por Real Decreto 1027/2007, de 20 de julio, así como que ha sido montada o reformada conforme al correspondiente proyecto o memoria técnica.

En ______ a ______ de ______ de ______

Firma y sello de la empresa autorizada en instalaciones térmicas (o de su representante si esta es persona jurídica) — Firma del profesional habilitado — Fecha y sello unidad gestora

La puesta en marcha de las instalaciones, con independencia del sellado de este certificado, estará supeditada en su caso, a la acreditación del cumplimiento de los Reglamentos de Seguridad que le afecten, y/o a la obtención de las correspondientes autorizaciones.

Continúa en página siguiente >>

<< Viene de página anterior

INSTALACIONES TÉRMICAS EN LOS EDIFICIOS

CERTIFICADO DE LA INSTALACIÓN (2/2)

C0009a
(Versión 1)

Nº EXPEDIENTE

Titular de la instalación   NIF/CIF

Nº	Identificación de la Instalación individual Ejemplo: (c/ Las cortes Portal 11 piso 1º D, o local 12, o atico)	Servicio que presta			Uso (1)	Potencia térmica nominal (kW)		
		Calefacción	ACS	Refrigeración		G. Calor	G. Frío	Solar T.
1		☐	☐	☐				
2		☐	☐	☐				
3		☐	☐	☐				
4		☐	☐	☐				
5		☐	☐	☐				
6		☐	☐	☐				
7		☐	☐	☐				
8		☐	☐	☐				
9		☐	☐	☐				
10		☐	☐	☐				
11		☐	☐	☐				
12		☐	☐	☐				
13		☐	☐	☐				
14		☐	☐	☐				
15		☐	☐	☐				
16		☐	☐	☐				
17		☐	☐	☐				
18		☐	☐	☐				
19		☐	☐	☐				
20		☐	☐	☐				
21		☐	☐	☐				
22		☐	☐	☐				
23		☐	☐	☐				
24		☐	☐	☐				
25		☐	☐	☐				
26		☐	☐	☐				
27		☐	☐	☐				
28		☐	☐	☐				
29		☐	☐	☐				
30		☐	☐	☐				
31		☐	☐	☐				
32		☐	☐	☐				
33		☐	☐	☐				
34		☐	☐	☐				
35		☐	☐	☐				
36		☐	☐	☐				
37		☐	☐	☐				
38		☐	☐	☐				
39		☐	☐	☐				
40		☐	☐	☐				

(Si el espacio fuera insuficiente, continúese en hoja complementaria)

(1) Clasificación atendiendo al uso de la instalación individual (***D***: doméstico ***I***: industrial ***P***: público)

En   a   de

Firma y sello de la empresa autorizada en instalaciones térmicas
(o de su representante si esta es persona jurídica)

Firma del profesional habilitado

Fecha y sello
unidad gestora

La puesta en marcha de las instalaciones, con independencia del sellado de este certificado, estará supeditada en su caso, a la acreditación del cumplimiento de los Reglamentos de Seguridad que le afecten, y/o a la obtención de las correspondientes autorizaciones.

Otros documentos

- Contrato tipo de mantenimiento.
- Memoria tipo de diseño de una instalación solar térmica.
- Especificaciones técnicas de diseño y montaje de instalaciones solares térmicas para la producción de agua caliente.
- Manual para la implantación de instalaciones de energía solar térmica en viviendas.
- Integración arquitectónica de instalaciones de energía solar térmica.
- Servicio de asesoramiento a profesionales de la edificación. energía solar térmica.

7. Normativa RITE y normas UNE de referencia

Dentro del reglamento RITE, y haciendo referencia a las empresas instaladoras y mantenedoras de las instalaciones solares, tenemos el siguiente capítulo.

CAPÍTULO VIII

Empresas instaladoras y mantenedoras

Artículo 34.

Generalidades.

Este capítulo tiene como objeto establecer las condiciones y requisitos que deben observarse para la autorización administrativa de las empresas instaladoras y empresas mantenedoras autorizadas, así como para la obtención del carné profesional en instalaciones térmicas en edificios.

Artículo 35.

Empresas instaladoras autorizadas.

1. Empresa instaladora autorizada es la persona física o jurídica que realiza el montaje y la reparación de las instalaciones térmicas en el ámbito de este RITE.

2. Para el ejercicio de esta actividad, deben, además de haber sido autorizadas para ello, encontrarse inscritos en el Registro de empresas instaladoras autorizadas, en el órgano competente de la Comunidad Autónoma donde radique su sede social.

Artículo 36.

Empresas mantenedoras autorizadas.

1. Empresa mantenedora autorizada es la persona física o jurídica que realiza el mantenimiento y la reparación de las instalaciones térmicas en el ámbito de este RITE.

2. Para el ejercicio de esta actividad, deben, además de haber sido autorizadas para ello, encontrarse inscritas en el Registro de empresas mantenedoras autorizadas, en el órgano competente de la Comunidad Autónoma donde radique su sede social.

Artículo 37.

Acreditación de requisitos para el ejercicio de la actividad profesional.

Para obtener la autorización para el ejercicio de la actividad profesional de instalador o de mantenedor, las empresas deben acreditar ante la Comunidad Autónoma donde radique el domicilio social del solicitante los siguientes requisitos:

- *a. Los que acrediten la personalidad física o jurídica del solicitante. En el caso de personas jurídicas, estar constituidas legalmente e incluir en su objeto social las actividades de montaje y reparación de instalaciones térmicas en edificios, para la actividad de instalador, y de mantenimiento y reparación de instalaciones térmicas en edificios, en el caso de mantenedor.*
- *b. Estar dados de alta en el correspondiente régimen de la Seguridad Social (Régimen General de la Seguridad Social o Régimen Especial de Trabajadores Autónomos).*
- *c. Tener suscrito seguro de responsabilidad civil que cubra los riesgos que puedan derivarse de sus actuaciones, mediante póliza por una cuantía mínima de 300.000 euros, que se actualizará anualmente, según la variación del índice de precios al consumo, certificada por el Instituto Nacional de Estadística. De dicha actualización se trasladará justificante al órgano competente de la Comunidad Autónoma.*
- *d. Disponer de los medios técnicos para el desarrollo de la actividad que se solicita.*
- *e. La plantilla de personal acreditada mediante una fotocopia compulsada del último boletín de cotización a la Seguridad Social TC-2 (relación nominal de trabajadores) presentado, en la que conste el número total de operarios y restantes empleados. Los empresarios autónomos deben presentar un justificante de afiliación en la Seguridad Social.*
- *f. La lista de operarios que posean carné profesional, la empresa debe tener, como mínimo, un operario con carné profesional de instalaciones térmicas en edificios.*

Artículo 38.

Registro.

1. El órgano competente de la Comunidad Autónoma, en caso de que se cumplan los requisitos indicados en el apartado anterior, expedirá el correspondiente certificado de registro de empresa instaladora autorizada de instalaciones térmicas en edificios o el certificado de registro de empresa mantenedora autorizada de instalaciones térmicas en edificios.

2. El órgano competente de la Comunidad Autónoma llevará dos registros: uno de las autorizaciones concedidas a las empresas instaladoras y otro de las concedidas a las empresas mantenedoras, respectivamente.

3. Cualquier empresa del ámbito de la Unión Europea que cumpla los requisitos establecidos en el artículo 37, podrá solicitar su inscripción en el Registro de empresas instaladoras autorizadas de instalaciones técnicas en edificios o en el Registro de empresas mantenedoras autorizadas de instalaciones térmicas en los edificios, ante el órgano competente de la Comunidad Autónoma donde desee realizar su actividad.

4. Las empresas instaladoras y mantenedoras registradas están obligadas a tener una copia del certificado de registro a disposición del público y deben hacerlo constar en sus documentos técnicos y comerciales.

Artículo 39.

Validez.

1. El certificado de registro de empresa instaladora o mantenedora autorizada tendrá validez en toda España, según lo establecido en el artículo 13.3 de la Ley 21/1992, de 16 de julio, de Industria.

2. Cuando una empresa instaladora o mantenedora autorizada precise ejercer su actividad en una Comunidad Autónoma distinta de aquella en la que está inscrita, será preceptiva la notificación previa ante la Comunidad Autónoma en cuya demarcación vaya a realizar sus actividades, para lo cual debe presentar el certificado de registro de la Comunidad Autónoma en donde formalizó su inscripción y un certificado emitido por la misma Comunidad Autónoma de no estar sujeta a procedimiento sancionador que la inhabilite para el ejercicio profesional.

3. El certificado de registro de empresa instaladora o mantenedora tendrá validez por un período de cinco años, siempre y cuando se mantengan las condiciones que permitieron su concesión, debiendo ser renovado, a solicitud del interesado, antes de la finalización de dicho plazo.

4. Cualquier variación en las condiciones y requisitos establecidos para la concesión del certificado debe ser comunicada al órgano competente de la Comunidad Autónoma, en el plazo de un mes, si no afecta a la validez del mismo. En caso de que dicha variación supusiera dejar de cumplir los requisitos necesarios para la concesión del certificado, la comunicación debe ser realizada en el plazo de 15 días inmediatos posteriores a producirse la incidencia, a fin de que el órgano competente de la Comunidad Autónoma, a la vista de las circunstancias, pueda determinar la cancelación del mismo o, en su caso, la suspensión o prórroga condicionada de la actividad, en tanto se restablezcan los referidos requisitos.

5. Las empresas instaladoras y mantenedoras autorizadas tienen la obligación de comunicar al órgano competente de la Comunidad Autónoma correspondiente, y en el plazo de un mes, las altas y bajas de los trabajadores con carné profesional.

Artículo 40.

Suspensión y cancelación de inscripciones en el registro.

1. La inscripción en el registro será cancelada con carácter definitivo por el órgano competente que lo realizó, previa instrucción de expediente, cuando se compruebe que el titular no reúne los requisitos que le fueron exigidos para su inscripción.

2. Contra toda resolución del órgano competente, que suspenda o cancele con carácter definitivo una inscripción en el registro por las causas que se contemplan en este apartado, podrá interponerse el correspondiente recurso.

Normas UNE:

NORMA	***NÚMERO***	***FECHA***	***TÍTULO***
UNE IN	*112076*	*2004*	*Prevención de la corrosión en circuitos de agua.*
UNE	*123001*	*2005*	*Cálculo y Diseño de Chimeneas Metálicas. Guía de Aplicación.*
UNE	*100012*	*2005*	*Higienización de sistemas de climatización.*
UNE IN	*100030*	*2005*	*Guía para la prevención y control de la proliferación y diseminación de legionela en instalaciones.*
UNE	*100100*	*2000*	*Climatización. Código de colores.*
UNE	*100151*	*2004*	*Climatización. Ensayos de estanquidad de redes de tuberías.*

Continúa en página siguiente >>

<< Viene de página anterior

NORMA	***NÚMERO***	***FECHA***	***TÍTULO***
UNE	*100155*	*2004*	*Climatización. Diseño y cálculo de sistemas de expansión.*
UNE IN	*100156*	*2004*	*Climatización. Dilatadores. Criterios de diseño.*
UNE	*100713*	*2005*	*Instalaciones de acondicionamiento de aire en hospitales.*
UNE	*123001*	*2005/1M 2006*	*Cálculo y diseño de chimeneas metálicas.*
UNE	*20324*	*1993*	*Grados de protección proporcionados por las envolventes (Código IP). (CEI 529:1989).*
UNE	*20324*	*2004*	*ERRATUM Grados de protección proporcionados por las envolventes (Código IP).*
UNE	*60601*	*2006*	*Salas de máquinas y equipos autónomos de generación de calor o frío o para cogeneración, que utilizan combustibles gaseosos.*
UNE	*60670-6*	*2005*	*Instalaciones receptoras de gas suministradas a una presión máxima de operación (MOP) inferior o igual a 5 bar. Parte 6: Requisitos de configuración, ventilación y evacuación de los productos de la combustión en los locales destinados a contener los aparatos a gas.*
UNECEN/TR	*IN1749*	*2006*	*Esquema europeo para la clasificación de los aparatos que utilizan combustibles gaseosos según la forma de evacuación de los productos de la combustión (tipos)*
NE-EN ISO	*12241*	*1999*	*Aislamiento térmico para equipos de edificación e instalaciones industriales. Método de cálculo. (ISO 12241:1998).*
UNE-EN ISO	*1484-3*	*2006*	*Sistemas de automatización y control de edificios (BACS). Parte 3: Funciones. (ISO 16484-3:2005)*

Continúa en página siguiente >>

<< Viene de página anterior

NORMA	NÚMERO	FECHA	TÍTULO
UNE-EN ISO	7730	2006	Ergonomía del ambiente térmico. Determinación analítica e interpretación del bienestar térmico mediante el cálculo de los índices PMV y PPD y los criterios de bienestar térmico local (ISO 7730:2005).
UNE-EN	12237	2003	Ventilación de edificios. Conductos Resistencia y fugas de conductos circulares de chapa metálica.
UNE-EN	12502-3	2005	Protección de materiales metálicos contra la corrosión. Recomendaciones para la evaluación del riesgo de corrosión en sistemas de distribución y almacenamiento de agua. Parte 3: Factores que influyen para materiales férreos galvanizados en caliente.
UNE-EN	12599/AC	2002	Ventilación de edificios. Procedimientos de ensayo y métodos de medición para la recepción de los sistemas de ventilación y de climatización instalados.
UNE-EN	12599	2001	Ventilación de edificios. Procedimientos de ensayo y métodos de medición para la recepción de los sistemas de ventilación y de climatización instalados.
UNE-EN	13053	2003	Ventilación de edificios. Unidades de tratamiento de aire. Clasificación y prestaciones de unidades, componentes y secciones.
UNE-EN	13053	2007	Ventilación de edificios. Unidades de tratamiento de aire. Clasificación y rendimientos de unidades, componentes y secciones.
UNE-EN	13180	2003	Ventilación de edificios. Conductos. Dimensiones y requisitos mecánicos para conductos flexibles.

Continúa en página siguiente >>

<< Viene de página anterior

NORMA	***NÚMERO***	***FECHA***	***TÍTULO***
UNE-EN	*13384-1/AC*	*2004*	*Chimeneas. Métodos de cálculo térmicos y de fluidos dinámicos. Parte 1: Chimeneas que se utilizan con un único aparato.*
UNE-EN	*13384-1*	*2003*	*Chimeneas. Métodos de cálculo térmicos y de fluidos dinámicos. Parte 1: Chimeneas que se utilizan con un único aparato.*
UNE-EN	*13384-1*	*2003/A1 2007*	*Chimeneas. Métodos de cálculo térmicos y de fluidos dinámicos. Parte 1: Chimeneas que se utilizan con un único aparato.*
UNE-EN	*13384-2*	*2005*	*Chimeneas. Métodos de cálculo térmicos y fluido-dinámicos. Parte 2: Chimeneas que prestan servicio a más de un generador de calor.*
UNE-EN	*13403*	*2003*	*Ventilación de edificios. Conductos no metálicos. Red de conductos de planchas de material aislante.*
UNE-EN	*13410/AC*	*2002*	*Aparatos suspendidos de calefacción por radiación que utilizan combustibles gaseosos. Requisitos de ventilación de los locales para uso no doméstico.*
UNE-EN	*13410*	*2002*	*Aparatos suspendidos de calefacción por radiación que utilizan combustibles gaseosos. Requisitos de ventilación de los locales para uso no doméstico.*
UNE-EN	*13779*	*2005*	*Ventilación de edificios no residenciales. Requisitos de prestaciones de los sistemas de ventilación y acondicionamiento de recintos.*
UNE-EN	*14336*	*2005*	*Sistemas de calefacción en edificios. Instalación y puesta en servicio de sistemas de calefacción por agua.*

Continúa en página siguiente >>

<< Viene de página anterior

NORMA	***NÚMERO***	***FECHA***	***TÍTULO***
UNE-EN	*1751*	*1999*	*Ventilación de edificios. Unidades terminales de aire. Ensayos aerodinámicos de compuertas y válvulas.*
UNE-EN	*1856-1*	*2004*	*Chimeneas. Requisitos para chimeneas metálicas. Parte 1: Chimeneas modulares.*
UNE-EN	*1856-1*	*2004/1M 2005*	*Chimeneas. Requisitos para chimeneas metálicas. Parte 1: Chimeneas modulares.*
UNE-EN	*1856-2*	*2005*	*Chimeneas. Requisitos para chimeneas metálicas. Parte 2: Conductos interiores y conductos de unión metálicos.*
UNE-EN	*378-1/A1*	*2004*	*Sistemas de refrigeración y bombas de calor. Requisitos de seguridad y medioambientales. Parte 1: Requisitos básicos, definiciones, clasificación y criterios de elección.*
UNE-EN	*378-1*	*2001*	*Sistemas de refrigeración y bombas de calor. Requisitos de seguridad y medioambientales. Parte 1: Requisitos básicos, definiciones, clasificación y criterios de elección.*
UNE-EN	*378-2*	*2000*	*Sistemas de refrigeración y bombas de calor. Requisitos de seguridad y medioambientales. Parte 2: Diseño, fabricación, ensayos, marcado y documentación.*
UNE-EN	*378-3/A1*	*2004*	*Sistemas de refrigeración y bombas de calor. Requisitos de seguridad y medioambientales. Parte 3: Instalación "in situ" y protección de las personas.*
UNE-EN	*378-3*	*2000*	*Sistemas de refrigeración y bombas de calor. Requisitos de seguridad y medioambientales. Parte 3: Instalación "in situ" y protección de las personas.*

Continúa en página siguiente >>

<< Viene de página anterior

NORMA	***NÚMERO***	***FECHA***	***TÍTULO***
UNE-EN	*378-4/A1*	*2004*	*Sistemas de refrigeración y bombas de calor. Requisitos de seguridad y medioambientales. Parte 4: Operación, mantenimiento, reparación y recuperación.*
UNE-EN	*378-4*	*2000*	*Sistemas de refrigeración y bombas de calor. Requisitos de seguridad y medioambientales. Parte 4: Operación, mantenimiento, reparación y recuperación.*
UNE-EN	*50194*	*2001*	*Aparatos eléctricos para la detección de gases combustibles en locales domésticos. Métodos de ensayo y requisitos de funcionamiento.*
UNE-EN	*50194-2*	*2007*	*Aparatos eléctricos para la detección de gases combustibles en locales domésticos. Parte 2: Aparatos eléctricos de funcionamiento continuo en instalaciones fijas de vehículos recreativos y emplazamientos similares. Métodos de ensayo adicionales y requisitos de funcionamiento.*
UNE-EN	*50244*	*2001*	*Aparatos eléctricos para la detección de gases combustibles en locales domésticos. Guía de selección, instalación, uso y mantenimiento.*
UNE-EN	*60034-2/A1*	*1998*	*Máquinas eléctricas rotativas. Parte 2: Métodos para la determinación de las pérdidas y del rendimiento de las máquinas eléctricas rotativas a partir de los ensayos (excepto las máquinas para vehículos de tracción).*
UNE-EN	*60034-2/A2*	*1997*	*Máquinas eléctricas rotativas. Parte 2: Métodos para la determinación de las pérdidas y del rendimiento de las máquinas eléctricas rotativas a partir de los ensayos (excepto las máquinas para vehículos de tracción).*

Continúa en página siguiente >>

<< Viene de página anterior

NORMA	*NÚMERO*	*FECHA*	*TÍTULO*
UNE-EN	*60034-2*	*1997*	*Máquinas eléctricas rotativas. Parte 2: Métodos para la determinación de las pérdidas y del rendimiento de las máquinas eléctricas rotativas a partir de los ensayos (excepto las máquinas para vehículos de tracción).*
UNE-EN	*61779-1/A11*	*2004*	*Aparatos eléctricos para la detección y medida de los gases inflamables. Parte 1: Requisitos generales y métodos de ensayo.*
UNE-EN	*61779-1*	*2002*	*Aparatos eléctricos para la detección y medida de los gases inflamables. Parte 1: Requisitos generales y métodos de ensayo.*
UNE-EN	*61779-4*	*2002*	*Aparatos eléctricos para la detección y medida de gases inflamables. Parte 4: Requisitos de funcionamiento para los aparatos del Grupo II, pudiendo indicar una fracción volumétrica de hasta el 100% del límite inferior de explosividad.*
UNE-ENV	*12097*	*1998*	*Ventilación de edificios. Conductos. Requisitos relativos a los componentes destinados a facilitar el mantenimiento de sistemas de conductos.*
UNE-ENV	*12108*	*2002*	*Sistemas de canalización en materiales plásticos. Práctica recomendada para la instalación en el interior de la estructura de los edificios de sistemas de canalización a presión de agua caliente y fría destinada al consumo humano.*

8. Resumen

El pliego de condiciones del proyecto es, desde el punto de vista legal y contractual, el documento más importante de éste a la hora de su ejecución material.

El control de calidad del montaje incluye el control de recepción de productos, el control de la ejecución y el control de la obra terminada.

Dentro de los materiales que se producen industrialmente, debemos diferenciar los materiales tradicionales y los no tradicionales. Según las características de los materiales estos tienen distintos controles.

Por otro lado, si el montaje es correcto o no, es certificado a través de una inspección inicial que será de obligado cumplimiento.

La variación de la calidad de un producto, o en nuestro caso de la instalación solar, siempre está asociada a la variación del coste de dicho producto.

La documentación técnica necesaria en instalaciones térmicas en edificios la clasificaremos en función de la potencia térmica nominal de la instalación, ya se trate de una nueva instalación o de la reforma de una existente

Ejercicios de repaso y autoevaluación

1. **Las características de los materiales y equipos empleados, ¿en qué parte del pliego de condiciones irán?**

    a. En el pliego de condiciones generales.
    b. En el pliego de prescripciones técnicas particulares.
    c. En el pliego de cláusulas administrativas particulares.
    d. Todas las respuestas anteriores son correctas.

2. **Señale cuál es una de las especificaciones que hace referencia a normas y reglamentos oficiales u oficiosos extranjeros o internacionales.**

    a. UNE.
    b. MOPU.
    c. NBE.
    d. ISO.

3. **Pertenece al control de calidad del montaje:**

    a. El control de recepción de productos.
    b. El control de la ejecución.
    c. El control de la obra terminada.
    d. Todas las respuestas anteriores son correctas.

4. **Los documentos de identificación del producto exigidos por la normativa de obligado cumplimiento contendrán el control de ejecución.**

    ☐ Verdadero
    ☐ Falso

5. **¿Qué parámetro se emplea cuando las unidades que se controlan son complicadas y pueden tener varios defectos cada una, con el fin de cuantificar la mediciones?**

    a. El número medio de defectos por unidad.
    b. El porcentaje de defectuosos.
    c. El número de defectos por muestreo.
    d. Todas las soluciones son correctas.

6. El tamaño de la muestra, en el caso de utilizar el porcentaje de defectuosos, es de...

a. ... 20 ó 25 cuando se trata de productos sencillos.
b. ... 30 ó 35 cuando se trata de productos sencillos.
c. ... 40 ó 45 cuando se trata de productos sencillos.
d. ... 50 ó 55 cuando se trata de productos sencillos.

7. El control de calidad nació en el área militar.

☐ Verdadero
☐ Falso

8. ¿A qué principio de la gestión de la calidad corresponde el beneficio clave siguiente? "El aumento de la facturación y de la cuota de mercado por medio de una capacidad de reacción rápida y flexible a las oportunidades que ofrece el mercado".

a. Gestión basada en los sistemas.
b. Liderazgo.
c. Enfoque en el cliente.
d. Participación del personal.

9. ¿En qué caso deberemos presentar el justificante que acredite la titularidad de la instalación?

a. En el caso de dar de baja la instalación.
b. En el caso de ampliar una instalación con potencia mayor a 50 KW.
c. En el caso de dar de alta una nueva instalación con potencia mayor a 50KW.
d. En el caso de ampliar una instalación con potencia menor a 50 KW.

10. En el RITE, el artículo 35, corresponde a...

a. ... empresas instaladoras autorizadas.
b. ... empresas mantenedoras autorizadas.
c. ... acreditación de requisitos para el ejercicio de la actividad profesional.
d. Registro.

11. La norma UNE 100012 / 2005 corresponde a...

a. ... guía para la prevención y control de la proliferación y diseminación de la legionela en instalaciones.
b. ... cálculo y diseño de chimeneas metálicas. Guía de aplicación.
c. ... higienización de sistemas de climatización.
d. ... prevención de la corrosión en circuitos de agua.

Bibliografía

Monografías

- DE JUANA, J.M., Crespo Martínez A., De Francisco A., Fernández González J., Herrero García M.A. y Santos García F.: *Energías Renovables, para el desarrollo.* Paraninfo. 2007.
- FERNÁNDEZ Salgado, J.M.: *Guía Completa de la Energía Solar Térmica Adaptada al Código Técnico de la Edificación (CTE).* Antonio Madrid Vicente, Editor. 2007.
- GALLOWAY, T.: *La Casa Solar. Guía de diseño, construcción y mantenimiento.* Mundi-Prensa Libros, S.A. 2006.
- GREENE, R.W.: *Válvulas: selección, uso y mantenimiento.* Mc. Graw Hill. 1996.
- MADRID, Vicente A.: *Energía Solar Térmica y de Concentración. Manual práctico de diseño, instalación y mantenimiento.* Mundi-Prensa Libros, S.A. 2009.
- MONGE Malo, L.: *Instalaciones de Energía Solar Térmica para la obtención de ACS en viviendas.* Marcombo, S.A.
- PEUSER, F.A., Schnauss, M.y Remmers, K.H.: *Sistemas Solares Térmicos: Diseño e instalación.* Promotora General de Estudios, S.A. 2005.
- RUFES, Martínez P.: *Energía Solar Térmica. Técnicas para su aprovechamiento.* S.A. MARCOMBO. Barcelona. 2010.
- TOBAJA Vázquez, M.: *Energía Solar Térmica para Instaladores adaptado al CTE y RITE 2007.* CEYSA. 2008.